数学分析历年考研真题解析

第三卷

◎ 陶利群 编著

哈爾濱工業大學出版社
HARBIN INSTITUTE OF TECHNOLOGY PRESS

内容简介

本书精选了 115 套多所大学研究生考试中数学分析历年考试真题,书中大多数试题都给出了解答或提示,只有少数简单题目或不同年份出现的类似及相同题目略去了其答案.

本书可作为报考数学专业硕士研究生的考生复习数学分析的参考书,也可作为大学数学系新生学习数学分析的参考书.

图书在版编目(CIP)数据

数学分析历年考研真题解析.第三卷/陶利群编著.—哈尔滨:
哈尔滨工业大学出版社,2021.4(2023.4 重印)
ISBN 978 - 7 - 5603 - 9382 - 7

Ⅰ.①数…　Ⅱ.①陶…　Ⅲ.①数学分析－研究生－入学
考试－题解　Ⅳ.①O17－44

中国版本图书馆 CIP 数据核字(2021)第 061143 号

策划编辑　刘培杰　张永芹
责任编辑　张永芹　宋　淼
封面设计　孙茵艾
出版发行　哈尔滨工业大学出版社
社　　址　哈尔滨市南岗区复华四道街 10 号　邮编 150006
传　　真　0451 - 86414749
网　　址　http://hitpress.hit.edu.cn
印　　刷　哈尔滨圣铂印刷有限公司
开　　本　880 mm×1 230 mm　1/16　印张 16.5　字数 300 千字
版　　次　2021 年 4 月第 1 版　2023 年 4 月第 3 次印刷
书　　号　ISBN 978 - 7 - 5603 - 9382 - 7
定　　价　38.00 元

(如因印装质量问题影响阅读,我社负责调换)

前　言

　　本书是为报考重点大学数学专业硕士研究生的考生复习数学分析而准备的参考书. 编者在编写参考答案时参考了网上关于北京大学历年试题的解答, 在此对匿名的各位解题高手表示感谢. 我还要感谢各位编辑老师耐心细致的工作. 由于本人的学识水平有限, 敬请各位专家、学者和读者对书中出现的疏漏批评指正, 并提出宝贵意见, 编者在此深表感谢.

目　录

1 北京大学2009真题

一、(15 分) 证明: 闭区间上的连续函数能取到最大值和最小值.

二、(15 分) 设$f(x), g(x)$是$\mathbb{R}$上的有界且一致连续的函数, 证明: $f(x)g(x)$在$\mathbb{R}$上一致连续.

三、(15 分) 设$f(x)$是周期为2π的连续函数, 且其Fourier级数$\frac{a_0}{2} + \sum\limits_{n=1}^{\infty}(a_n\cos nx + b_n\sin nx)$处处收敛, 证明: 这个Fourier级数处处收敛到$f(x)$.

四、(15 分) 设$\{a_n\}, \{b_n\}$都是有界数列, 且$a_{n+1} + 2a_n = b_n$, 若$\lim\limits_{n\to\infty}b_n$存在, 证明: $\lim\limits_{n\to\infty}a_n$也存在.

五、(15 分) 是否存在连续可导函数$f : \mathbb{R} \to \mathbb{R}$满足$f(x) > 0$, 且$f'(x) = f(f(x))$?

六、(15 分) 设$f(x)$是$[0, +\infty)$上的单调连续函数, 且$\lim\limits_{x\to+\infty}f(x) = 0$, 证明: $\lim\limits_{n\to\infty}\int_0^{+\infty}f(x)\sin nx\,\mathrm{d}x = 0$.

七、(15 分) 求曲线积分$\int_L(y-z)\,\mathrm{d}x + (z-x)\,\mathrm{d}y + (x-y)\,\mathrm{d}z$, 其中$L$是两球面$x^2 + y^2 + z^2 = 1$与$(x-1)^2 + (y-1)^2 + (z-1)^2 = 4$的交线, 从$z$轴正向看为逆时针方向.

八、(15 分) 设$x, y, z \geqslant 0, x + y + z = \pi$, 求$2\cos x + 3\cos y + 4\cos z$的最大值与最小值.

九、(15 分) 设$f(x) \in C[a, b]$, 对任何的$x \in [a, b]$, 都有$\lim\limits_{h\to 0^+}\frac{f(x+h)-f(x\ h)}{h} \geqslant 0$, 证明: $f(x)$在(a, b)上单调递增.

十、(15 分) 设$f(x)$是$[0, +\infty)$上正的连续函数, 且$\int_0^{+\infty}\frac{1}{f(x)}\,\mathrm{d}x < +\infty$, 证明: $\lim\limits_{A\to+\infty}\frac{1}{A^2}\int_0^A f(x)\,\mathrm{d}x = +\infty$.

参考答案或提示

一、 用有限覆盖定理证明有界性, 用确界原理证明最值存在.

二、 设 $|f(x)|, |g(x)| \leqslant M$, 则 $|f(x_1)g(x_1) - f(x_2)g(x_2)| \leqslant |g(x_1)||f(x_1) - f(x_2)| + |f(x_2)||g(x_1) - g(x_2)| \leqslant M(|f(x_1) - f(x_2)| + |g(x_1) - g(x_2)|)$.

三、 设 $S_n(x) = \frac{a_0}{2} + \sum\limits_{k=1}^{n}(a_k\cos kx + b_k\sin kx)$, 由 Fejer 定理, $\frac{S_0(x) + S_1(x) + \cdots + S_{n-1}(x)}{n} \rightrightarrows f(x)$. 故结论成立.

四、 $a_{n+1} = -2a_n + b_n \Rightarrow \varlimsup\limits_{n\to\infty} a_n = -2\varliminf\limits_{n\to\infty} a_n + \lim\limits_{n\to\infty} b_n$, $\varliminf\limits_{n\to\infty} a_n = -2\varlimsup\limits_{n\to\infty} a_n + \lim\limits_{n\to\infty} b_n$, 从而 $\varlimsup\limits_{n\to\infty} a_n = \varliminf\limits_{n\to\infty} a_n \Rightarrow \lim\limits_{n\to\infty} a_n$ 存在.

五、 若存在, 则 $f(x)$ 单调递增, 由 $f(x) > 0$ 知 $f(-\infty)$ 存在. 设 $f(-\infty) = a$. $f'(-\infty) = f(a) \Rightarrow f(-\infty) = 0 \Rightarrow f(a) = 0$, 矛盾. 或者由 $f'(x) > f(0) \Rightarrow x < 0$ 时, $f(0) - f(x) > f(0)(-x) \Rightarrow f(0)(1+x) > f(x) \Rightarrow x < -1$ 时, $f(x) < 0$, 矛盾.

六、 由 Dirichlet 判别法知 $|\int_0^{+\infty} f(x)\sin nx\,\mathrm{d}x$ 关于 n 一致收敛. 对任何的 $\varepsilon > 0$, $A > 0$ 充分大时, $|\int_0^{+\infty} f(x)\sin nx\,\mathrm{d}x| < \varepsilon$ 对所有的 $n \in \mathbb{N}_+$ 成立. 由 Riemann-Lebesgue 引理, n 充分大时, $|\int_0^A f(x)\sin nx\,\mathrm{d}x| < \varepsilon$. 故结论成立.

七、 由 Stokes 公式, 原式 $= -2\sqrt{3}\pi$.

八、 设 $f(x,y) = 2\cos x + 3\cos y - 4\cos(x+y)$, 要求 f 在区域 $x, y \geqslant 0, x+y \leqslant \pi$ 上的最值. 在边界上: $f_{\min} = 1, f_{\max} = 5$. 在内部有唯一驻点: $\cos x_0 = -\frac{11}{24}, \cos y_0 = \frac{29}{36}(\cos z_0 = \frac{43}{48})$. $f_{\max} = \frac{61}{12}, f_{\min} = 1$.

九、 令 $Df(x) = \lim\limits_{h\to 0^+} \frac{f(x+h) - f(x-h)}{h}$. 任取 $\varepsilon > 0$, 令 $F(x) = f(x) + \varepsilon x$, 则 $DF(x) \geqslant 2\varepsilon > 0$. 若存在 $x_1, x_2 \in (a,b), x_1 < x_2$, 使得 $F(x_1) > F(x_2)$, 则由区间套定理可知存在 $\xi \in (x_1, x_2)$, 使得 $DF(\xi) \leqslant 0$, 矛盾. 因此 $F(x)$ 在 (a,b) 上单调递增, 由 $\varepsilon > 0$ 的任意性可知 $f(x)$ 在 (a,b) 上单调递增.

十、 由 Cauchy-Schwarz 不等式, $\int_0^A f(x)\,\mathrm{d}x \geqslant \int_{\frac{A}{2}}^A f(x)\,\mathrm{d}x \geqslant \frac{(\frac{A}{2})^2}{\int_{\frac{A}{2}}^A \frac{1}{f(x)}\,\mathrm{d}x}$, 而 A 充分大时, $\int_{\frac{A}{2}}^A \frac{1}{f(x)}\,\mathrm{d}x \to 0$, 因此结论成立.

2 北京大学2010真题

一、(15 分) 用有限覆盖定理证明聚点定理.

二、(15 分) 是否存在数列$\{x_n\}$, 使得其聚点构成的集合为$M = \{\frac{1}{n}|n = 1, 2, \ldots\}$.

三、(15 分) 设I为无穷区间, $f(x)$为I上的非多项式连续函数, 证明: 不存在I上一致收敛的多项式序列$\{P_n(x)\}$, 其极限函数为$f(x)$.

四、(15 分) 设$f(x) \in C[0,1]$, 在$(0,1)$内可导, 且满足$f(1) = 2\int_0^{\frac{1}{2}} e^{1-x^2} f(x) \, d\,x$, 证明: 存在$\xi \in (0,1)$, 使得$f'(\xi) = 2\xi f(\xi)$.

五、(15 分) 设I为有界闭区间, $f \in C^1(I)$, $F_n(x) = n[f(x + \frac{1}{n}) - f(x)]$, 证明: 函数列$\{F_n(x)\}$在$I$上一致收敛. 如果$I$是有界开区间, $\{F_n(x)\}$是否仍然一致收敛? 说明理由.

六、(15 分) 构造$\mathbb{R}$上的函数$f(x)$使得它在$\mathbb{Q}$上间断, 在其他点处连续.

七、(15 分) 设$\int_0^{+\infty} x f(x) \, d\,x$与$\int_0^{+\infty} \frac{f(x)}{x} \, d\,x$收敛, 证明: $I(t) = \int_0^{+\infty} x^t f(x) \, d\,x$在$(-1,1)$上有定义, 且有连续导函数.

八、(15 分) 计算曲线积分$\int_\Gamma y \, d\,x + z \, d\,y + x \, d\,z$, 其中$\Gamma$为$x^2 + y^2 + z^2 = 1$与$x + y + z = 0$的交线, 从$x$轴正向看为逆时针方向.

九、(15 分) 证明方程$x + \frac{1}{2}y^2 + \frac{1}{2}z + \sin z = 0$在$(0,0,0)$附近唯一确定了隐函数$z = f(x,y)$, 并将$f(x,y)$在$(0,0)$处展开为带Peano型余项的二阶Taylor公式.

十、(15 分) 设$f(x), g(x)$是$[0, +\infty)$上非负单调递减的连续函数, 且$\int_0^{+\infty} f(x) \, d\,x$和$\int_0^{+\infty} g(x) \, d\,x$均发散, 设$h(x) = \min\{f(x), g(x)\}$, 试问$\int_0^{+\infty} h(x) \, d\,x$是否一定发散? 说明理由.

一、 聚点定理: 设$S \subset [a,b]$是无限集, 则S在$[a,b]$中有聚点. 反设$[a,b]$中任何点x都不是S的聚点, 则存在$U(x)$使得$U^\circ(x) \cap S = \varnothing$. 由有限覆盖定理推出$[a,b] \cap S$为有限集, 矛盾.

二、 不存在. 否则0也是$\{x_n\}$的极限点, 从而$0 \in M$, 矛盾.

三、 若$\{P_n(x)\} \rightrightarrows f(x)(x \in [a,b])$, 则$n > N$充分大时, $|P_N(x) - P_n(x)| < 1$对所有的$x \in [a,b]$成立. 因此$P_n(x) = P_N(x) + c_n$, 其中c_n为常数. 显然$\{c_n\}$收敛, 令$c_n \to c$, 则$f(x) = P_N(x) + c$为多项式, 矛盾.

四、 由积分第一中值定理, $f(1) = \mathrm{e}^{1-\eta^2} f(\eta), \eta \in (0, \frac{1}{2})$. 令$F(x) = f(x)\,\mathrm{e}^{-x^2}$, 则$F(1) = F(\eta)$. 由Rolle定理即得结论.

五、 $F_n(x) \to f'(x)$, $F_n(x) - f'(x) = f'(\xi_n) - f'(x), \xi_n \in (x, x + \frac{1}{n})$, 由于$f'(x)$在有界闭区间$I$上连续, 故一致连续. 因此, 对任何的$\varepsilon > 0$, n充分大$(n > \frac{1}{\delta})$时, $|F_n(x) - f'(x)| < \varepsilon$. 令$f(x) = \frac{1}{x}, x \in (0,1)$, 则$\sup\limits_{x\in(0,1)} |f_n(x) - f'(x)| = \sup\limits_{x\in(0,1)} \frac{1}{x^2(nx+1)} = +\infty$. 故结论不成立.

六、 将定义于$[0,1]$上的Riemann函数$R(x) = \begin{cases} \frac{1}{q}, & x = \frac{p}{q}, (p,q) = 1, p, q \in \mathbb{N}_+ \\ 0, & x \notin \mathbb{Q} \end{cases}$ 周期延拓到$\mathbb{R}$上, 则由$\lim\limits_{x \to x_0} R(x) = 0$可知$R(x)$满足条件.

七、 假设$f(x) \in C[0, +\infty)$(一般的情形请读者思考). 由Abel判别法, $I(t) = \int_0^1 x^{t+1} \cdot \frac{f(x)}{x} \,\mathrm{d}x + \int_1^{+\infty} x^{t-1} \cdot f(x) \,\mathrm{d}x$在$(-1,1)$上一致收敛, 从而在$(-1,1)$上有定义, $\int_0^{+\infty} x^t \ln x f(x) \,\mathrm{d}x = \int_0^1 x^{t+1} \ln x \cdot \frac{f(x)}{x} \,\mathrm{d}x + \int_1^{+\infty} x^{t-1} \ln x \cdot f(x) \,\mathrm{d}x$在$[-a,a](0 < a < 1)$上一致收敛, 故$I(x)$在$(-1,1)$上连续可微.

八、 $-\sqrt{3}\pi$(用Stokes公式).

九、 令$F(x,y,z) = x + \frac{1}{2}y^2 + \frac{1}{2}z + \sin z$, 则$F_z(0,0,0) = \frac{3}{2}$, 故由隐函数定理得到结论. $f(x,y) = -\frac{2}{3}x - \frac{1}{3}y^2 + o(x^2 + y^2)((x,y) \to (0,0))$.

十、 构造分段常值函数$f(x), g(x)$使得$h(x) = \begin{cases} 1, & x \in [0,1], \\ \frac{1}{x^2}, & x \in (1, +\infty). \end{cases}$

3 北京大学2011真题

一、（15 分）用确界原理证明：若 $f(x)$ 是区间 I 上的连续函数，则 $f(I)$ 是一个区间.

二、（15 分）设 f 在 $(0,1)$ 上可导且有界，$\lim\limits_{x\to 0^+} f(x)$ 不存在，证明：存在数列 $\{x_n\} \to 0$，使得 $f'(x_n) = 0$.

三、（15 分）证明：若 $f(x)$ 在区间 I 上连续，$|f(x)|$ 可导，则 $f(x)$ 也可导.

四、（15 分）构造两个以 2π 为周期的函数，使其 Fourier 级数在 $[0,\pi]$ 上一致收敛于 0.

五、（15 分）证明：$f(x) \in R[0,1]$ 的充要条件是 $F(x,y) = f(x)$ 在 $[0,1] \times [0,1]$ 上可积.

六、（15 分）设 $f(x,y)$ 在其定义域中的某个点上存在非零的方向导数，在三个方向上的方向导数存在且相等，证明：$f(x,y)$ 不可微.

七、（15 分）设 D 为 $\mathbb{R}^2$ 上的无界闭集，试构造函数 $f(x,y)$，使它在一个由光滑曲线所围成的无界区域上的二重积分 $\iint\limits_{D} f(x,y)\,\mathrm{d}x\,\mathrm{d}y$ 发散.

八、（15 分）设 D 是 $\mathbb{R}^n$ 中的凸区域，$T(x)$ 在 D 上二阶连续可微，其 Jacobi 行列式正定，证明：$T(x)$ 是单射.

九、（15 分）设正项级数 $\sum\limits_{n=1}^{\infty} a_n$ 收敛，则 $\lim\limits_{n\to\infty} \dfrac{n^2}{\frac{1}{a_1}+\frac{1}{a_2}+\cdots+\frac{1}{a_n}}$ 存在.

十、（15 分）设 $\{f_n(x)\}$ 在 $[a,b]$ 上连续且一致有界，并且 $\{f_n(x)\}$ 逐点收敛于极限函数 $f(x)$，证明：$f(x) \in C[a,b]$.

参考答案或提示

一、 设 $f(a) < c < f(b), a, b \in I, A = \{x在a, b之间 | f(x) < c\}$. 由连续性 $A \neq \varnothing$, 设 $x_0 = \sup A$. 显然 $f(x_0) \leqslant c$, 若 $f(x_0) < c$, 则由保号性知存在 $x_1 > x_0$ 使得 $f(x_0) < c$, 矛盾.

二、 对每个 $n \in \mathbb{N}_+$, 存在 $x_n \in (0, \frac{1}{n})$ 使得 $f'(x_n) = 0$. 否则由导函数介值性可知 n 充分大时, $f'(x)$ 在 $(0, \frac{1}{n})$ 中不变号, 从而 $f(x)$ 单调有界, 故 $f(0^+)$ 存在, 矛盾.

三、 若 $f(x_0) \neq 0$, 不妨设 $f(x_0) > 0$, 则 $f(x)$ 在某个 $U(x_0)$ 内大于0, 故 $|f(x)| = f(x), x \in U(x_0)$, 因此 $|f(x)|$ 与 $f(x)$ 在 x_0 处的可导性相同; 若 $f(x_0) = 0$, 由 $\lim\limits_{x \to x_0} \frac{|f(x)|}{x - x_0} = A$ 存在可知 $A = 0$(考察两个单侧极限的符号), 从而 $\lim\limits_{x \to x_0} \frac{f(x)}{x - x_0} = 0$.

四、 设 $f(x) = 0, g(x) = \begin{cases} 1, & x = 0, \\ 0, & x \in [-\pi, \pi] \backslash \{0\}, \end{cases}$ 则 $f(x), g(x)$ 的 Fourier 级数都为0.

五、 充分性: 设 $\sum\limits_{T} \omega_{ij} \Delta x_i \Delta y_j < \varepsilon$, 则由于固定 i 时, ω_{ij} 不变, 记为 ω_i, 即有 $\sum\limits_{T_x} \omega_i \Delta x_i < \varepsilon$. 必要性: 利用充分性中的推理.

六、 设 $\mathrm{d}f = A\,\mathrm{d}x + B\,\mathrm{d}y, \frac{\partial f}{\partial n} = A\cos\theta + B\cos\theta \neq 0$. 由假设有 $A\mu_i + B\nu_i = m (1 \leqslant i \leqslant 3)$, 故 $A = B = 0$, 矛盾.

七、 设 $f(x, y) = \frac{1}{\sqrt{x^2+y^2}}, D : x^2 + y^2 \geqslant 1$.

八、 设 $x_1 \neq x_2, Tx_1 = Tx_2$, 令 $\varphi(t) = T((1-t)x_1 + tx_2)$, 则 $0 = T(x_2) - T(x_1) = \varphi(1) - \varphi(0) = (x_2 - x_1)^T JT(t_0)(x_2 - x_1) > 0$(此处 JT 表示 T 的 Jacobi 矩阵), 矛盾.

九、 $\sum\limits_{n=1}^{\infty} a_n$ 收敛 $\Rightarrow S_n = \sum\limits_{k=1}^{n} a_k \to S \Rightarrow S_n - \frac{S_1 + S_2 + \cdots + S_{n-1}}{n} \to 0$. $0 \leqslant \frac{n^2}{\frac{1}{a_1} + \frac{1}{a_2} + \cdots + \frac{1}{a_n}} \leqslant \frac{n^2}{n\sqrt[n]{\frac{1}{a_1 a_2 \cdots a_n}}} = n\sqrt[n]{a_1 a_2 \cdots a_n} \leqslant \frac{n}{\sqrt[n]{n!}} \frac{a_1 + 2a_2 + \cdots + na_n}{n} = \frac{1}{\sqrt[n]{n!}}(S_n - \frac{S_1 + S_2 + \cdots + S_{n-1}}{n}) \to 0$.

十、 只需证明 $\{f_n(x)\}$ 在 $[a, b]$ 上一致收敛. 设 $|f_n'(x)| \leqslant M$. 对任何的 $\varepsilon > 0$, 将 $[a, b]$ 分成 K 等份使得 $\frac{b-a}{K} M < \varepsilon$, 分点为 $a = x_0 < x_1 < \cdots < x_K = b$, 存在 $N \in \mathbb{N}_+$ 充分大使得 $n, m > N$ 时, $|f_n(x_i) - f_m(x_i)| < \varepsilon (0 \leqslant i \leqslant K)$. 对给定的 $x \in [a, b]$, 存在某个 x_j 使得 $|x - x_j| < \frac{b-a}{K}$. 因此 $n, m > N$ 时, $|f_m(x) - f_n(x)| \leqslant |f_m(x) - f_m(x_j)| + |f_n(x) - f_n(x_j)| + |f_m(x_j) - f_n(x_j)| < 3\varepsilon$. 或者由 $|f_n(x_1) - f_n(x_2)| \leqslant M|x_1 - x_2| \Rightarrow |f(x_1) - f(x_2)| \leqslant M|x_1 - x_2|$, 故 $f(x)$ 在 $[a, b]$ 上一致连续.

4 北京大学2012真题

一、(15 分) 叙述区间$[a,b]$上函数Riemann可积的定义, 问: 定义中的任意分割是否可以改为等距分割, 并证明之.

二、(15 分) 证明: 方程$2x + y + \sin xy + 1 = e^x$确定隐函数$y = f(x)$, 并求$f(x)$在$x = 0$处的带Peano余项型的Taylor展开式.

三、(15 分) 设$f(x) = \frac{e^x}{1-\sin x}$, 求$f^{(4)}(0)$.

四、(15 分) 求$\iiint\limits_{V}(x^2 + y^2 + z^2)\,\mathrm{d}x\,\mathrm{d}y\,\mathrm{d}z$, 其中$V = \{(x,y,z)|\frac{x^2}{a^2} + \frac{y^2}{b^2} + \frac{z^2}{c^2} \leqslant 1\}$.

五、(15 分) 由实数域的确界原理证明连续函数的介值定理, 再利用连续函数的介值定理证明确界原理.

六、(15 分) 设$D = \{(x,y)|x^2 + y^2 < 1\}$, $u(x,y)$在$\overline{D}$上二阶连续可微, 在∂D上有$u(x,y) \geqslant 0$, 且在D上满足$u_{xx} + u_x + u_y = 2u$. 证明: 在D上恒有$u(x,y) \geqslant 0$.

七、(20 分) 设$f(x)$在(a,b)上可导, $x_0 \in (a,b)$是$f'(x)$的唯一间断点, 记$S = \{t \in \mathbb{R} \cup \{-\infty\} \cup \{+\infty\}|$存在无穷数列$\{x_n\} \subset (a,b)$满足$x_n \to x_0, f'(x_n) \to t(n \to \infty)\}$. 问$S$是什么样的集合? 又若$f(x)$在$(a,b)\backslash\{x_0\}$上$n$阶可导$(n \geqslant 2)$, 证明: $f^{(n)}(x)$在(a,b)上有无穷多个零点.

八、(20 分) 设$f(x), g(x) \in C^\infty(\mathbb{R})$(即$\mathbb{R}$上的无穷次可微函数), 构造$C^\infty$函数$h(x)$使得$h(x) = \begin{cases} f(x), & -1 < x < 1, \\ g(x), & 否则. \end{cases}$

九、(20 分) 叙述并证明$\frac{\infty}{\infty}$型的L'Hospital法则.

7

参考答案或提示

一、 可以. 对任意的 $\varepsilon > 0$, 若存在 $[a,b]$ 的等距分割 T 使得 $\left| \sum\limits_T f(\xi) \Delta x_i - I \right| < \varepsilon$, 则有 $\sum\limits_T \omega_i \Delta x_i < 2\varepsilon$, 故 $f(x) \in R[a,b]$.

二、 令 $f(x,y) = 2x + y + \sin xy + 1 - \mathrm{e}^x$, 则 $f_y(0,0) = 1$, 故在 $(0,0)$ 附近存在隐函数 $y = f(x)$. $f(x) = -x - \dfrac{x^2}{2} + o(x^2)(x \to 0)$.

三、 $f^{(4)}(0) = 53$ (用幂级数展开式).

四、 $\dfrac{4}{15}\pi abc(a^2 + b^2 + c^2)$ (用截面法).

五、 (1) 设 $f(x) \in C[a,b]$, $c \in (f(x_0), f(x_1))$, $x_0, x_1 \in [a,b]$, 要证明存在 x_2 在 x_0, x_1 之间使得 $f(x_2) = c$. 不妨设 $x_0 < x_1$, 令 $x_2 = \sup\{x \in (x_0, x_1) | f(x) < c\}$ 即可.

(2) 设 S 有上界 b, 要证明 $\sup S$ 存在. 若 $b \in S$, 则结论成立. 否则任取 $a \in S$ 使得 $a < b$, 在 $[a,b]$ 上定义函数 $f(x) = \begin{cases} 1, & x \text{ 是 } S \text{ 的上界}, \\ 0, & \text{否则}. \end{cases}$ 若 S 没有上确界, 则 $f(x) \in C[a,b]$, 且 $f(x)$ 不满足介值性, 矛盾.

六、 否则设 $u(x_1, y_1) < 0$, 则 $u(x,y)$ 在 D 内某点 P_0 处取得最小值, 故 $u_x(P_0) = u_y(P_0) = 0$, $\mathrm{Hess}_u(P_0)$ 半正定 $\Rightarrow u_{xx}(P_0) \geqslant 0$, 从而 $u(P_0) \geqslant 0$, 矛盾.

七、 S 为闭集: 设 $t_k \to t_0$, $|f'(x_{n_k}) - t_k| < \frac{1}{k}$, $|x_{n_k} - x_0| < \frac{1}{k}$, 则 $f'(x_{n_k}) \to t_0$, 故 $t_0 \in S$. S 连通, 设 $t_1, t_2 \in S$, $t_1 < t - 2$, 要证明 $\forall s \in (t_1, t_2)$ 有 $s \in S$. 由介值性, 存在 $\{s_n\} \subset (a,b)$ 使得 $s_n \to x_0$, $f'(s_n) \in (s - \frac{s - t_1}{2^n}, s + \frac{t_2 - s}{2^n})$ (n 充分大), 即 $s \in S$. 由于导函数没有第一类间断点, 不妨设 $f'(x_0^+)$ 不存在, 则存在 $x_n^{(1)}, x_n^{(2)} \to x_0^+$, $f'(x_n^{(1)}) \to A$, $f'(x_n^{(2)}) \to B(A < B \in S)$, 则对任何的 $C \in (A, B)$, 有 $\{\xi_n\} \subset (a,b)$ 使得 $f'(\xi_n) = C$. 由 Rolle 定理知后半部分结论成立.

八、 令 $\varphi(x) = \begin{cases} \mathrm{e}^{-\frac{1}{x^2}}, & x \neq 0, \\ 0, & x = 0, \end{cases}$ $h(x) = g(x) + (h(x) - g(x))\dfrac{\varphi((1+\delta)^2 - x^2)}{\varphi((1+\delta)^2 - x^2) + \varphi(x^2 - 1)}$, $\delta \in (0,1)$.

九、 略.

5   北京大学2013真题

一、(15 分) 用Cauchy收敛准则证明$\mathbb{R}^n$上的有限覆盖定理.

二、(15 分) 设$f(x) = \sin x + x^2 + 1$在0的附近有反函数, 求$(f^{-1})^{(4)}(1)$.

三、(15 分) 类比第二型曲线积分$\int_L p(x,y)\,\mathrm{d}\,x + q(x,y)\,\mathrm{d}\,y$, 给出积分$\int_L p(x,y)\,\mathrm{d}\,q(x,y)$的定义, 并给出合理的可积准则和计算方法. 证明你的结论.

四、(15 分) 设$f(x)$是$[-\pi, \pi]$上的单调函数, $F(x) = \int_{-\pi}^{x} f(t)\,\mathrm{d}\,t$, 证明: 对$\forall x \in (-\pi, \pi)$, 极限$\lim\limits_{\Delta x \to 0^+} \frac{F(x+\Delta x) - F(x - \Delta x)}{2\Delta x}$存在, 并且等于$f(x)$的Fourier级数的和.

五、(15 分) 证明Lagrange中值定理, 并给出它的一个应用.

六、(15 分) 设函数列$\{f_n(x)\}$在$[0, +\infty)$上一致有界, 在任意的闭区间上一致收敛于$f(x)$. 对于任意固定的n, $f_n(x)$是单调函数. 设$\int_0^{+\infty} g(x)$收敛, 证明: $f(x)g(x)$与$f_n(x)g(x)$在$[0, +\infty)$上可积, 并且有$\lim\limits_{n \to \infty} \int_0^{+\infty} f_n(x)g(x)\,\mathrm{d}\,x = \int_0^{+\infty} f(x)g(x)\,\mathrm{d}\,x$.

七、(20 分) 设$f(x, y)$在$[a, b] \times [c, d]$上定义, 且对于任意固定的y, $f(x, y)$在$[a, b]$上可积. 又对$\forall \varepsilon > 0$, 存在$\delta > 0$, 当$|x_1 - x_2| < \delta$时, 对任意的y 有$|f(x_1, y) - f(x_2, y)| < \varepsilon$, 证明: $p(x) = \int_c^d f(x, y)\,\mathrm{d}\,y \in R[a, b]$, $q(y) = \int_a^b f(x, y)\,\mathrm{d}\,x \in R[c, d]$, 且$\int_a^b p(x)\,\mathrm{d}\,x = \int_c^d q(y)\,\mathrm{d}\,y$.

八、(20 分) 设正项级数$\sum\limits_{n=1}^{\infty} a_n$收敛, $\lim\limits_{n \to \infty} b_n = 0$, 证明: $\lim\limits_{n \to \infty}(a_1 b_n + a_2 b_{n-1} + \cdots + a_n b_1) = 0$.

九、(20 分) 用两种方法将积分$\iint\limits_D xy\,\mathrm{d}\,x\,\mathrm{d}\,y$化为累次积分, 其中$D$是$y = x^2, x + y = 2$ 以及x轴围成的区域.

一、 为简单起见, 只对 $n=1$ 时的情形证明(对一般情形, 适当修改语言即可). 若 $[a,b]$ 不能被 $\{U_\alpha\}$ 中有限个开区间覆盖, 则将 $[a,b]$ 分成两等份, 必有其一不能被有限覆盖, 如此得到区间套 $\{[a_n,b_n]\}$, $[a_n,b_n]$ 都不能被有限覆盖. 易知 $\{a_n\},\{b_n\}$ 是 Cauchy 数列, 故收敛. 由于 $a_n-b_n\to 0$, 我们有 $a_n,b_n\to\xi$. 显然 $\xi\in U_\beta$, 从而 $U(\xi,\delta)\subset U_\beta(\delta>0$ 充分小). 而 n 充分大时, $[a_n,b_n]\subset U(\xi,\delta)$, 矛盾.

二、 设 $F(x,y)=\sin x+x^2+1-y$, 则 $F_x(0,1)=1$. 故在 $(0,1)$ 附近有反函数 $x=g(y)$. $x'(1)=1,x''(1)=-2,x'''(1)=13,x^{(4)}(1)=-140$.

三、 若 $q(x,y)$ 可微, 用第二型曲线积分定义 $\int_L p(x,y)\,\mathrm{d}q(x,y)=\int_L pq_x\,\mathrm{d}x+pq_y\,\mathrm{d}y$. 一般地, 可以定义 $\int_L p(x,y)\,\mathrm{d}q(x,y)=\lim\limits_{\|T\|\to 0}\sum\limits_{i=1}^{n}p(s_i)(q(s_i)-q(s_{i-1}))$, 其中 $T=\{s_0,s_1,\ldots,s_n\}$ 为有向光滑曲线段 L 的分割. 以下略.

四、 利用积分第二中值定理.

五、 证明略. 应用: (1) 若 $f'(x)$ 在区间 I 上有界, 则 $f(x)$ 在 I 上一致连续. (2) 证明不等式: $\mathrm{e}^x\geqslant 1+x(x\in\mathbb{R})$.

六、 设 $|f_n(x)|\leqslant M$, 则由 $\lim\limits_{n\to\infty}f_n(x)=f(x)$ 可知 $|f(x)|\leqslant M$. 若 $f(x)$ 非单调, 则有 $x_1<x_2<x_3$ 满足 $f(x_2)>f(x_1),f(x_3)$ 或 $f(x_2)<f(x_1),f(x_3)$. 设 $f(x_2)>f(x_1),f(x_3)$, 则 n 充分大时, $f_n(x_2)>f_n(x_1),f_n(x_3)$, 与 $f_n(x)$ 单调矛盾. 由 Abel 判别法知 $\int_0^{+\infty}f_n(x)g(x)\,\mathrm{d}x,\int_0^{+\infty}f(x)g(x)\,\mathrm{d}x$ 收敛. 利用积分的收敛性以及广义积分第二中值定理可知, $A>0$ 充分大时, $|\int_0^{+\infty}(f_n(x)-f(x))g(x)\,\mathrm{d}x|\leqslant|\int_0^{A}(f_n(x)-f(x))g(x)\,\mathrm{d}x|+|\int_A^{+\infty}f_n(x)g(x)\,\mathrm{d}x|+|\int_A^{+\infty}f(x)g(x)\,\mathrm{d}x|<3\varepsilon$ (可以假设 $f_n(x),f(x)$ 非负, 否则用 $f_n(x)+M,f(x)+M$ 分别替代 $f_n(x),f(x)$).

七、 (1) 对任意的 $\varepsilon>0$, $[a,b]$ 的分割 T 满足 $\|T\|<\delta$ 时, $\sum\limits_{T}\omega_i^p(x)\Delta x_i<\varepsilon(d-c)(b-a)$. 因此 $p(x)\in R[a,b]$. (2) $|\sum\limits_{j}f(\xi_i,\eta_j)\Delta y_j-\int_c^d f(\xi_i,y)\,\mathrm{d}y|<\varepsilon\Rightarrow|\sum\limits_{j}q(\eta_j)\Delta y_j-\sum\limits_{i,j}f(\xi_i,\eta_j)\Delta x_i\Delta y_j|<3\varepsilon\Rightarrow q(y)\in R[c,d]$, 且 $\int_c^d q(y)\,\mathrm{d}y=\int_a^b\mathrm{d}x\int_c^d f(x,y)\,\mathrm{d}y$.

八、 设 n 充分大时, $|b_n|<\varepsilon,a_{N+2}+\cdots+a_n<\varepsilon$, 且 $|b_n|\leqslant M$, 则 $|a_1b_n+a_2b_{n-1}+\cdots+a_nb_1|\leqslant(a_1+\cdots+a_{N+1})\varepsilon+(a_{N+2}+\cdots+a_{N+1})M<\varepsilon(M+a_1+\cdots+a_{N+1})$.

九、 $\int_{-2}^{1}\mathrm{d}x\int_{x^2}^{2-x}xy\,\mathrm{d}y=\int_0^1\mathrm{d}y\int_{-\sqrt{y}}^{\sqrt{y}}xy\,\mathrm{d}x+\int_1^4\mathrm{d}y\int_{-\sqrt{y}}^{2-y}xy\,\mathrm{d}x$.

6　北京大学2014真题

一、(**15 分**) 叙述数列$\{x_n\}$的Cauchy收敛准则, 并利用Bolzano-Weierstrass定理证明.

二、(**15 分**) 设数列$\{x_n\}$满足$x_1 = 1, x_{n+1} = \sqrt{4 + 3x_n}, n = 1, 2, \ldots$, 证明此数列收敛, 并求其极限.

三、(**15 分**) 计算$\iiint\limits_{\Omega} \sqrt{x^2 + y^2}\, \mathrm{d}x\,\mathrm{d}y\,\mathrm{d}z$, 其中$\Omega$是曲面$z = \sqrt{x^2 + y^2}$与$z = 1$围成的有界区域.

四、(**15 分**) 证明: 函数项级数$\sum\limits_{n=1}^{\infty} x^3\, \mathrm{e}^{-nx^2}$在$[0, +\infty)$上一致收敛.

五、(**15 分**) 讨论级数$\sum\limits_{n=3}^{\infty} \ln\cos\frac{\pi}{n}$的敛散性.

六、(**15 分**) 设函数$f: \mathbb{R}^n \to \mathbb{R}$在$\mathbb{R}^n\backslash\{0\}$上可微, 在$\boldsymbol{x} = \boldsymbol{0}$处连续, 且$\lim\limits_{p\to 0}\frac{\partial f(p)}{\partial x_i} = 0, i = 1, 2, \ldots, n$, 证明: f在$\boldsymbol{x} = \boldsymbol{0}$处可微.

七、(**15 分**) 设$f(x), g(x) \in C[0,1]$, 且$\sup\limits_{x\in[0,1]} f(x) = \sup\limits_{x\in[0,1]} g(x)$, 证明: 存在$x_0 \in [0,1]$使得$\mathrm{e}^{f(x_0)} + 3f(x_0) = \mathrm{e}^{g(x_0)} + 3g(x_0)$.

八、(**15 分**) 记$\Omega = \{p \in \mathbb{R}^3 \big| \|p\| \leqslant 1\}$. 设$V: \mathbb{R}^3 \to \mathbb{R}^3, V = (V_1, V_2, V_3)$是$C^1$向量场, V在$\mathbb{R}^3\backslash\Omega$上恒为0, $\frac{\partial V_1}{\partial x} + \frac{\partial V_2}{\partial y} + \frac{\partial V_3}{\partial z}$在$\mathbb{R}^3$上恒为0, (1) 若$f: \mathbb{R}^3 \to \mathbb{R}$是$C^1$函数, 求$\iiint\limits_{\Omega} \nabla f \cdot V\, \mathrm{d}x\,\mathrm{d}y\,\mathrm{d}z$; (2) 求$\iiint\limits_{\Omega} V_1\, \mathrm{d}x\,\mathrm{d}y\,\mathrm{d}z$.

九、(**15 分**) 设$f: \mathbb{R} \to \mathbb{R}$是有界连续函数, 求$\lim\limits_{t\to 0^+}\int_{-\infty}^{+\infty} \frac{f(x)t}{t^2+x^2}\, \mathrm{d}x$.

十、(**15 分**) 设$f: [0,1] \to [0,1]$是C^2函数, $f(0) = f(1) = 0$, 且$f''(x) < 0, \forall x \in [0,1]$, 记曲线$\{(x, f(x))| x \in [0,1]\}$的弧长是$L$, 证明: $L < 3$.

参考答案或提示

一、略.

二、$\{x_n\}$单调递增，$x_n < 4 \Rightarrow x_n \to 4$.

三、$\frac{\pi}{6}$.

四、$x \geq 1$时，$\frac{x^3}{e^{nx^2}} \leq \frac{2}{n^2}$；$0 \leq x \leq 1$时，$\frac{x^3}{e^{nx^2}} \leq \frac{(\frac{3}{2n})^{\frac{3}{2}}}{e^{\frac{3}{2}}}$.

五、$\ln \cos \frac{\pi}{n} \sim -\frac{1}{2}(\frac{\pi}{n})^2$，故级数收敛.

六、$|f(x) - f(0)| \leq \sum\limits_{i=1}^{n} |\frac{\partial f}{\partial x_i}(\xi_i)||x_i| \Rightarrow \lim\limits_{x \to 0} \frac{|f(x)-f(0)|}{\|x\|} = 0$.

七、记$f(x_1) = \sup\limits_{x \in [0,1]} f(x), g(x_2) = \sup\limits_{x \in [0,1]} g(x)$. 令$F(x) = e^f - e^g + 3(f - g)$，则$F(x_1)F(x_2) \leq 0$.

八、(1) $0 = \iint\limits_{\partial\Omega} fV \cdot \boldsymbol{n} \,\mathrm{d}S = \iiint\limits_{\Omega} \operatorname{div}(fV) \,\mathrm{d}x\,\mathrm{d}y\,\mathrm{d}z = \iiint\limits_{\Omega}(\nabla f \cdot V + f \operatorname{div} V)\,\mathrm{d}x\,\mathrm{d}y\,\mathrm{d}z = \iiint\limits_{\Omega} \nabla f \cdot V \,\mathrm{d}x\,\mathrm{d}y\,\mathrm{d}z$. (2) 取$f = x_1$得$\iiint\limits_{\Omega} V_1 \,\mathrm{d}x\,\mathrm{d}y\,\mathrm{d}z = 0$.

九、$f(0)\pi$.

十、$f(0) = f(1) = 0 \Rightarrow f'(\xi) = 0, f''(x) < 0 \Rightarrow f''(x)$单调递减. $\int_0^1 \sqrt{1 + f'^2}\,\mathrm{d}x < \int_0^\xi (1 + f')\,\mathrm{d}x + \int_\xi^1 (1 - f')\,\mathrm{d}x = 1 + 2f(\xi) \leq 3$.

7   北京大学2015真题

一、(**15 分**) 计算 $\lim\limits_{x\to 0^+} \frac{\int_0^x e^{-t^2}\,\mathrm{d}t - x}{\sin x - x}$.

二、(**15 分**) 讨论反常积分 $\int_1^{+\infty}[\ln(1+\frac{1}{x}) - \sin\frac{1}{x}]\,\mathrm{d}x$ 的敛散性.

三、(**15 分**) 函数 $f(x,y) = \begin{cases} (1-\cos\frac{x^2}{y})\sqrt{x^2+y^2}, & y\neq 0 \\ 0, & y=0 \end{cases}$ 在 $(0,0)$ 处可微吗?
证明你的结论.

四、(**15 分**) 求 $\int_L e^x[(1-\cos y)\,\mathrm{d}x - (y-\sin y)\,\mathrm{d}y]$, 其中 L 沿曲线 $y=\sin x$ 从 $O(0,0)$ 到 $A(\pi,0)$.

五、(**15 分**) 证明函数项级数 $\sum\limits_{n=0}^{1}\frac{\cos nx}{n^2+1}$ 在 $(0,2\pi)$ 上一致收敛, 并且在 $(0,2\pi)$ 上连续可微.

六、(**15 分**) 设 $x_0=1, x_{n+1}=\frac{3+2x_n}{3+x_n}, n\geq 0$, 证明数列 $\{x_n\}$ 收敛, 并求其极限.

七、(**15 分**) 设函数 $f\in C^2(\mathbb{R}^2)$, 且对任意的 $(x,y)\in\mathbb{R}^2$, $f_{xx}(x,y)+f_{yy}(x,y)>0$, 证明: f 没有极大值点.

八、(**15 分**) 设 f 在 $[a,b]$ 上连续, 在 (a,b) 内可导, 且 $f(b)>f(a)$, $c=\frac{f(b)-f(a)}{b-a}$, 证明 f 一定满足下述两条性质中的一个: (1) 对任意的 $x\in[a,b]$ 有 $f(x)-f(a)=c(x-a)$; (2) 存在 $\xi\in(a,b)$ 使得 $f'(\xi)>c$.

九、(**15 分**) 设 $F:\mathbb{R}^3\to\mathbb{R}^2$ 是 C^1 映射, $x_0\in\mathbb{R}^3, y_0\in\mathbb{R}^2$, $F(x_0)=y_0$, 且 F 在 x_0 处的 Jacobi 矩阵 $DF(x_0)$ 的秩为 2, 证明: 存在 $\varepsilon>0$ 以及 C^1 映射 $\gamma(t):(-\varepsilon,\varepsilon)\to\mathbb{R}^3$ 使得 $\gamma'(0)$ 是非零向量, 且 $F(\gamma(0))=y_0$.

十、(**15 分**) 设 $U\subset\mathbb{R}^n$ 为开集, $f:U\to\mathbb{R}^n$ 是同胚映射, 且 f 在 U 上一致连续, 证明: $U=\mathbb{R}^n$.

<h1 style="text-align:center">参考答案或提示</h1>

一、 2.

二、 $\ln(1+\frac{1}{x})-\sin\frac{1}{x} \sim -\frac{1}{2x^2}(x\to+\infty)$, 故积分收敛.

三、 $f_x(0,0)=f_y(0,0)=0$, $\lim\limits_{(x,y)\to(0,0)}\dfrac{(1-\cos\frac{x^2}{y})\sqrt{x^2+y^2}}{\sqrt{x^2+y^2}}$ 不存在(考虑路径$y=kx^2$), 因此$f(x,y)$在$(0,0)$处不可微.

四、 由Green公式, $-\int_{L+\overrightarrow{AO}}=\frac{1}{5}(1-\mathrm{e}^\pi)$, $\int_{\overrightarrow{AO}}=0 \Rightarrow \int_L=\frac{1}{5}(\mathrm{e}^\pi-1)$.

五、 由$|\frac{\cos nx}{n^2+1}| \leqslant \frac{1}{n^2}$可知级数在$(0,2\pi)$上一致收敛. 由Dirichlet判别法知$\sum\limits_{n=0}^{\infty}\frac{n}{n^2+1}\cdot\sin nx$在$(0,2\pi)$上内闭一致收敛, 故级数在$(0,2\pi)$内连续可微.

六、 $x_n \geqslant 1$. 令$f(x)=\frac{3+2x}{3+x}(x\geqslant 1)$, 则$0<f'(x)\leqslant\frac{3}{16}$, 故由压缩映照原理知数列$\{x_n\}$收敛, 且易知$x_n\to\frac{-1+\sqrt{13}}{2}$.

七、 若$P_0(x_0,y_0)$为极大值点, 则$f_x(P_0)=f_y(P_0)=0$, $\mathrm{Hess}_f(P_0)$半负定, 从而$f_{xx}(P_0)\leqslant 0, f_{yy}(P_0)\leqslant 0$, 与$f_{xx}+f_{yy}>0$矛盾.

八、 令$F(x)=f(x)-f(a)-c(x-a)=f(x)-f(b)-c(x-b)$, 显然$F(a)=F(b)=0$. 若存在$x_0\in(a,b)$使得$F(x_0)>0$, 则$f'(\xi)=\frac{f(x_0)-f(a)}{x_0-a}>c$; 若存在$x_0\in(a,b)$使得$F(x_0)<0$, 则$f'(\xi)=\frac{f(x_0)-f(b)}{x_0-b}>c$.

九、 记$F(x^1,x^2,x^3)=(f_1(x^1,x^2,x^3),f_2(x^1,x^2,x^3))$. 不妨设$\frac{\partial(f_1,f_2)}{\partial(x^2,x^3)}|_{x_0}\neq 0$, 则有连续可微的隐函数组$x^2=x^2(x^1), x^3=x^3(x^1)$, 令$\gamma(t)=\begin{pmatrix}x_0^1+t\\ x^2(x_0^1+t)\\ x^3(x_0^1+t)\end{pmatrix}$, 则$\gamma(t)$连续可微, 且$\gamma'(0)=(1,*,**)\neq 0$, $F(\gamma(0))=F(x_0)=y_0$.

十、 由$\mathbb{R}^n$连通, 只需证明开集U也是闭集. 设U中点列$\{x_n\}\to x_0\in\mathbb{R}^n$, $f(x_n)\to y_0$, 则由于f是同胚映射, $x_0=\lim\limits_{n\to\infty}x_n=\lim\limits_{n\to\infty}f^{-1}(f(x_n))=f^{-1}(\lim\limits_{n\to\infty}f(x_n))=f^{-1}(y_0)\in U$.

8   北京大学2016真题

一、(15 分) 用开覆盖定理证明闭区间上的连续函数必定一致连续.

二、(15 分) 设$f(x)$在区间$[a,b]$上定义, 叙述关于Riemann和$\sum\limits_{i=1}^{n} f(t_i)(x_i - x_{i-1})$的Cauchy准则(不用证明), 并用该准则证明闭区间上的单调函数可积.

三、(15 分) 设(a,b)上的连续函数$f(x)$有反函数, 证明: f的反函数连续.

四、(15 分) 设$f(x_1, x_2, x_3)$是C^2映射, $\frac{\partial f}{\partial x_2}(x_1^0, x_2^0, x_3^0) \neq 0$, 证明关于$f$的隐函数定理, 且隐函数$x_1 = x_1(x_2, x_3)$二次可微, 并求出$\frac{\partial^2 x_1}{\partial x_2 \partial x_3}$的表达式.

五、(15 分) 设$f : U \subset \mathbb{R}^n \to \mathbb{R}^n (n \geq m)$是$C^1$映射, U为开集, 且f的Jacobi矩阵处处为m, 证明: f将U中的开集映为开集.

六、(15 分) 设$x_1 = \sqrt{2}, x_{n+1} = \sqrt{2 + x_n}$, 证明$\{x_n\}$收敛, 并求其极限.

七、(15 分) 证明$\int_0^{+\infty} \frac{\sin x}{x} \, \mathrm{d}x$收敛, 并求其值, 写出计算过程.

八、(15 分) (1) 证明存在$[a,b]$上的多项式列$\{p_n(x)\}$使得$\int_a^b p_i(x)p_j(x) \, \mathrm{d}x = \delta_{ij}(\delta_{ij}$为Kronecker符号), 并且使得$f(x) \in C^1[a,b]$满足$\int_a^b f(x)p_n(x) \, \mathrm{d}x = 0(\forall n)$时, 有$f \equiv 0$; (2) 设$g(x) \in R[a,b]$, g关于(1)中$p_n(x)$的展式为$g(x) \sim \sum\limits_{n=1}^{\infty} \int_a^b g(x)p_n(x) \, \mathrm{d}x$, 问$\int_a^b g^2(x) \, \mathrm{d}x = \sum\limits_{n=1}^{\infty} [\int_a^b g(x)p_n(x) \, \mathrm{d}x]^2$是否成立?

九、(15 分) 设正项级数$\sum\limits_{n=1}^{\infty} a_n$收敛, $\lim\limits_{n \to \infty} b_n = 0$, 令$c_n = a_1 b_n + a_2 b_{n-1} + \cdots + a_n b_1$, 证明$\{c_n\}$收敛, 并求其极限.

十、(15 分) 设幂级数$\sum\limits_{n=1}^{\infty} a_n x^n$的收敛半径为$R \in (0, +\infty)$, 证明: $\sum\limits_{n=1}^{\infty} a_n x^n$收敛的充要条件为$\sum\limits_{n=1}^{\infty} a_n x^n$在$[0, R)$上一致收敛.

参考答案或提示

一、 对每个点$x \in [a, b]$, 存在$U(x) \subset [a, b]$, 使得$x_1, x_2 \in U(x)$ 时, $|f(x_1) - f(x_2)| < \varepsilon$. 由有限覆盖定理, 存在邻域$U(x_i)(1 \leqslant i \leqslant n)$覆盖$[a, b]$(去掉被包含的小邻域), 令$\delta$为$n-1$个相邻区间的公共部分的长度的最小值, 则当$|x_1 - x_2| < \delta$时, x_1, x_2必然同属于某个$U(x_i)$, 从而有$|f(x_1) - f(x_2)| < \varepsilon$.

二、 设$S(T) = \sum\limits_T f(\xi)\Delta x_i$为关于$[a, b]$的分割$T$的Riemann和, 则$f(x) \in R[a, b]$的 Cauchy收敛准则为: 对于任何的$\varepsilon > 0$, 存在$\delta > 0$, 使得$\|T_1\|, \|T_2\| < \delta$ 时, $|S(T_1) - S(T_2)| < \varepsilon$. 设$f(x)$在$[a, b]$上单调递增, 则$|S(T_1) - S(T_2)| \leqslant |S(T_1) - S(T_1 + T_2)| + |S(T_1 + T_2) - S(T_2)| \leqslant 2(f(b) - f(a))\max\{\|T_1\|, \|T_2\|\}$.

三、 反函数存在意味着$f(x)$ 在(a, b)上严格单调, 不妨设严格单调递增, 则$f: (a, b) \to (f(a), f(b))$为连续双射. 要证明$f^{-1}$连续, 只要证明$f$是开映射. 任取$(c, d) \subset (a, b)$, 显然有$f((a, b)) = (f(a), f(b))$.

四、 略.

五、 当$n = m$时, 由反函数定理得到结论; 当$n > m$时, 注意投影映射为开映射, f可看成投影映射$p: U \to V$与同胚映射$V \cong \mathbb{R}^m$的合成, 故结论成立.

六、 $\{x_n\}$单调递增, $x_n < 2 \Rightarrow x_n \to 2$.

七、 由Dirichlet判别法知积分收敛. 令$I(\alpha) = \int_0^{+\infty} e^{-\alpha x}\dfrac{\sin x}{x}\,dx$, 则$I'(\alpha) = -\dfrac{1}{1+\alpha^2}, \alpha > 0$(验证积分在$(0, +\infty)$ 上内闭一致收敛), $I(+\infty) = 0(\int_0^{+\infty} = \int_0^{\varepsilon} + \int_{\varepsilon}^{+\infty}, \varepsilon > 0$充分小$). I(\alpha) = \dfrac{\pi}{2} - \arctan\alpha \Rightarrow I(0) = \dfrac{\pi}{2}$. 或者由Riemann-Lebesgue引理知$\int_0^{\pi}\left[\dfrac{1}{2\sin\frac{x}{2}} - \dfrac{1}{x}\right]\sin(n+\frac{1}{2})x\,dx \to 0$, 从而得到结论(注意$\frac{1}{2} + \sum\limits_{k=1}^{n}\cos kx = \dfrac{\sin(n+\frac{1}{2})x}{2\sin\frac{x}{2}}$).

八、 (1) 对Legendre多项式$L_n(x) = \dfrac{1}{2^n n!}\sqrt{\dfrac{2n+1}{2}}\dfrac{d^n(x^2-1)^n}{dx^n}$, 有$\int_{-1}^{1} L_i(x)L_j(x)\,dx = \delta_{ij}$. 作线性变换$t = a + \dfrac{b-a}{2}(x+1)$即得结论. (2)成立, 此即Parseval等式.

九、 见北京大学2013年真题第八题.

十、 必要性: 由Abel判别法知$\sum\limits_{n=1}^{\infty} a_n R^n \cdot (\frac{x}{n})^n$收敛. 充分性: 由一般的函数项级数一致收敛的性质知$\sum\limits_{n=1}^{\infty} a_n R^n$收敛(利用Cauchy收敛准则), 且$\lim\limits_{x \to R^-} a_n x^n = \sum\limits_{n=1}^{\infty} a_n R^n$.

9 北京大学2017真题

一、(10 分) 证明: $\lim\limits_{n\to\infty}\int_0^{\frac{\pi}{2}}\frac{\sin^n x}{\sqrt{\pi-2x}}\,\mathrm{d}x=0$.

二、(10 分) 证明: $\sum\limits_{n=1}^{\infty}\frac{\sin\frac{x}{n^\alpha}}{1+nx^2}$ 在$\mathbb{R}$上内闭一致收敛的充要条件是$\alpha>\frac{1}{2}$.

三、(10 分) 设 $\sum\limits_{n=1}^{\infty}a_n$收敛, 证明: $\lim\limits_{s\to 0^+}\sum\limits_{n=1}^{\infty}a_n n^{-s}=\sum\limits_{n=1}^{\infty}a_n$.

四、(10 分) 称$\gamma(t)=(x(t),y(t))$是$\mathbb{R}^2$上的C^1向量场$(P(x,y),Q(x,y))$的积分曲线(t为区间I 中的点), 若$x'(t)=P(\gamma(t)),y'(t)=Q(\gamma(t)),\forall t\in I$, P_x+Q_y在$\mathbb{R}^2$上处处非零, 证明: 向量场(P,Q)的积分曲线不可能封闭(单点情形除外).

五、(20 分) 设$x_0=1,x_n=x_{n-1}+\cos x_{n-1},n=1,2,\ldots$, 证明: 当$x\to\infty$时, $x_n-\frac{\pi}{2}=o(\frac{1}{n^n})$.

六、(20 分) 假设$f\in C[0,1]$, 且 $\lim\limits_{x\to 0^+}\frac{f(x)-f(0)}{x}=\alpha<\beta=\lim\limits_{x\to 1^-}\frac{f(x)-f(1)}{x-1}$, 证明: 对任何$\gamma\in(\alpha,\beta)$, 存在$x_1,x_2\in[0,1]$使得$\lambda=\frac{f(x_2)-f(x_1)}{x_2-x_1}$.

七、(20 分) 设f是$(0,+\infty)$上的凹(凸)函数且 $\lim\limits_{x\to+\infty}f(x)$存在, 则 $\lim\limits_{x\to+\infty}xf'(x)=0$(仅在$f$可导的点处考虑极限过程).

八、(20 分) 设$\phi\in C^3(\mathbb{R}^3)$, ϕ以及各个偏导数$\partial_i\phi(i=1,2,3)$在点$X_0\in\mathbb{R}^3$处取值都是0. 记点X_0的$\delta(>0)$邻域为U_δ. 如果$(\partial_{ij}^2\phi(X_0))_{3\times 3}$是正定的, 则当$\delta$充分小时, 证明如下极限存在并求值: $\lim\limits_{t\to+\infty}t^{\frac{3}{2}}\iiint\limits_{U_\delta}\mathrm{e}^{-t\phi(x_1,x_2,x_3)}\,\mathrm{d}x_1\,\mathrm{d}x_2\,\mathrm{d}x_3$.

九、(30 分) 将$(0,\pi)$ 上的常值函数$f(x)=1$进行周期为2π的奇延拓并展为正弦级数: $f(x)\sim\frac{4}{\pi}\sum\limits_{n=1}^{\infty}\frac{\sin(2n-1)x}{2n-1}$, 记该Fourier级数的前$n$项之和为$S_n(x)$, 证明: (1) 对$\forall x\in(0,\pi)$, $S_n(x)=\frac{2}{\pi}\int_0^\pi\frac{\sin 2nt}{\sin t}\,\mathrm{d}t$, 且 $\lim\limits_{n\to\infty}S_n(x)=1$; (2) $S_n(x)$的最大值为$\frac{\pi}{2n}$, 且 $\lim\limits_{n\to\infty}S_n(\frac{\pi}{2n})=\frac{2}{\pi}\int_0^\pi\frac{\sin t}{t}\,\mathrm{d}t$.

一、 对任何的 $\varepsilon > 0$, 原式 $= \int_0^\varepsilon \frac{\cos^n x}{\sqrt{2x}}\,\mathrm{d}x + \int_\varepsilon^{\frac{\pi}{2}} \frac{\cos^n x}{\sqrt{x}}\,\mathrm{d}x \leqslant \sqrt{2\varepsilon} + \cos^n\varepsilon\frac{\pi}{2\sqrt{\varepsilon}}(\varepsilon > 0$ 充分小), 由此得到结论.

二、 $\alpha \leqslant 0$ 时级数不一致收敛, 因为取 $x = (2n)^\alpha$ 有 $\sum\limits_{k=n+1}^{2n} \frac{\sin(\frac{2n}{k})^\alpha}{1+k(2n)^{2\alpha}} \geqslant \frac{n\sin 2^\alpha}{1+(2n)^{\alpha+1}} \to +\infty$; $\alpha > \frac{1}{2}$ 时级数一致收敛, $|\frac{\sin\frac{x}{n^\alpha}}{1+nx^2}| \leqslant \frac{1}{2\sqrt{n}|x|}|\frac{x}{n^\alpha}| = \frac{1}{n^{\alpha+\frac{1}{2}}}$; $\alpha \to 0$ 时, 取 $x = \sqrt{n}$, $\frac{n\sin\frac{\sqrt{n}}{(2n)^\alpha}}{1+2n\cdot\frac{1}{n}} \leqslant \sum\limits_{k=n+1}^{2n} \frac{\sin(\frac{2n}{k})^\alpha}{1+k(2n)^{2\alpha}} \to 0 \Rightarrow \alpha > \frac{1}{2}$.

三、 由 Abel 判别法可知 $\sum\limits_{n=1}^{\infty} a_n n^{-s}$ 在 $(0, +\infty)$ 上一致收敛, 故结论成立.

四、 否则 $\oint_\gamma (P\,\mathrm{d}y - Q\,\mathrm{d}x) = \iint\limits_D (P_x + Q_y)\,\mathrm{d}x\,\mathrm{d}y$, 而 $\oint_\gamma (P\,\mathrm{d}y - Q\,\mathrm{d}x) = \int_{t_0}^{t_1}(x'(t)y'(t) - y'(t)x'(t))\,\mathrm{d}t = 0$, 与 $P_x + Q_y$ 处处非零矛盾.

五、 易知 $1 \leqslant x_n < \frac{\pi}{2}$, 从而 $\{x_n\}$ 单调递增, 故 $x_n \to \frac{\pi}{2}$. 设 $y_n = \frac{\pi}{2} - x_n$, 则 $y_n = y_{n-1} - \sin y_{n-1}$, 且 $y_n \to 0$, 故 $\frac{y_{n+1}}{y_n^3} \to \frac{1}{6} \Rightarrow \frac{y_{n+1}}{y_n^3} < \frac{1}{2}(n$ 充分大), 递推可得结论.

六、 $F(x,y) = \frac{f(x)-f(y)}{x-y}$ 在区域 $\{(x,y) \in [0,1]\times[0,1] | x < y\}$ 上连续, 且 $\lim\limits_{x\to 0^+} F(0,x) = \alpha < \beta = \lim\limits_{x\to 1^-} F(x,1)$, 故由介值性得到结论. 或者由 $\delta > 0$ 充分小时有 $\frac{f(\delta)-f(0)}{\delta} < \lambda < \frac{f(1)-f(1-\delta)}{\delta}$, 令 $g(t) = \frac{f(t)-f(t-\delta)}{\delta}$ 在 $[\delta,1]$ 上连续, $g(\delta) < \lambda < g(1)$ 得到结论.

七、 设 $f(x)$ 为凹函数, 则有 $\frac{f(x)-f(\frac{x}{2})}{\frac{x}{2}} \geqslant f'(x) \geqslant \frac{f(2x)-f(x)}{x}$ 得到结论.

八、 不妨设 $x_0 = 0$, 且作正交变换后不妨设 $\varphi = \lambda_1 x_1^2 + \lambda_2 x_2^2 + \lambda_3 x_3^2 + o(x_1^2 + x_2^2 + x_3^2)(\lambda_i > 0)$, 积分即得原式 $= \frac{(2\pi)^{\frac{3}{2}}}{\sqrt{\det A}}$.

九、 $S_n'(x) = 0 \Rightarrow x = \frac{k\pi}{2n}, 1 \leqslant k \leqslant 2n-1$, 且由 $S_n''(x) < 0$ 可知 $x = \frac{(2k-1)\pi}{2n}, 1 \leqslant k \leqslant n$ 为所有的极大值点. 由 $S_n(x) = S_n(\pi - x)$, 只需考察极大值点 $\frac{(2k-1)\pi}{2n}, 1 \leqslant k \leqslant n$. 由第一积分中值定理可知 $S_n(\frac{\pi}{2n})$ 最大. 由 $\sin x$ 的 Taylor 公式可得 $S_n(\frac{\pi}{2n}) - \frac{2}{\pi}\int_0^\pi \frac{\sin t}{t}\,\mathrm{d}t = \frac{2}{\pi}\int_0^\pi \sin x\frac{\frac{x}{2n}-\sin\frac{x}{2n}}{x\sin\frac{x}{2n}}\,\mathrm{d}x \to 0$.

10 北京大学2018真题

一、(30 分) 证明下列极限:

1. $\lim\limits_{n\to\infty}(1+\int_0^1 \frac{\sin^n x}{x^n}\,\mathrm{d}x)^n = +\infty$.

2. $\lim\limits_{n\to\infty}(\int_0^1 \frac{\sin x^n}{x^n}\,\mathrm{d}x)^n = \prod\limits_{n=1}^{\infty}\exp(\frac{(-1)^n}{2k(2k+1)!})$.

3. $\lim\limits_{n\to\infty}\frac{1}{n}\sum\limits_{k=1}^{n}\ln(1+\frac{k^2-k}{n^2}) = \ln 2 - 2 + \frac{\pi}{2}$.

二、(10 分) 设 $f\in C(0,1), \alpha = \frac{f(x_2)-f(x_1)}{x_2-x_1} < \beta = \frac{f(x_4)-f(x_3)}{x_4-x_3}, x_1,x_2,x_3,x_4 \in (0,1)$, 证明: 对每个 $\lambda\in(\alpha,\beta)$, 存在 $x_5,x_6\in(0,1)$ 使得 $\lambda = \frac{f(x_6)-f(x_5)}{x_6-x_5}$.

三、(10 分) 设 A,B 是 $\mathbb{R}^3$ 中的两点, γ 是以 A,B 为端点的光滑曲线, 弧长为 L, U 是包含 γ 的开集, $f\in C^1(U)$ 且它的梯度的模的上界为 M, 证明: $|f(A)-f(B)|\leqslant ML$.

四、(20 分) 设 f 在 $(0,0)$ 附近三阶可微, 求 $\lim\limits_{R\to 0^+}\frac{1}{R^4}\iint\limits_{x^2+y^2\leqslant R^2}(f(x,y)-f(0,0))\,\mathrm{d}x\,\mathrm{d}y$.

五、(20 分) 设 $y=\varphi(x)$ 在 $x=0$ 处可导, $\varphi(0)=0$, f 在 $(0,0)$ 附近二阶连续可微, 且 $\nabla f(x,\varphi(x))=0$, f 在 $(0,0)$ 处的 Hesse 矩阵半正定非零, 证明: f 在 $(0,0)$ 处取极小值.

六、(20 分) 证明: 方程 $e^{-x}+\cos 2x + x\sin x = 0$ 在每个区间 $((2n-2)\pi,(2n+1)\pi)$ 内恰有两个根 $x_{2n-1}<x_{2n}(n\in\mathbb{N}_+)$, $\lim\limits_{n\to\infty}(-1)^n n(x_n-n\pi)$ 存在, 并求其值.

七、(20 分) 证明: $\lim\limits_{x\to 0}\sum\limits_{n=1}^{\infty}\frac{\cos nx}{n} = +\infty$.

八、(20 分) 设在 $[1,+\infty)$ 上 $f(x)>0$, $f''(x)\leqslant 0$, $f(+\infty)=+\infty$, 证明: $\lim\limits_{s\to 0^+}\sum\limits_{n=1}^{\infty}\frac{(-1)^n}{f^s(n)}$ 存在, 并求其值.

一、 1. 由于$x \in (0,1)$时，$\frac{\sin x}{x} = \cos \xi > \cos x > 1 - \frac{1}{2}x^2(0 < \xi < x)$，$\int_0^1 \frac{\sin^n x}{x^n} \, \mathrm{d}x \geqslant \int_0^{\frac{1}{\sqrt{n}}} (1 - \frac{1}{2n})^n \, \mathrm{d}x > \frac{\mathrm{e}^{-\frac{1}{2}}}{2\sqrt{n}}$（$n$充分大）.

2. $(\int_0^1 \frac{\sin x^n}{x^n} \, \mathrm{d}x)^n = (\frac{1}{n} \int_0^1 \frac{\sin t}{t^{2-\frac{1}{n}}} \, \mathrm{d}t)^n = (\frac{1}{n} \int_0^1 \frac{\sin t - t}{t^{2-\frac{1}{n}}} \, \mathrm{d}t + 1)^n \to \mathrm{e}^{\int_0^1 \frac{\sin t - t}{t^2} \, \mathrm{d}t}$，逐项积分即得结论.

3. 由夹逼准则，原式$= \int_0^1 \ln(1 + x^2) \, \mathrm{d}x = \ln 2 + \frac{\pi}{2} - 2$.

二、 见北京大学2017真题第六题.

三、 令$g(t) = f((1-t)A + tB)$，则$|g(1) - g(0)| = |\nabla f(C) \cdot \overrightarrow{AB}| \leqslant M \cdot \overline{AB} \leqslant ML$.

四、 利用Peano余项型的二阶Taylor公式并注意到对称性，原式$= \lim_{R \to 0^+} \frac{1}{2} \iint_{x^2+y^2 \leqslant R^2} (f_{xx}(0,0)x^2 + f_{yy}(0,0)y^2) \, \mathrm{d}x \, \mathrm{d}y = \frac{\pi}{8}(f_{xx}(0,0) + f_{yy}(0,0))$.

五、 由f在$(0,0)$附近二阶连续可微有$f_x(x,y) - f_x(0,0) = f_{xx}(0,0)x + f_{yy}(0,0)y + o(\sqrt{x^2+y^2})$，$f_y(x,y) - f_y(0,0) = f_{yx}(0,0)x + f_{yy}(0,0)y + o(\sqrt{x^2+y^2})$. 由$\nabla(x, \varphi(x)) = 0$以及$y = \varphi(x)$在$x = 0$处可导得$0 = f_{xx}(0,0)x + f_{xy}(0,0)\varphi'(0)x + o(x)$，$0 = f_{yx}(0,0)x + f_{yy}(0,0)\varphi'(0)x + o(x)$，即$f_{xx}(0,0) + f_{xy}(0,0)\varphi'(0) = 0$，$f_{yx}(0,0) + f_{yy}(0,0)\varphi'(0) = 0$. 由$\mathrm{Hess}_f(0,0)$半正定且非零可知$f_{yy}(0,0) > 0$. 易知$y = \varphi(x)$在$x = 0$附近连续，且$f(x,y) \geqslant f(x, \varphi(x)) \geqslant f(0,0)$，故$f$在$(0,0)$处取极小值.

六、 令$f(x) = \mathrm{e}^{-x} + \cos 2x + x \sin x$，易知$x \in (2n\pi, 2n\pi + \pi)$时，$f(x) > 0$；$x \in [2n\pi - \frac{3}{4}\pi, 2n\pi - \frac{1}{4}\pi]$时，$f(x) < 0$（注意$x \sin x$起决定性作用）. $f'(x) = -\mathrm{e}^{-x} - 2\sin 2x + \sin x + x \cos x$. $x \in (2n\pi - \pi, 2n\pi - \frac{3}{4}\pi)$时，$f'(x) < 0$；$x \in (2n\pi - \frac{1}{4}\pi, 2n\pi)$时，$f'(x) > 0$. 因此$f(x)$在$((2n-1)\pi, (2n+1)\pi)$中恰有两个根，且$x_{2n-1} \in (2n\pi - \pi, 2n\pi - \frac{3}{4}\pi)$，$x_{2n} \in (2n\pi - \frac{1}{4}\pi, 2n\pi)$. 令$t_n = x_{2n} - 2n\pi$，则$t_n \in (-\frac{\pi}{4}, 0)$，$\mathrm{e}^{-(t_n + 2n\pi)} + \cos 2t_n + (t_n + 2n\pi)\sin t_n = 0 \Rightarrow t_n \to 0$. 进一步有$t_n \sim \frac{\mathrm{e}^{-2n\pi} + 1}{-2n\pi}$. 同理，令$s_n = x_{2n-1} - (2n-1)\pi$，则$s_n \to 0$，$s_n \sim \frac{\mathrm{e}^{-2n\pi} + 1}{(2n-1)\pi}$. 因此$\lim_{n \to \infty} (-1)^n(x_n - n\pi) = -\frac{1}{\pi}$.

七、 设$S_n(x) = \sum_{k=1}^n \frac{\cos kx}{k}$，$S_n'(x) = -\sum_{k=1}^n \sin kx = \frac{\cos(n+\frac{1}{2})x - \cos \frac{x}{2}}{2 \sin \frac{x}{2}}$. $\sum_{n=1}^\infty \frac{(-1)^n}{n} - S_n(x) = \ln|\sin \frac{x}{2}| + \int_x^\pi \frac{\cos(n+\frac{1}{2})t}{2 \sin \frac{t}{2}} \, \mathrm{d}t(0 < x < \pi) \Rightarrow \lim_{x \to 0^+} S_n(x) = \sum_{n=1}^\infty \frac{(-1)^n}{n} - \int_0^{+\infty} \frac{\cos x}{x} \, \mathrm{d}x - \lim_{x \to 0^+} \ln|\sin \frac{x}{2}| = +\infty$（用到Riemann-Lebesgue引理）.

八、 $f''(x) \leqslant 0 \Rightarrow f'(x)$单调递减，$f(x) \leqslant f(x_0) + f'(x_0)(x - x_0)$，$f(+\infty) = +\infty \Rightarrow f'(x) > 0$. 因此$f(x)$单调递增，$f(x) > 0$. 考虑$S_{2n}(s) = \sum_{k=1}^n (\frac{1}{f^s(2k)} - \frac{1}{f^s(2k-1)})$，$s > 0$. 由Lagrange中值定理得$\frac{-sf'(2k-1)}{f^{s+1}(2k-1)} \leqslant \frac{1}{f^s(2k)} - \frac{1}{f^s(2k-1)} \leqslant \frac{-sf'(2k)}{f^{s+1}(2k)}$. 求和取极限即得$\lim_{s \to 0^+} \sum_{n=1}^\infty \frac{(-1)^n}{f^s(n)} = -\frac{1}{2}$.

11 北京大学2019真题

一、(15 分) 讨论数列 $a_n = \sqrt[n]{1 + \sqrt[n]{2 + \sqrt[n]{3 + \cdots + \sqrt[n]{n}}}}$ (n个根号)的敛散性.

二、(15 分) 设 $f(x) \in C[a,b], f(a) = f(b)$, 证明: 存在 $x_n, y_n \in [a,b]$, 使得 $\lim\limits_{n \to \infty}(x_n - y_n) = 0$, 且对 $\forall n \in \mathbb{N}$ 有 $f(x_n) = f(y_n)$.

三、(15 分) 证明: $\sum\limits_{k=0}^{n}(-1)^k C_n^k \frac{1}{k+m+1} = \sum\limits_{k=0}^{m} C_m^k \frac{(-1)^k}{k+n+1}$, 其中 m, n 是正整数.

四、(15 分) 无穷乘积 $\prod\limits_{n=1}^{\infty}(1 + a_n)$ 收敛, 无穷级数 $\sum\limits_{n=1}^{\infty} a_n$ 是否收敛? 若收敛, 证明这个结论; 若不收敛, 给出反例.

五、(15 分) 设 $f(x) = \sum\limits_{n=1}^{\infty} x^n \ln x$, 计算 $\int_0^1 f(x)\,\mathrm{d}x$.

六、(15 分) 设定义在 $(0, +\infty)$ 上的函数 $f(x)$ 二阶可导, 且 $\lim\limits_{x \to +\infty} f(x)$ 存在, $f''(x)$ 有界, 证明: $\lim\limits_{x \to +\infty} f'(x) = 0$.

七、(15 分) 设数列 $\{x_n\}$ 有界, $\lim\limits_{n \to \infty}(x_{n+1} - x_n) = 0$, 又记 $\varliminf\limits_{n \to \infty} x_n = l, \varlimsup\limits_{n \to \infty} x_n = L(l < L)$, 证明: $[l, L]$ 中的任何数都是 $\{x_n\}$ 的某一个子列的极限.

八、(15 分) 讨论级数 $\sum\limits_{n=1}^{\infty} \frac{\sin \frac{n\pi}{4}}{n^p + \sin \frac{n\pi}{4}}$ ($p > 0$)的绝对收敛性和条件收敛性.

九、(15 分) 求函数 $f(x) = \frac{2x \sin \theta}{1 - 2x \cos \theta + x^2}$ 在 $x = 0$ 处的Taylor展开式, 其中 $\theta \in \mathbb{R}$ 是常数, 并计算积分 $\int_0^{\pi} \ln(1 - 2x \cos \theta + x^2)\,\mathrm{d}\theta$.

十、(15 分) 证明: $\int_0^{+\infty} \frac{\sin x}{x}\,\mathrm{d}x = \frac{\pi}{2}$, 并计算 $\int_0^{+\infty} \frac{\sin^2 yx}{x^2}\,\mathrm{d}x$.

一、 由归纳法可知 $1 \leqslant a_n \leqslant \sqrt[n]{n + \sqrt[n]{n + \cdots + \sqrt[n]{n}}} < \sqrt[n]{n+3}$, 故 $a_n \to 1$.

二、 不妨设 $f(x)$ 在 $c \in (a, b)$ 处取得最小值, 则由介值性可得 $x_n \uparrow x_0, y_n \downarrow x_0$ 使得 $f(x_n) = f(y_n)$.

三、 记等式的左边和右边分别为 S, T. 设 $S(x) = \sum_{k=0}^{n} (-1)^k C_n^k \frac{x^{k+m+1}}{k+m+1}$, 则 $S'(x) = x^m(1-x)^n \Rightarrow S = \int_0^1 x^m(1-x)^n \, dx$. 令 $T(x) = \sum_{k=0}^{m} C_m^k \frac{(-1)^k x^{k+n+1}}{k+n+1}$, 则 $T'(x) = x^n(1-x)^m \Rightarrow T = \int_0^1 x^n(1-x)^m \, dx$. 显然 $S = T$.

四、 若 a_n 同号, 结论正确. 否则不正确, 例如 $a_n = \begin{cases} \frac{1}{\sqrt{k}} + \frac{1}{k}, & n = 2k-1, \\ -\frac{1}{\sqrt{k}}, & n = 2k. \end{cases}$

五、 原式 $= \sum_{n=1}^{\infty} \int_0^1 x^n \ln x \, dx = -\sum_{n=1}^{\infty} \frac{1}{(n+1)^2} = 1 - \frac{\pi^2}{6}$ (令 $\left| \frac{x \ln x}{1-x} \right| \leqslant M, x \in [0, 1]$, $\int_0^1 \left| \sum_{k \geqslant n+1} x^k \ln x \right| dx \leqslant M \int_0^1 x^n \, dx = \frac{M}{n+1} \to 0$, 因此积分可以与求和交换次序).

六、 设 $|f''(x)| \leqslant M$. 对任何的 $\varepsilon > 0$, 选取 n 充分大使得 $\left| \frac{M}{n} \right| < 2\varepsilon$. x 充分大时, $\left| f(x + \frac{1}{n}) - f(x) \right| < \frac{\varepsilon}{n}$. 因此由 $f(x + \frac{1}{n}) = f(x) + f'(x)\frac{1}{n} + f''(\xi)\frac{1}{2n^2}$ 可知 x 充分大时, $|f'(x)| \leqslant 2\varepsilon$.

七、 反设 $A \in (l, L)$ 不是 $\{x_n\}$ 的任何子列的极限, 则存在去心邻域 $U^{\circ}(A, \varepsilon)$ 不包含 $\{x_n\}$ 中任何元. 设 $|x_{n+1} - x_n| < \varepsilon (n > N)$, 则至多除了有限项等于 A 的元之外, $x_n(n > N)$ 要么满足 $x_n < A - \varepsilon$, 要么满足 $x_n > A + \varepsilon$, 这就与 $\{x_n\}$ 的上或下极限取值矛盾.

八、 注意 $\frac{\sin \frac{n\pi}{4}}{n^p} - \frac{\sin \frac{n\pi}{4}}{n^p + \sin \frac{n\pi}{4}} = \frac{\sin^2 \frac{n\pi}{4}}{n^p(n^p + \sin \frac{n\pi}{4})}$, $\sum_{n=1}^{\infty} \frac{\sin \frac{n\pi}{4}}{n^p}$ 收敛 $\Leftrightarrow p > 0$. 因此 $p > 1$ 时, 级数绝对收敛; $\frac{1}{2} < p \leqslant 1$ 时, 级数条件收敛; $0 < p \leqslant \frac{1}{2}$ 时, 级数发散.

九、 设 $I(x) = \int_0^{\pi} \ln(1 - 2x\cos\theta + x^2) \, d\theta$, 则 $I(\frac{1}{x}) = I(x) - 2\pi \ln|x| (x \neq 0)$, $I(1) = I(-1) = 0$. $f(x) = \frac{1}{i}\left(\frac{1}{1 - xe^{i\theta}} - \frac{1}{1 - xe^{-i\theta}} \right) = 2\sum_{n=1}^{\infty} x^n \sin n\theta (|x| < 1)$. $\ln(1 - 2x\cos\theta + x^2) = -2\sum_{n=1}^{\infty} x^n \frac{\cos n\theta}{n} (|x| < 1) \Rightarrow I(x) = \begin{cases} 0, & |x| < 1, \\ 2\pi \ln|x|, & |x| \geqslant 1. \end{cases}$

十、 证明略. 设 $I(y) = \int_0^{+\infty} \frac{\sin^2 yx}{x^2} \, dx$, 则 $I(0) = 0, I(y) = I(-y)$. 由分部积分可知, $y > 0$ 时, $I(y) = y \int_0^{+\infty} \frac{\sin^2 t}{t^2} \, dt = y \int_0^{+\infty} \frac{\sin 2t}{t} \, dt = \frac{\pi}{2}y$. 因此 $I(y) = \frac{\pi}{2}|y|$.

12   南京大学2009真题

一、(10 分) 能否将$(0,1)$之间的有理数按照从小到大的顺序排成一列? 请说明理由.

二、(10 分) 如果级数$\sum\limits_{n=1}^{\infty} a_n$收敛, 则级数$\sum\limits_{n=1}^{\infty} a_n^2$是否也收敛? 请说明理由.

三、求极限(20 分)

1. $\lim\limits_{n\to\infty} \sqrt[n]{a^n + b^n}$, 其中$a, b > 0$.

2. $\lim\limits_{x\to 0}\left(\frac{1}{x^2} - \frac{1}{x\sin x}\right)$.

四、(20 分) 设$f(x)$在$[0,1]$上可微, 问: $f'(x)$在$[0,1]$上有界吗? 若正确, 给出证明; 若错误, 举出反例.

五、(20 分) 设$f: \mathbb{R} \to \mathbb{R}$是连续函数, $f(x)$有唯一的极值点, 证明: 这个极值点是最值点.

六、(15 分) 设$f(x) \in C^2[0,1]$, $f(0) = 0$, $f(1) = 1$, $f''(x) < 0$, 证明: $f(x) \geqslant x$.

七、(20 分) 设$f(x,y)$在$z_0 = (x_0, y_0) \in \mathbb{R}^2$附近为$C^2$函数, 求极限$\lim\limits_{h\to 0^+} h^{-2}[\frac{1}{\pi h^2} \int_{B(z_0,h)} f(x,y)\, \mathrm{d}x\, \mathrm{d}y - f(x_0, y_0)]$, 其中$B(z_0, h)$是平面上以$z_0$为中心, h为半径的圆盘.

八、(15 分) 求积分$\iint\limits_{\Sigma} z\, \mathrm{d}x\, \mathrm{d}y + x\, \mathrm{d}y\, \mathrm{d}z + y\, \mathrm{d}z\, \mathrm{d}x$, 其中$\Sigma = \{(x,y,z) \in \mathbb{R}^3 | x^2 + y^2 + z^2 = R^2, x, y, z \geqslant 0\}$, 取外侧.

九、(20 分) 设$f(x)$是$[-\pi, \pi]$上的有界变差函数, 证明: $f(x)$的Fourier系数a_n, b_n满足条件$a_n = o(n), b_n = o(n)$.

一、 不行. $0 < \frac{a}{b} < \frac{c}{d} < 1 \Rightarrow \frac{a}{b} < \frac{a+c}{b+d} < \frac{c}{d}, a, b, c, d \in \mathbb{N}_+$.

二、 不一定. 例如 $a_n = \frac{(-1)^n}{\sqrt{n}}$.

三、

1. $\max\{a, b\}$.

2. $-\frac{1}{6}$.

四、 否. 令 $f(x) = \begin{cases} x^{\frac{3}{2}} \sin \frac{1}{x}, & x \neq 0, \\ 0, & x = 0, \end{cases}$ $f'(x) = \begin{cases} \frac{3}{2} x^{\frac{1}{2}} \sin \frac{1}{x} - x^{-\frac{1}{2}} \cos \frac{1}{x}, & x \neq 0, \\ 0, & x = 0, \end{cases}$

则 $f'(\frac{1}{2n\pi}) \to -\infty$.

五、 设 x_0 是极小值点, 则 x_0 也是最小值点. 否则, 存在 x_1 使得 $f(x_1) < f(x_0)$, 从而 $[x_1, x_0]$ 中存在内点为最大值点, 故为极大值点, 矛盾.

六、 $f''(x) < 0 \Rightarrow f(x)$ 为严格凹函数, 因此 $x \in (0, 1)$ 时, $f(x) = f(x \cdot 1 + (1-x) \cdot 0) > x f(1) + (1-x) f(0) = x$.

七、 $\frac{1}{8}(f_{xx}(x_0, y_0) + f_{yy}(x_0, y_0))$(用 Peano 余项型二阶 Taylor 公式).

八、 $\frac{\pi}{2} R^3$.

九、 $f(x) \in BV[a, b] \Rightarrow f(x) \in R[a, b]$, 由 Bessel 不等式(或 Parseval 等式)可知 $\sum\limits_{n=1}^{\infty} a_n^2, \sum\limits_{n=1}^{\infty} b_n^2$ 收敛, 从而 $\sum\limits_{n=1}^{\infty} \frac{a_n}{n}, \sum\limits_{n=1}^{\infty} \frac{b_n}{n}$ 收敛, 因此 $\frac{a_n}{n}, \frac{b_n}{n} \to 0$.

13 南京大学2010真题

一、(10 分) 设 $a_1 = 1, a_{n+1} = \sqrt{1+a_n}$, 证明数列 $\{a_n\}$ 收敛, 并求其极限.

二、(15 分) 求常数 a, b 使得 $(1 + \frac{1}{n})^n = e + \frac{a}{n} + \frac{b}{n^2} + O(\frac{1}{n^3}), n \to \infty$.

三、(15 分) 求积分 $\int_0^{\frac{\pi}{2}} \frac{x^2}{\sin^2 x} \, dx$.

四、(15 分) 求积分 $\iint\limits_{\Sigma} \frac{z}{r^3} \, dx \, dy + \frac{x}{r^3} \, dy \, dz + \frac{y}{r^3} \, dz \, dx$, 其中 $r = \sqrt{x^2 + y^2 + z^2}$, Σ 为曲面 $|x| + |y| + |z| = 1$.

五、(15 分) 设 $\sum\limits_{n=1}^{\infty} a_n$ 为收敛的正项级数, 证明: $\sum\limits_{n=1}^{\infty} \sqrt[n]{a_n a_{n+1} \cdots a_{2n-1}}$ 也收敛.

六、(20 分) 设 $f(x) \in C[0, \pi]$, 在 $x = 0$ 处可导, 证明: $\lim\limits_{n \to \infty} \int_0^{\pi} f(x)(\frac{1}{2} + \cos x + \cos 2x + \cdots + \cos nx) \, dx = \frac{\pi}{2} f(0)$.

七、(20 分) 设 $f: \mathbb{R}^n \to \mathbb{R}$ 是光滑函数, 且 $\text{Hess}(f) \geq I_n$, 其中 $\text{Hess}(f) = (\frac{\partial^2 f}{\partial x_i \partial x_j})_{n \times n}$, I_n 为 n 阶单位矩阵, 证明: $\nabla f: \mathbb{R}^n \to \mathbb{R}^n$ 可逆, 且其逆也是光滑的, 其中 $\nabla f = (f_{x_1}, \ldots, f_{x_n})$ 表示 f 的梯度.

八、(20 分) 设 $f \in C[a, b]$, 如果 f 在一个可数集外有非负导数, 证明: $f(a) \leq f(b)$.

九、(20 分) 设 $f(x) \in C^2[a, b]$, $f(a) = f(b) = 0$, 证明: 存在 $\xi \in [a, b]$ 使得 $\int_a^b f(x) \, dx = \frac{f''(\xi)}{12}(a - b)^3$.

参考答案或提示

一、 由归纳法可知 $\{a_n\}$ 单调递减, $a_n < 2$, 故 $\{a_n\}$ 收敛(或者由压缩映照原理得到结论). 设 $a_n \to a$, $a^2 = 1+a \Rightarrow a = \frac{1+\sqrt5}{2}$.

二、 $(1+\frac1n)^n - \mathrm{e} = \mathrm{e}(\mathrm{e}^{n\ln(1+\frac1n)-1}-1) = \mathrm{e}(1-\frac{1}{2n}+\frac{11}{24n^2}+O(\frac{1}{n^3})) \Rightarrow a = -\frac{\mathrm{e}}{2}, b = \frac{11\mathrm{e}}{24}$.

三、 用分部积分得原式 $= -2\int_0^{\frac\pi2}\ln\sin x\,\mathrm{d}x = \pi\ln2$(利用变换 $x \to \frac\pi2 - x$).

四、 4π(转化为 $x^2+y^2+z^2 = \varepsilon^2$ 上的积分(取外侧), 其中 $\varepsilon > 0$ 充分小).

五、 由平均不等式得 $\sqrt[n]{a_n a_{n+1}\cdots a_{2n-1}} \leqslant \frac{1}{\sqrt[n]{n(n+1)\cdots(2n-1)}}\frac{na_n+\cdots+(2n-1)a_{2n-1}}{n} \leqslant 4\frac{a_1+2a_2+\cdots+(2n-1)a_{2n-1}}{2n(2n-1)}$. 设 $b_n = \sum_{k=1}^n ka_k$, 下面证明 $\sum_{n=1}^\infty \frac{b_n}{n(n+1)}$ 收敛. 设 $S_n = \sum_{k=1}^n a_k \to S$, $\sigma_n = \frac{\sum_{k=1}^n S_k}{n}$, 则 $b_n = nS_n - \sum_{k=1}^{n-1}S_k = n^2\sigma_n - (n^2-1)\sigma_{n-1} \Rightarrow \frac{b_n}{n(n+1)} = \frac{n}{n+1}\sigma_n - \frac{n-1}{n}\sigma_{n-1}(\sigma_0 = 0)$. 因此 $\sum_{n=1}^\infty \frac{b_n}{n(n+1)} \to S$.

六、 只需证明: $\int_0^\pi [f(x)-f(0)]\frac{\sin(n+\frac12)x}{2\sin\frac x2}\,\mathrm{d}x \to 0$. 因为 $f(x) \in C[0,\pi]$ 且在 $x=0$ 处可导, $\frac{f(x)-f(0)}{\sin\frac x2} \in R[0,\pi]$, 由Riemann-Lebesgue引理即得结论.

七、 $\mathrm{Hess}(f) \geqslant I_n \Rightarrow \mathrm{Hess}(f)$ 正定, 因此Jacobi矩阵 $J(\nabla f) = \mathrm{Hess}(f)$ 正定, 故由反函数组定理得到结论.

八、 先设 $f(x)$ 在可导点处导数都大于0, 我们证明 $f(x)$ 单调递增. 反设存在 $x_1 < x_2$ 使得 $f(x_1) > f(x_2)$. 任取 $y_0 \in (f(x_2), f(x_1))$. 由 $f(x)$ 连续, $\{x \in (x_1,x_2)|f(x) = y_0\}$ 为紧集, 故有最大值, 设为 x_0. 显然 $f(x_0) = y_0$, 故 $x_0 < x_2$, 且由介值性知 $x \in (x_0,x_2]$ 时, $f(x) < y_0$. 由于不可导点集可数, 可以选取适当的 y_0 使得 $f(x)$ 在 x_0 处可导, 即有 $f'(x_0) = \lim_{x\to x_0^+}\frac{f(x)-f(x_0)}{x-x_0} \leqslant 0$, 矛盾. 对于一般的情形, 令 $g(x) = f(x) + \varepsilon x(\varepsilon > 0)$, 则当 $x_1 < x_2$ 时, $g(x_1) \leqslant g(x_2)$, 故 $f(x_1) - f(x_2) \leqslant \varepsilon(x_2 - x_1)$, 令 $\varepsilon \to 0^+$ 即得结论.

九、 不妨设 $a = 0, b = 1$(否则作变换 $g(x) = f((1-x)a + xb)$ 即可). 要证明: 存在 $\xi \in [0,1]$ 使得 $\int_0^1 f(x)\,\mathrm{d}x = -\frac{f''(\xi)}{12}$. $f(0) = f(x) - f(x)x + f''(\xi_1)\frac{x^2}{2}$, $f(1) = f(x) + f(x)(1-x) + f''(\xi_2)\frac{(1-x)^2}{2} \Rightarrow -f(x) = f''(\xi_1)\frac{(1-x)x^2}{2} + f''(\xi_2)\frac{x(1-x)^2}{2}$. 令 $M = \max_{x\in[a,b]}f''(x), m = \min_{x\in[a,b]}f''(x)$, 则 $\frac{m}{12} \leqslant -\int_0^1 f(x)\,\mathrm{d}x \leqslant \frac{M}{12}$. 故由导函数极限定理得到结论.

14 南京大学2011真题

一、(10 分) 设定义在数周上的函数$f(x)$满足: 对任意的$x, y \in \mathbb{R}$有$|f(x) - f(y)| \leqslant |x - y|^2$, 证明: $f(x)$是常值函数.

二、(10 分) 设幂级数$\sum\limits_{n=0}^{\infty} a_n x^n$的收敛半径为1, 问级数$\sum\limits_{n=0}^{\infty} a_n$是否收敛, 请说明理由.

三、(20 分) 设$f(x)$是$[1, +\infty)$上的非负单调递减函数, 令$a_n = \sum\limits_{k=1}^{n} f(k) - \int_1^n f(x)\,\mathrm{d}x$, 其中$n \in \mathbb{N}_+$, 证明: 数列$\{a_n\}$收敛.

四、(20 分) 设函数$f(x, y), g(x, y)$在平面开区域G上连续可微, 且对任何$(x, y) \in G$满足$f_x g_y - f_y g_x \neq 0$, 证明: 对G中任一紧致集K, K中同时满足$f(x, y) = 0$和$g(x, y) = 0$的点(x, y)只有有限多个.

五、(15 分) 方程$z^2 y - x z^3 - 1 = 0$在$(1, 2, 1)$的附近决定了隐函数$z = z(x, y)$, 求$z_{xx}(1, 2)$的值.

六、(20 分) 讨论反常积分$\iint\limits_{D} \dfrac{\mathrm{d}x\,\mathrm{d}y}{|x|^p + |y|^q}$的收敛性, 其中$D = \{(x, y) \mid |x| + |y| \geqslant 1\}$.

七、(20 分) 设$f(x) \in C^2[0, \pi]$, $f(\pi) = 2$, 满足$\int_0^\pi (f(x) + f''(x)) \sin x\,\mathrm{d}x = 5$, 求$f(0)$.

八、(15 分) 设$\sum\limits_{n=1}^{\infty} (a_n - a_{n-1})$绝对收敛, $\sum\limits_{n=1}^{\infty} b_n$收敛, 证明: $\sum\limits_{n=1}^{\infty} a_n b_n$收敛.

九、(20 分) 设Σ是$F(x, y, z) = 0$确定的光滑简单闭曲面, $F(x, y, z)$二阶连续可微, 梯度$\nabla F(x, y, z) \neq 0$. 求三重积分: $\iiint\limits_{\Omega} \mathrm{div}\left(\dfrac{\nabla F}{\|\nabla F\|}\right) \mathrm{d}x\,\mathrm{d}y\,\mathrm{d}z$, 其中$\Omega = \{(x, y, z) \mid F(x, y, z) < 0\}$为曲面$\Sigma$围成的区域, $\mathrm{div}(\cdot)$是向量场的散度.

参考答案或提示

一、 $|f'(x)| = |\lim\limits_{y \to x} \frac{f(y)-f(x)}{y-x}| \leqslant \lim\limits_{y \to x} |y - x| = 0 \Rightarrow f(x)$ 为常数.

二、 不一定. 例如 $a_n = \frac{1}{n}$ 时, 级数发散; $a_n = \frac{1}{n^2}$ 时, 级数收敛.

三、 由于 $f(x)$ 在 $[1, +\infty)$ 上非负单调递减, $a_n = \sum\limits_{k=1}^{n} \int_k^{k+1} [f(k) - f(x)] \, \mathrm{d}x + \int_n^{n+1} f(x) \, \mathrm{d}x \geqslant 0$, $a_n - a_{n+1} = \int_n^{n+1} f(x) \, \mathrm{d}x - f(n+1) = \int_n^{n+1} [f(x) - f(n+1)] \, \mathrm{d}x \geqslant 0$, 因此 $\{a_n\}$ 收敛.

四、 设 $f(P_0) = g(P_0) = 0$. $f_x g_y - f_y g_x \neq 0 \Rightarrow f_x(P_0), f_y(P_0)$ 不能同时为 0, 不妨设 $f_y(P_0) \neq 0$, 则在 $U(P_0)$ 中确定隐函数 $y = y(x)$. 令 $h(x) = g(x, y(x))$, 则在 $U(P_0)$ 中 $h_x = g_x + g_y y'(x) = g_x - g_y \frac{f_x}{f_y} \neq 0$, 因此由 Rolle 定理知在 $U(P_0)$ 中使得 $f(P) = g(P) = 0$ 的点只有 P_0. 由有限覆盖定理即得结论.

五、 $z_x(1,2) = 1, z_{xx}(1,2) = 8$.

六、 $pq = 0$ 时, 积分显然发散. 设 $pq \neq 0$. 令 $x^p = r^2 \cos^2 \theta, y^q = r^2 \sin^2 \theta$. 由对称性, 原式 $= \frac{16}{pq} \int_0^{\frac{\pi}{2}} \mathrm{d}\theta \int_1^{+\infty} \cos^{\frac{2}{p}-1} \theta \sin^{\frac{2}{q}-1} \theta\, r^{\frac{2}{p}+\frac{2}{q}-3} \, \mathrm{d}r = \frac{8}{pq} B(\frac{1}{p}, \frac{1}{q}) \int_1^{+\infty} r^{\frac{2}{p}+\frac{2}{q}-3} \, \mathrm{d}r$. 因此当且仅当 $p, q > 0, \frac{1}{p} + \frac{1}{q} < 1$ 时, 积分收敛.

七、 由分部积分得 $f(0) = 3$.

八、 由 Cauchy 准则和 Abel 变换得到结果.

九、 由 Gauss 公式, 原式 $= \iint\limits_{\Sigma} \frac{\nabla F}{\|\nabla F\|} \cdot \mathrm{d}S = \iint\limits_{\Sigma} \mathrm{d}S = S_{\Sigma}$.

15 南京大学2012真题

一、(10 分) 设 $x_n = \prod\limits_{k=1}^{n}(1 + \frac{1}{2^k})$, 证明: 数列 $\{x_n\}$ 收敛.

二、(15 分) 设 $\lim\limits_{x \to a} f(x) = A$, $\lim\limits_{y \to A} g(y) = B$, 由此是否可以推出 $\lim\limits_{x \to a} g(f(x)) = B$? 若正确, 给出证明; 若错误, 举出反例.

三、(15 分) 设 $F(y) = \int_0^1 \ln\sqrt{x^2 + y^2}\, \mathrm{d}x$, 判断 $F(y)$ 在 $y = 0$ 是否可导.

四、(15 分) 求曲面 $x^2 + \frac{y^2}{4} + \frac{z}{3} = 1$, $x^{\frac{2}{3}} + (\frac{y}{2})^{\frac{2}{3}} = 1$, $z = 0$ 所围立体的体积.

五、(15 分) 计算 $\oint_C (y-z)\,\mathrm{d}x + (z-x)\,\mathrm{d}y + (x-y)\,\mathrm{d}z$, 其中 C 为椭圆 $x^2 + y^2 = 1$, $x + \frac{z}{2} = 1$, 从 x 轴正向看去为逆时针方向.

六、(20 分) 设 $f(x)$ 在 $(0, +\infty)$ 上二阶可导, $f'(1) = f'(2) = 0$, 证明: 存在 $c \in (1, 2)$ 使得 $|f''(c)| \geqslant 4|f(2) - f(1)|$.

七、(20 分) 设 $f(x)$ 在 $(0, 1]$ 内单调递减, 且 $\lim\limits_{x \to 0^+} f(x) = +\infty$, 若 $\int_0^1 f(x)\,\mathrm{d}x$ 存在, 证明: $\lim\limits_{n \to \infty} \frac{1}{n} \sum\limits_{k=1}^{n} f(\frac{k}{n}) = \int_0^1 f(x)\,\mathrm{d}x$.

八、(20 分) 判断数项级数 $\sum\limits_{n=1}^{\infty} \frac{(-1)^{[\sqrt{n}]}}{n}$ 的敛散性, 这里 $[\cdot]$ 表示取整.

九、(20 分) 求级数 $\sum\limits_{n=1}^{\infty} \frac{(-1)^{n+1}}{n^2}$ 的和.

参考答案或提示

一、 $\{x_n\}$ 单调递增, 由 $1 + x \leqslant e^x$ 可知 $x_n \leqslant e^{\sum\limits_{n-1}^{\infty}\frac{1}{2^n}} = e$, 故级数收敛(或者等价地证明: $\sum\limits_{n=1}^{\infty} \ln(1 + \frac{1}{2^n})$ 收敛).

二、 令 $f(x) = \begin{cases} x \sin\frac{1}{x}, & x \neq 0, \\ 0, & x = 0, \end{cases}$ $g(x) = \begin{cases} \frac{\sin x}{x}, & x \neq 0, \\ \frac{1}{2}, & x = 0, \end{cases}$ 则 $\lim\limits_{x\to 0} f(x) = 0, \lim\limits_{x\to 0} g(x) = 1$, 但 $\lim\limits_{x\to 0} g(f(x))$ 不存在, 因为 $g(f(\frac{1}{n\pi})) = \frac{1}{2}$.

三、 $F'_+(0) = \frac{\pi}{2}, F'_-(0) = -\frac{\pi}{2}$(利用 $\int_0^1 \frac{y}{x^2+y^2}\mathrm{d}y$ 在 $(0, +\infty)$ 与 $(-\infty, 0)$ 上都内闭一致收敛).

四、 令 $x = (r\cos\theta)^3, y = 2(r\sin\theta)^3$, 则 $V = 4\int_0^{\frac{\pi}{2}}\mathrm{d}\theta\int_0^1 3[1 - r^6(\cos^6\theta + \sin^6\theta)] \cdot 18r^5\sin^2\theta\cos^2\theta\,\mathrm{d}r = \frac{225}{8}\pi$.

五、 -6π(参数化或用Stokes公式).

六、 $f(x) = f(1) + f''(\xi_1)\frac{(x-1)^2}{2}, f(x) = f(2) + f''(\xi_2)\frac{(x-2)^2}{2}$. $|f(1) - f(2)| \leqslant M\frac{(x-1)^2 + f(x-2)^2}{2}$, 其中 $M = \max\{|f''(\xi_1)|, |f''(\xi_2)|\}$. 取 $x = \frac{3}{2}$, 则 $4|f(1) - f(2)| \leqslant M$.

七、 由 $\int_{\frac{1}{n}}^1 f(x)\mathrm{d}x \leqslant \lim\limits_{n\to\infty}\frac{1}{n}\sum\limits_{k=1}^{n-1}f(\frac{k}{n}) \leqslant \int_0^{1-\frac{1}{n}}f(x)\mathrm{d}x$ 即得结论.

八、 要证明: $\sum\limits_{k=1}^{\infty}(-1)^k[\frac{1}{k^2} + \cdots + \frac{1}{(k+1)^2-1}]$ 收敛. 设 $u_k = \frac{1}{k^2} + \cdots + \frac{1}{(k+1)^2-1}$, 由Leibniz判别法, 只需证明 $\{u_k\}$ 单调递减. 又只需证明 $\frac{2k+1}{k^2(k^2+2k+1)} + \cdots + \frac{2k+1}{(k^2+2k)(k^2+4k+1)} \geqslant \frac{2}{k^2+4k+2}$(∗). 进一步只需证明 $\frac{(2k+1)^2}{(k^2+2k)(k^2+4k+1)} \geqslant \frac{2}{k^2+4k+2}$, 这是显然的(或者由(∗)的左边 $\sim \frac{4}{k^2}$, 右边 $\sim \frac{2}{k^2}$ 可知 k 充分大时 $u_k \geqslant u_{k+1}$).

九、 利用 $f(x) = x(0 \leqslant x \leqslant \pi)$ 的余弦级数展开式: $x = \frac{\pi}{2} - \frac{4}{\pi}\sum\limits_{n=1}^{\infty}\frac{\cos(2n-1)x}{(2n-1)^2}$ 即得 $\sum\limits_{n=1}^{\infty}\frac{(-1)^{n+1}}{n^2} = \frac{\pi^2}{12}$.

16　南京大学2013真题

一、求极限(20 分)

1. $\lim\limits_{n\to\infty}(\cos\frac{1}{n})^{n^2}$.

2. $\lim\limits_{n\to\infty}\frac{1}{\sqrt{n}}\sum\limits_{k=1}^{n}\frac{1}{\sqrt{k}}$.

二、求积分(20 分)

1. $\int_a^b(x-a)^2(b-x)^3\,\mathrm{d}x$.

2. $\int_0^{+\infty}\frac{\sin^3 x}{x^3}\,\mathrm{d}x$.

三、(20 分) 在$\mathbb{R}^4$中定义有界区域$\Omega=\{(x,y,z,w)\in\mathbb{R}^4\big||x|+|y|+\sqrt{z^2+w^2}\leqslant 1\}$,计算$\Omega$的体积.

四、(15 分) 设f在$[a,b]$中可导,$f(a)=0$,如果$f'\geqslant f$,证明:f单调递增.

五、(15 分) 设数列$\{a_n\}$单调递减趋于0,证明:$\sum\limits_{n=1}^{\infty}a_n$收敛$\Leftrightarrow\sum\limits_{k=1}^{\infty}3^k a_{3^k}$收敛.

六、(15 分) 设$f:\mathbb{R}^2\to\mathbb{R}$连续,且满足条件:$f(x+1,y)=f(x,y+1)=f(x,y),\forall(x,y)\in\mathbb{R}^2$,证明:$f(x,y)$一致连续.

七、(15 分) 证明:在$[0,+\infty)$中存在唯一的连续函数$y=y(x)$使得$y^3\,\mathrm{e}^{-y}=1-\mathrm{e}^{-x},\forall x>0$,并证明此时$y=y(x)\in C^1(0,+\infty)$.

八、(15 分) 设$\{a_n\}$为数列,$S_n=\sum\limits_{i=1}^{n}a_i$,(1) 若$\lim\limits_{n\to\infty}a_n=0$,证明:$\lim\limits_{n\to\infty}\frac{S_n}{n}=0$;(2) 若$\{S_n\}$有界,$\lim\limits_{n\to\infty}(a_{n+1}-a_n)=0$,证明:$\lim\limits_{n\to\infty}a_n=0$;(3) 若$\lim\limits_{n\to\infty}\frac{S_n}{n}=0$,$\lim\limits_{n\to\infty}(a_{n+1}-a_n)=0$,能否推出$\lim\limits_{n\to\infty}a_n=0$? 如果能,给出证明;如果不能,举出反例.

九、(15 分) 设f为$\mathbb{R}$上周期为1的C^1函数,并且满足条件$f(x)+f(x+\frac{1}{2})=f(2x),\forall x\in\mathbb{R}$,证明:$f\equiv 0$.

参考答案或提示

一、求极限

1. $e^{-\frac{1}{2}}$.

2. $\int_0^1 \frac{1}{\sqrt{x}}\,\mathrm{d}x = 2$(或者由$\sqrt{k+1}-\sqrt{k} \leqslant \frac{1}{2\sqrt{k}} \leqslant \sqrt{k}-\sqrt{k-1}$, 利用夹逼准则).

二、求积分

1. $\frac{(b-a)^6}{60}$(令$x=(1-t)a+tb$, 利用函数$\mathrm{B}(p,q)$).

2. $\frac{3}{8}\pi$(分部积分).

三、 $V = 2\iint\limits_{D_{zw}}(1-\sqrt{z^2+w^2})^2\,\mathrm{d}z\,\mathrm{d}w = \frac{\pi}{3}$, 其中$D_{zw}: z^2+w^2 \leqslant 1$.

四、 $e^{-x}f(x)$单调递增, $f(a)=0 \Rightarrow f(x) \geqslant 0 \Rightarrow f'(x) \geqslant 0 \Rightarrow f(x)$单调递增.

五、 显然$a_n \geqslant 0$. 设$S_n = \sum\limits_{k=1}^n a_k, \sigma_n = \sum\limits_{k=1}^n 3^k a_{3^k}$. 若$3^k \leqslant n < 3^{k+1}$, 则$\frac{2}{3}\sigma_k \leqslant S_n \leqslant a_1 + a_2 + 2\sigma_k$.

六、 由于$f(x,y)$在以原点为中心, 长度为2的正方形I上一致连续, 故对任何的$\varepsilon > 0$, 存在$\delta \in (0,1)$使得$(x,y),(x',y') \in I$满足$|x-x'| < \delta, |y-y'| < \delta$时, $|f(x,y)-f(x',y')| < \varepsilon$. 对于$P(x,y), Q(x',y') \in \mathbb{R}^2$, 若$|x-x'| < \delta, |y-y'| < \delta$, 则必有$(P \bmod \mathbb{Z}, Q \bmod \mathbb{Z})$在$I$内, 故结论成立. 或者将$f$等同于紧集$S^1 \times S^1$到$\mathbb{R}$的连续函数, 故一致连续$(\varphi: \mathbb{R}^2 \to S^1 \times S^1, (x,y) \mapsto (e^{2\pi \mathrm{i}x}, e^{2\pi \mathrm{i}y}))$.

七、 设$F(x,y) = 1-e^{-x}-y^3 e^{-y}$, 则当$x>0$时, $F_x = e^{-x}, F_y = (y^3-3y^2)e^{-y} \neq 0(y=0 \Rightarrow x=0, y=3 \Rightarrow 1-(\frac{3}{e})^3 = e^{-x}$, 都不可能). 因此由隐函数定理得到结论.

八、 (1) 由Stolz公式或定义法证明. (2) $a_{n+1}-a_n \to 0 \Rightarrow S_{n+1}-2S_n+S_{n-1} \to 0$. 若$\varlimsup\limits_{n\to\infty}(S_{n+1}-S_n) = \bar{A} > A > 0$, 则存在子列$\{S_{n_k+1}-S_{n_k}\}$使得$S_{n_k+1}-S_{n_k} > A$. 对任何$m \in \mathbb{N}_+$, n充分大时$(S_{n-1}-S_n)-(S_n-S_{n+1}) < \frac{A}{m}$, 即$(S_{n-1}-S_n)-\frac{A}{m} < (S_n-S_{n+1})$. 由此可得$k$充分大时, $S_{n_k}-S_{n_k+m} > A(1+\frac{m-1}{m}+\cdots+\frac{1}{m})$. 对于任何的$m \in \mathbb{N}_+$, $S_{n_k}-S_{n_k+m}$有界, 而$A(1+\frac{m-1}{m}+\cdots+\frac{1}{m}) \to +\infty(m \to +\infty)$, 矛盾. 因此$\varlimsup\limits_{n\to\infty}(S_{n+1}-S_n) \leqslant 0$, 同理可知$\varliminf\limits_{n\to\infty}(S_{n+1}-S_n) \geqslant 0$. 所以$\lim\limits_{n\to\infty}a_n = 0$.
(3) 令$a_n = \sin\sqrt{n}$.

九、 $f(x) = \frac{a_0}{2} + \sum\limits_{n=1}^\infty (a_n\cos 2n\pi x + b_n \sin 2n\pi x), f'(x) \in C^1(\mathbb{R}) \Rightarrow f(x)$的Fourier级数在$[0,1]$上一致收敛(事实上由分部积分和Bessel不等式可得$na_n, nb_n \to 0), \frac{b_n}{n} \to 0)$, 则由$f(x)+f(x+\frac{1}{2}) = f(2x)$得到$a_0 = 0, a_n = a_{2n}, b_n = 2b_{2n}$. 固定$n$, 有$a_n = 2a_{2n} = \cdots = 2^k a_{2^k n} = o(\frac{1}{n}) \to 0(k \to \infty)$, 因此$a_n = 0$, 同理有$b_n = 0$.

17 南京大学2014真题

一、求极限和积分(20 分)

1. $\lim\limits_{n\to\infty}(n\sin\frac{1}{n})^{n^2}$.

2. $\int_0^\pi \frac{\mathrm{d}x}{3+\cos x}$.

二、(20 分) 设$f(x)$为偶函数, 在$[0,\pi]$中有$f(x)=f(\pi-x)$, 求$f(x)$的Fourier展开式, 并用它求级数$\sum\limits_{n=1}^{\infty}\frac{1}{n^2}$的和.

三、(20 分) 求积分$\iiint\limits_{\Omega}(x^2+2y^2)\,\mathrm{d}x\,\mathrm{d}y\,\mathrm{d}z$, 其中$\Omega=\{(x,y,z)\in\mathbb{R}^3|x^2+2y^2+3z^2\leqslant 1\}$.

四、(15 分) 设方程$\sin x-x\cos x=0$在$(0,+\infty)$中的第n个解为x_n, 证明: $n\pi+\frac{\pi}{2}-\frac{1}{n\pi}<x_n<n\pi+\frac{\pi}{2}$.

五、(15 分) 设$f:\mathbb{R}\to\mathbb{R}$为可导函数, $f(f(x))\equiv f(x)$, 证明: f为常值函数或者$f(x)\equiv x$.

六、(20 分) 设$f(x,y)$为定义于$[0,1]\times[0,1]$中的二元函数. 如果对每个固定的$x\in[0,1]$, $f(x,y)\in R[0,1]$, 且$|f(x_1,y)-f(x_2,y)|\leqslant |x_1-x_2|,\forall x_1,x_2,y\in[0,1]$, 证明: $f(x,y)$为二元Riemann可积函数.

七、(20 分) 证明: 方程$x^2-xy+z\sin y+\mathrm{e}^z=0$在$(1,2,0)$的附近决定了隐函数$z=z(x,y)$, 并计算$z_x(1,2),z_y(1,2),z_{xx}(1,2),z_{xy}(1,2),z_{yy}(1,2)$.

八、(20 分) 设$f(x)$在$[1,+\infty)$中单调递减趋于0, 且当$s>1$时, 广义积分$\int_1^{+\infty}f^s(x)\,\mathrm{d}x$收敛, 证明: (1) $\lim\limits_{n\to\infty}[\sum\limits_{k=1}^{n}f(k)-\int_1^n f(x)\,\mathrm{d}x]$存在且有限; (2) $\lim\limits_{s\to 1^+}[\sum\limits_{n=1}^{\infty}f^s(k)-\int_1^{+\infty}f^s(x)\,\mathrm{d}x]$存在且有限.

一、求极限和积分

1. $e^{-\frac{1}{6}}$.

2. $\frac{\pi}{\sqrt{3}}$.

二、 $x(\pi - x) = \frac{\pi^2}{6} - \sum\limits_{n=1}^{\infty} \frac{\cos 2nx}{n^2}$. 令 $x = 0$ 得 $\sum\limits_{n=1}^{\infty} \frac{1}{n^2} = \frac{\pi^2}{6}$.

三、 $\frac{4\sqrt{6}}{45}\pi$.

四、 令 $f(x) = \sin x - x\cos x$, $f'(x) = x\sin x$. 可知 $f(x)$ 在 $(0, +\infty)$ 中的单调递增区间为 $(2n\pi, 2n\pi + \pi)$, 递减区间为 $(2n\pi + \pi, 2n\pi + 2\pi)$. 由归纳法可知 $x_n \in (n\pi, n\pi + \frac{\pi}{2})(n \in \mathbb{N}_+)$. 进一步由 $f(n\pi + \frac{\pi}{2} - \frac{1}{n\pi})f(n\pi + \frac{\pi}{2}) = \cos\frac{1}{n\pi} + (n\pi + \frac{\pi}{2} - \frac{1}{n\pi})\sin\frac{1}{n\pi} > 0$ 可以确定 $x_n \in (n\pi + \frac{\pi}{2} - \frac{1}{n\pi}, n\pi + \frac{\pi}{2})$.

五、 $f'(f(x))f'(x) = f'(x) \Rightarrow f'(x) = 0$, 或者 $f'(x) \neq 0$ 时, 有 $f'(y) = 1 \Rightarrow f(y) = y, y \in V(f(x))$.

六、 对任何的 $\varepsilon > 0$, 将 $[0,1]$ 分割使得 $\|T_x\| < \varepsilon$, 对这些分点 x_i, 存在 $[0,1]$ 的分割 T_y 使得 $\sum \omega_j(x_i)\Delta y_j < \varepsilon$, 由于 $\omega_{ij} \leqslant 2\Delta x_i + \omega_j(x_i)$, 因此 $\sum\limits_{T_x, T_y} \omega_{ij}\Delta x_i \Delta y_j < \sum\limits_{T_x, T_y}(\omega_j(x_i) + 2\Delta x_i)\Delta x_i \Delta y_j < 3\varepsilon$.

七、 $z_x(1,2) = 0, z_y(1,2) = \frac{1}{1+\sin 2}, z_{xx}(1,2) = \frac{2}{\sin 2 - 1}, z_{xy}(1,2) = \frac{1}{1+\sin 2}, z_{yy} = -\frac{1 + \sin 4 + 2\cos 2}{(1+\sin 2)^3}$.

八、 (1) 设 $a_n = \sum\limits_{k=1}^{n} f(k) - \int_1^n f(x)\,\mathrm{d}x$, 则由 $f(x)$ 单调递减趋于 0 可知 $\{a_n\}$ 单调递减, $a_n \geqslant 0$, 故 $\{a_n\}$ 收敛. (2) 只要证明: k 充分大时, 对 $t > s > 1$, 有 $f^s(k-1) - f^s(x) \geqslant f^t(k-1) - f^t(x), x \in [k-1, k]$. 不妨设 x 充分大时, $f(x) < \frac{1}{e}$. 我们证明: 当 $0 < a < b < \frac{1}{e}, t > s > 1$ 时, 有 $b^s - a^s > b^t - a^t$. 由 Cauchy 中值定理, $\frac{b^s - a^s}{b^t - a^t} = \frac{s}{t}\xi^{s-t}$, 其中 $\xi \in (a, b)$. 只需证明: $e^{t-s} \geqslant \frac{t}{s}$. 由 $e^{t-s} \geqslant 1 + (t-s) > 1 + \frac{t-s}{s} = \frac{t}{s}$ 即得结论.

18 南京大学2015真题

一、求极限和积分(20 分)

1. $\lim\limits_{x\to 0}(\frac{1}{x^2} - \frac{\cot x}{x})$.

2. $\int_0^1 x(1-x)^{2014}\,\mathrm{d}x$.

二、(20 分) 设$f(x) = \frac{\pi-x}{2}, x \in (0, 2\pi)$, 求$f(x)$的Fourier展开式, 并用它求级数$\sum\limits_{n=1}^{\infty} \frac{\sin n}{n}$的和.

三、(20 分) 设$a, b > 0, q > p > 0$, 求椭圆$\frac{x^2}{a^2} + \frac{y^2}{b^2} = 1, \frac{x^2}{a^2} + \frac{y^2}{b^2} = 2$以及直线$y = px, y = qx$在平面第一象限所围区域的面积.

四、(15 分) 设$f : \mathbb{R} \to \mathbb{R}$ 连续, $\lim\limits_{x\to -\infty} f(x) < 0, \lim\limits_{x\to +\infty} f(x) > 0$, 证明: 存在$\xi \in \mathbb{R}$使得$f(\xi) = 0$.

五、(15 分) 设$f : \mathbb{R} \to \mathbb{R}$ 可导, $\lim\limits_{x\to +\infty} = +\infty$, 证明: 存在数列$\{x_n\} \to +\infty$使得$\lim\limits_{n\to \infty} f'(x_n) = +\infty$.

六、(20 分) 设$a_1 > 0, a_{n+1} = n + \frac{a_n}{n}$, 判断极限$\lim\limits_{n\to \infty} \frac{a_n}{n}$是否存在, 如果存在, 求出极限.

七、(20 分) 设$f : \mathbb{R}^n \to \mathbb{R}$可微, $\langle \nabla f(x), x \rangle \geqslant 0, \forall x \in \mathbb{R}^n$, 其中$\langle\ ,\ \rangle$为$\mathbb{R}^n$中的标准内积, ∇f为f的梯度, 证明: 原点为f的极小值点.

八、(20 分) 设$f : \mathbb{R}^n \to \mathbb{R}^n$可微, 且有$\|Jf(x)\| \leqslant \frac{1}{2}$, 其中$f(x) = (f_1(x), \ldots, f_n(x))$, $\|Jf(x)\| = [\sum\limits_{i,j=1}^{n} (\frac{\partial f_i}{\partial x_j})^2]^{\frac{1}{2}}$, 令$g(x) = x + f(x)$, 证明: g是双射.

参考答案或提示

一、求极限和积分

1. $\frac{1}{3}$.

2. $\frac{1}{2015 \cdot 2016}$.

二、 $\frac{\pi-x}{2} = \sum\limits_{n=1}^{\infty} \frac{\sin nx}{n}, x \in (0, 2\pi)$. 令 $x=1$ 得 $\sum\limits_{n=1}^{\infty} \frac{\sin n}{n} = \frac{\pi-1}{2}$.

三、 $S = \frac{1}{2}ab(\arctan\frac{qb}{a} - \arctan\frac{pb}{a})$.

四、 $f(-\infty) < 0 \Rightarrow f(x_1) < 0(x_1$充分小$), f(+\infty) > 0 \Rightarrow f(x_2) > 0(x_2$充分大$)$, 故由零点定理知存在 $\xi \in (x_1, x_2)$ 使得 $f(\xi) = 0$.

五、 存在 $\{x_n\} \uparrow +\infty$ 使得 $f(x_1) > 0, \frac{f(x_{n+1})}{x_{n+1}} - \frac{f(x_n)}{x_n} > n(n \in \mathbb{N}_+)$, 因此 $f'(\xi_n) = \frac{f(x_{n+1})-f(x_n)}{x_{n+1}-x_n} > \frac{f(x_{n+1})-f(x_n)}{x_{n+1}} > \frac{f(x_{n+1})}{x_{n+1}} - \frac{f(x_n)}{x_n} > n$, 其中 $\xi_n \in (x_n, x_{n+1})$.

六、 令 $b_n = \frac{a_n}{n}$, 则 $(n+1)b_{n+1} = n + b_n$, 从而 $(n+1)!(b_{n+1} - 1) = n!(b_n - 1) = \cdots = b_1 - 1 = a_1 - 1 \Rightarrow b_n \to 1$.

七、 由 $f(x) - f(0) = \langle \nabla f(\theta x), x \rangle = \frac{1}{\theta}\langle \nabla f(\theta x), \theta x \rangle \geqslant 0(0 < \theta < 1)$ 得到结论.

八、 由于 $\mathbb{R}^n$ 连通, 要证明 g 是满射, 只需证明 $g(\mathbb{R}^n)$ 是 $\mathbb{R}^n$ 的既开又闭子集. $Jg = I + Jf \Rightarrow Jg$ 正定, 因此由反函数定理知 $g(\mathbb{R}^n)$ 是开集(事实上是局部微分同胚). 由微分中值不等式有 $\|f(x) - f(y)\| \leqslant \|Jf(\xi)\| \cdot \|x - y\| \leqslant \frac{1}{2}\|x - y\|$, 因此 $\|g(x) - g(y)\| \geqslant \frac{1}{2}\|x - y\|$, 从而可得 g 是单射且 $g(\mathbb{R}^n)$ 是闭集.

19 南京大学2016真题

一、求极限和积分(20 分)

1. $\lim\limits_{n \to \infty} \left(\frac{1}{n} + \frac{1}{n+1} + \cdots + \frac{1}{2n} \right)$.

2. $\int_0^{\frac{\pi}{2}} \frac{\mathrm{d}x}{1+\sin x}$.

二、(20 分) 计算三重积分 $\iiint\limits_{\Omega} (x^2 + y^2 + z^2)\,\mathrm{d}x\,\mathrm{d}y\,\mathrm{d}z$, 其中 $\Omega = \{(x,y,z) \in \mathbb{R}^3 \,|\, |x| + |y| + |z| \leqslant 1\}$.

三、(15 分) 设函数 $f: \mathbb{R} \to \mathbb{R}$ 在每一点附近都单调递增, 证明: f 在 $\mathbb{R}$ 上单调递增.

四、(15 分) 设级数 $\sum\limits_{n=1}^{\infty} \sqrt{n}a_n$ 收敛, 证明: 级数 $\sum\limits_{n=1}^{\infty} a_n$ 也收敛.

五、(20 分) 方程 $x^2 + 2y^2 + 3z^2 + 2xy - z = 7$ 在 $(1, -2, 1)$ 附近决定了隐函数 $z = z(x,y)$, 计算二阶偏导数 $z_{xy}(1, -2)$.

六、(20 分) 证明: 存在常数 $c > 0$, 使得 $f \in C^1[0,1], \int_0^1 f(x)\,\mathrm{d}x = 0$ 时, 有 $\int_0^1 f^2(x)\,\mathrm{d}x \leqslant c\int_0^1 f'^2(x)\,\mathrm{d}x$.

七、(20 分) 设 $A = (a_{ij})$ 为 n 阶实正定对称方阵, $b_i\ (i = 1, 2, \ldots, n)$ 为常数. 考虑 $\mathbb{R}^n$ 中的函数 $f(x_1, x_2, \ldots, x_n) = \sum\limits_{i,j=1}^{} a_{ij}x_i x_j - \sum\limits_{i=1}^{n} b_i x_i$, 证明: f 在 $\mathbb{R}^n$ 中有唯一的极小值点.

八、(20 分) 设 $f: \mathbb{R} \to \mathbb{R}$ 连续, 证明: f 为凸函数当且仅当对任意区间 $[a,b] \subset \mathbb{R}$, 均有 $f\left(\frac{a+b}{2}\right) \leqslant \frac{1}{b-a}\int_a^b f(x)\,\mathrm{d}x$.

参考答案或提示

一、求极限和积分

1. $\ln 2$.

2. 1.

二、 $\frac{2}{5}$(利用对称性).

三、 用有限覆盖定理.

四、 $a_n = \sqrt{n}a_n \cdot \frac{1}{\sqrt{n}}$, 由Abel定理即得结论.

五、 令$F(x,y,z) = x^2 + 2y^2 + 3z^2 + 2xy - z - 7$, $F_z(1,-2,1) = 5$, 故由隐函数定理可得结论. $z_x(1,-2) = \frac{2}{5}, z_y(1,-2) = \frac{6}{5}, z_{xy}(1,-2) = -\frac{122}{125}$.

六、 $\int_0^1 f(x)\,\mathrm{d}x = 0 \Rightarrow f(x_0) = 0(x_0 \in (0,1))$. $|f(x)| = |\int_{x_0}^x f'(t)\,\mathrm{d}t| \leqslant \int_0^1 |f'(t)|\,\mathrm{d}t$. 由Cauchy-Schwarz定理知$\int_0^1 f^2(x)\,\mathrm{d}x \leqslant \int_0^1 |f'(x)|^2\,\mathrm{d}x$. 取$c = 1$即可.

七、 令$\boldsymbol{A} = (a_{ij})$. 稳定点$x_0 = (x_0^1, \ldots, x_n^1)$满足方程组$\sum\limits_{j=1}^n a_{ij}x_j = b_i(1 \leqslant i \leqslant n)$, $\mathrm{Hess}_f = \boldsymbol{A}$. 由$\boldsymbol{A}$正定, 故可逆, x_0是方程组唯一的解. 由Taylor公式可知$f(x) = f(x_0) + (x-x_0)^T \mathrm{Hess}_f(x_0)(x-x_0) + o(\|x-x_0\|^2)$, 所以$x_0$是极小值点.

八、 令$x_0 = \frac{a+b}{2}$. 必要性: 由于f为凸函数, $\Rightarrow \frac{1}{b-a}\int_a^b f(x)\,\mathrm{d}x = \int_0^1 \frac{1}{2}[f(x_0 + t(b-x_0)) + f(x_0 + t(a-x_0))]\,\mathrm{d}t \geqslant f(x_0)$. 充分性: 要证明$f(\frac{a+b}{2}) \leqslant \frac{f(a)+f(b)}{2}, \forall a < b$. 若不然有$f(\frac{a+b}{2}) > \frac{f(a)+f(b)}{2}$. 设$g(x) = f(x) - f(a) - \frac{f(b)-f(a)}{b-a}(x-a)$. 由于$g(a) = g(b) = 0, g(x_0) > 0$. 故存在$x_1 \in (a,b)$使得$g(x_1)$取最大值. $h > 0$充分小时, $\int_{-h}^h g(x_1 + t)\,\mathrm{d}t < 2hg(x_1)$, 即$2hf(x_1) > \int_{-h}^h f(x_1 + t)\,\mathrm{d}t$, 或者$f(x_1) > \frac{1}{2h}\int_{x_1-h}^{x_1+h} f(u)\,\mathrm{d}u$, 矛盾.

20　南京大学2017真题

一、(15 分) 求极限 $\lim\limits_{x \to 0} \dfrac{\sum\limits_{k=1}^{\infty} kx^k}{\sin x}$.

二、(15 分) 设 $x \to 0$ 时, $f(x), g(x) \to 0$, 且 $\dfrac{f(x)}{g(x)} \to 1$, 又 $\varphi(g(x)) \neq 0$, 问: 是否必有 $\lim\limits_{x \to 0} \dfrac{\varphi(f(x))}{\varphi(g(x))} = 1$?

三、(15 分) 设 $f(x, y) = \begin{cases} (x^2 + y^2) \sin \frac{1}{x^2+y^2}, & (x, y) \neq (0, 0), \\ 0, & (, y) = (0, 0), \end{cases}$ (1) 求 $f_x(0, 0)$, $f_y(0, 0)$; (2) 证明: $f_x(x, y), f_y(x, y)$ 在 $(0, 0)$ 的任何领域内无界; (3) $f(x, y)$ 在 $(0, 0)$ 处是否可微?

四、(15 分) 设函数 $f(x) = \sqrt{1 - x}, x \in (-1, 1)$, 且 $f(x) = 1 + \sum\limits_{n=1}^{\infty} C_n x^n$, (1) 证明: $C_n \leqslant 0, \forall n \in \mathbb{N}$; (2) 求 $\sum\limits_{n=1}^{\infty} C_n$.

五、(15 分) 证明: $\sum\limits_{n=1}^{\infty} \dfrac{\sin n\theta}{n} = \dfrac{\pi - \theta}{2}, x \in (0, 2\pi)$, 并讨论其一致收敛性.

六、(15 分) 设 $f \in C[0, 1], f(0) = 1$, 求极限 $\lim\limits_{h \to 0} \int_0^1 \dfrac{h}{h^2 + x^2} f(x) \, \mathrm{d} x$.

七、(15 分) 设 $\theta(x, y) = \arctan \dfrac{y}{x}, (x, y) \in \mathbb{R}^2 (x \neq 0)$, (1) 求 $\nabla \theta$; (2) 求曲线积分 $\int_\Gamma \dfrac{\partial \theta}{\partial n} \, \mathrm{d} s$, 其中 $\boldsymbol{n}$ 是椭圆 $\Gamma: \dfrac{x^2}{a^2} + \dfrac{y^2}{b^2} = 1$ 上的单位法向量.

八、(15 分) 求第二型曲面积分 $\iint\limits_S xz \, \mathrm{d} x \, \mathrm{d} y$, 其中 S 为曲面 $x^2 + y^2 + z^2 = 1, x, y, z \geqslant 0$ 的外侧.

九、(15 分) 设 $\varphi(x)$ 在 $[0, +\infty)$ 上二阶可导, $\varphi(0) = \varphi(1) = 0$, 且存在有界函数 $g(x)$ 使得 $\varphi''(x) = \mathrm{e}^{g(x)} \varphi(x)$, 证明: (1) 在 $[0, 1]$ 上, $\varphi(x) \equiv 0$; (2) 在 $[0, +\infty)$ 上, $\varphi(x) \equiv 0$.

十、(15 分) 设 $G(x, y): [0, 1]^2 \to \mathbb{R})$ 连续, $|G(x, y)| < 1$. 给定 $u(x) \in C[0, 1]$, (1) 证明: 存在唯一的函数 $\varphi(x) \in C[0, 1]$ 使得 $\varphi(x) + \int_0^1 G(x, y) \varphi(y) \, \mathrm{d} y = u(x)$; (2) 对于 $G(x, y) = \frac{1}{2} xy$ 与 $u(x) \equiv 1$, 求 $\varphi(x)$.

<h2 style="text-align:center">参考答案或提示</h2>

一、 1.

二、 否. 令$f(x) = \mathrm{e}^x - 1, g(x) = x, \varphi(x) = x^{\frac{1}{x}}(x \neq 0).$ $\lim\limits_{x \to 0} \frac{\varphi(f(x))}{\varphi(g(x))} = \mathrm{e}^{\frac{1}{2}}.$

三、 (1) $f_x(0,0) = f_y(0,0) = 0.$ (2) 用极坐标. (3) 可微.

四、 (1) $C_n = -\frac{(2n-1)!!}{(2n)!!}.$ (2) 由Raabe判别法知$\sum\limits_{n=1}^{\infty} C_n$收敛. $f(1) = 1 + \sum\limits_{n=1}^{\infty} C_n \Rightarrow$ $\sum\limits_{n=1}^{\infty} C_n = -1.$

五、 由Fourier级数展开式知$\frac{\pi - \theta}{2} = \sum\limits_{n=1}^{\infty} \frac{\sin n\theta}{n}, \theta \in (0, 2\pi).$ 令$u_n(x) = \frac{\sin n\theta}{n},$ $u_{n+1}(\frac{\pi}{4n}) + \cdots + u_{2n}(\frac{\pi}{4n}) > \frac{1}{2\sqrt{2}},$ 故由Cauchy收敛准则知级数在$(0, 2\pi)$上非一致收敛. 由Dirichlet判别法知级数在$(0, 2\pi)$上内闭一致收敛.

六、 $\frac{\pi}{2} f(0) = \frac{\pi}{2}.$

七、 (1) $\nabla \theta = (-\frac{y}{x^2 + y^2}, \frac{x}{x^2 + y^2}).$ (2) 2π(转化为$x^2 + y^2 = \mathrm{e}^2(\varepsilon > 0)$上的积分, 取逆时针方向).

八、 $\frac{\pi}{16}.$

九、 (1) 若结论不对, 不妨设$x_0 \in (0, 1)$为$\varphi(x)$的最大值点, 则x_0为极大值点. 但是$\varphi(x_0) > 0 \Rightarrow \varphi''(x_0) > 0 \Rightarrow x_0$为严格极小值点, 矛盾. (2) $\varphi(x)$在$(1, +\infty)$内无严格极值点, 从而$\varphi(x)$单调. 不妨设$\varphi(x)$单调递增, 则$\varphi(x) \geqslant 0.$ 若存在$x_1 > 1$使得$\varphi(x_1) > 0,$ 设$x_2 = \inf\{x \in (1, x_1)|\varphi(x) > 0\},$ 则$\varphi(x) \equiv 0(0 \leqslant x \leqslant x_2).$ 设$g(x) \leqslant L,$ 令$M = \mathrm{e}^L,$ 则$\varphi''(x) \leqslant M\varphi(x).$ 令$F(x) = \varphi'(x) - \sqrt{M}\varphi(x),$ 则$F'(x) \leqslant -\sqrt{M}F(x),$ 从而在$x \in (x_2, x_1]$时, $F(x)\mathrm{e}^{\sqrt{M}x}$单调递减$\Rightarrow F(x) \leqslant F(x_2) = 0 \Rightarrow \varphi(x)\mathrm{e}^{-\sqrt{M}x}$单调递减$\Rightarrow \varphi(x) \leqslant 0,$ 矛盾.

十、 (1) 显然$|G(x, y)| \leqslant r < 1((x, y) \in [0, 1]^2).$ 令$\varphi_0(x) = u(x), \varphi_n(x) = u(x) - \int_0^1 G(x, y)\varphi_{n-1}(y)\,\mathrm{d}y(n \geqslant 1), |u(x)| \leqslant M,$ 由归纳法得$|\varphi_n(x) - \varphi_{n-1}(x)| \leqslant Mr^n.$ 故$\{\varphi_n(x)\}$在$[0, 1]$上一致收敛于$\varphi(x).$ 显然有$\varphi(x) = u(x) - \int_0^1 G(x, y)\varphi(x)\,\mathrm{d}y.$ 若$\psi(x)$也是解, 则$|\varphi(x) - \psi(x)| \leqslant r\int_0^1 |\varphi(y) - \psi(y)|\,\mathrm{d}y,$ 从而$\int_0^1 |\varphi(x) - \psi(x)|\,\mathrm{d}x \leqslant r\int_0^1 |\varphi(y) - \psi(y)|\,\mathrm{d}y,$ 因此$\varphi(x) = \psi(x).$ (2) $\varphi(x) = 1 - \frac{3}{14}x.$

21 南京大学2018真题

一、(15 分) 设 $f(0) = 0, f(x) = x^{\frac{1}{x}}(x > 0)$, 求 $f'_+(0), f''_+(0)$.

二、(15 分) 设 $f(x) = \frac{1}{\ln x}, x \in (0, \frac{1}{2}]$, 讨论 $f(x)$ 的一致收敛性, 并判断 $f(x)$ 的 Hölder 连续性.

三、(15 分) 设 $f(x) = \ln \frac{1+x}{1-x}$, 求 $f(x)$ 的 Taylor 公式, 并计算 $\ln 2$ 的近似值.

四、(15 分) 设 $f(x, y) = x^2 + y^2 - y^{99}$, 求 f 的临界值, 并讨论临界值是否能成为极值或最值.

五、(15 分) 设 $f(x) = x^2, x \in [-\pi, \pi]$ 是周期为 2π 的函数, 求 $F(x) = \sin 100x + f(x)$ 的 Fourier 展开式.

六、(15 分) 设 $\Omega = \{(x, y)|0 \leqslant x \leqslant 1, \varphi(x) \leqslant y \leqslant \psi(x)\}$, $F(x, \varphi(x)) = 0$, 且 F 连续可微, 证明: $\iint\limits_{\Omega} F^2 \, \mathrm{d}x \leqslant \iint\limits_{\Omega} F_y^2 \, \mathrm{d}x \, \mathrm{d}y$.

七、(15 分) 设 $B \subset \mathbb{R}^d, \Omega = \{x \mid \|x\| \leqslant 1\}, \Omega \subset B$, 且 $|F(x)| \leqslant 1$, 证明: 存在 ξ 使得 $\|\nabla F(\xi)\| \leqslant 2$.

八、(15 分) 设 B 是 $\mathbb{R}^n$ 的开集, Ω 是 B 的边界, 证明: $\int_{\Omega} u \frac{\partial u}{\partial n} = \int_B v \Delta u + \int_B \|\nabla u\|^2$.

九、(15 分) 设 $f(x, y) \in C(\mathbb{R}^2)$, 证明: $\lim\limits_{n \to \infty} \int_0^1 f(x, \sin nt) \, \mathrm{d}t = \frac{1}{2\pi} \int_0^{2\pi} f(x, \sin y) \, \mathrm{d}y$.

十、(15 分) 设 $\Omega = \{(u, v, w)|0 \leqslant u \leqslant x, 0 \leqslant v \leqslant y, 0 \leqslant w \leqslant z\}, 0 \leqslant x, y, z \leqslant 1$. 讨论方程 $\varphi(x, y, z) = x + \iiint\limits_{\Omega} \varphi(u, v, w) \, \mathrm{d}x \, \mathrm{d}y \, \mathrm{d}z$ 是否有唯一解? 如果有, 写出具体的表达式.

一、 $f'_+(0) = 0, f''_+(0) = 0.$

二、 $f(0^+) = 0$, 故 $f(x)$ 在 $(0, \frac{1}{2}]$ 上一致连续. 当 n 充分大时, $|f(\mathrm{e}^{-n}) - f(0)| > M|\mathrm{e}^{-n} - 0|^{\alpha}(\alpha > 0)$, 故 $f(x)$ 不是 α-Hölder 连续的.

三、 $f(x) = 2\sum_{k=1}^{n} \frac{x^{2n-1}}{2n-1} + R_n(x).$ 令 $x = \frac{1}{3}$, , $|R_n| < \frac{1}{4(2n+1)\cdot 3^{2n-1}}$. 取 $n = 4$, $\ln 2 \approx 0.6931.$

四、 临界点 $(0, \pm\sqrt[97]{\frac{2}{99}})$. 由 Hesse 矩阵知 $(0, -\sqrt[97]{\frac{2}{99}})$ 为极小值点, 值为 $(\frac{2}{99})^{\frac{2}{97}}\frac{101}{99}$; $(0, \sqrt[97]{\frac{2}{99}})$ 不是极值点. 显然 f 没有最值.

五、 $f(x) = \frac{\pi^2}{3} + \sum_{n=1}^{\infty} \frac{4(-1)^n}{n^2}\cos nx + \sin 100x, |x| \leqslant \pi.$

六、 固定 $x \in [0, 1]$, 设 $M_x = \max\limits_{y \in [\varphi(x), \psi(x)]} |F(x, y)| = |F(x, a(x))|$, 则由 Cauchy-Schwarz 不等式得 $\int_{\varphi(x)}^{\psi(x)} F_y^2 \,\mathrm{d}y \geqslant (\int_{\varphi(x)}^{a(x)} F_y \,\mathrm{d}y)^2 = M_x^2 \geqslant \int_{\varphi(x)}^{\psi(x)} F^2 \,\mathrm{d}y.$

七、 当 $d = 1$ 时, $f(1) - f(0) = f'(\xi) \Rightarrow |f'(\xi)| \leqslant 2.$ 若内部有极值点, 结论显然成立.

八、 由 Stokes 公式可得.

九、 要证明 $\frac{1}{n}\int_0^n f(x, \sin y) \,\mathrm{d}y \to \frac{1}{2\pi}\int_0^{2\pi} f(x, \sin y) \,\mathrm{d}y$ (令 $n = 2k_n\pi + \delta_n, 0 \leqslant \delta_n < 2\pi$, 利用积分的周期性即可).

十、 令 $\phi_0(x, y, z) = x, \phi_n(x, y, z) = x + \iiint\limits_{\Omega} \phi_{n-1}(u, v, w) \,\mathrm{d}u\,\mathrm{d}v\,\mathrm{d}w (n \geqslant 1)$, 由归纳法可知 $|\varphi_n(x, y, z) - \varphi_{n-1}(x, y, z)| \leqslant (\frac{1}{n!})^3(xyz)^n \leqslant (\frac{1}{n!})^3$. 故 $\{\phi_n(x, y, z)\}$ 在 $[0, 1]^3$ 上一致收敛于 $\phi(x, y, z)$, 且有 $\phi(x, y, z) = x + \iiint\limits_{\Omega} \phi(u, w, w) \,\mathrm{d}u\,\mathrm{d}v\,\mathrm{d}w$. 若 $\psi(x, y, z)$ 也是解, 则由 $|\phi(x, y, z) - \psi(x, y, z)| \leqslant \iiint\limits_{\Omega} |\phi(u, w, w) - \psi(u, v, w)| \,\mathrm{d}u\,\mathrm{d}v\,\mathrm{d}w$ 可知 $\phi(x, y, z) = \psi(x, y, z).$

22 南开大学2007真题

一、计算题(42 分)

1. $\lim\limits_{n\to\infty}\sum\limits_{k=1}^{n}\frac{1}{n+k}$.

2. $\int_0^{+\infty}\frac{1-e^{-t}}{t}\sin t\,\mathrm{d}t$.

3. 求函数$f(x,y)=2x^2+12xy+y^2$在区域$D:x^2+4y^2\leqslant25$上的最小值.

4. 求二重积分$\iint\limits_{D}\sqrt{x^9y^7}\,\mathrm{d}x\,\mathrm{d}y$, 其中$D:x^2+y^2\leqslant1,x,y\geqslant0$.

5. 求曲面积分$\iint\limits_{S}(x^3+y^3+z^3)\,\mathrm{d}S$, 其中$S$为$x^{2n}+y^{2n}+z^{2n}=1(n\in\mathbb{N}_+)$.

6. 求曲线积分$\int_L\frac{e^y}{x^2+y^2}[(x\sin x+y\cos x)\,\mathrm{d}x+(y\sin x-x\cos x)\,\mathrm{d}y]$, 其中$L$为单位圆$x^2+y^2=1$, 取正向.

二、(16 分)
若$f(x)\in C[0,+\infty),f(0)<0,f(x)>2(x>0)$, 则$f(x)$在$(0,\frac{1}{2}|f(0)|)$中有唯一的根.

三、(16 分)
设$f(x)\in C[0,1]$, 证明: $\lim\limits_{n\to\infty}\frac{1}{n}\sum\limits_{k=2}^{n}(-1)^kf\left(\frac{k-1}{n}\right)=0$.

四、(16 分)
设正项级数$\sum\limits_{n=1}^{\infty}a_n$收敛, 证明: (1) $\sum\limits_{n=1}^{\infty}a_n^p(p>1)$收敛; (2) $\sum\limits_{n=1}^{\infty}\frac{\sqrt[k]{a_n}}{n}(2\leqslant k\in\mathbb{N}_+)$收敛.

五、(20 分)
证明: $\int_0^{+\infty}te^{-tx^2}\,\mathrm{d}x$在$[0,+\infty)$上内闭一致收敛.

六、(20 分)
设$f(x)$在$[0,+\infty)$上连续有界, $f(x+1)\neq f(x)(x>0)$. 证明: $\lim\limits_{n\to\infty}[f(n)-f(n-1)]=0$.

七、(20 分)
设$\Omega=\{x\in\mathbb{R}^n\,\big|\,\|x\|<1\}$, 函数$u(x)\in C^2(\Omega)\cap C(\overline{\Omega})$, 且满足$\Delta u-bu=0$, 其中$\Delta=\sum\limits_{i=1}^{n}\frac{\partial^2}{\partial x_i^2}$为Laplace算子, $b>0$为常数. 如果对任何的边界点$x\in\partial\Omega$有$u(x)>0$, 证明: 对任何的$x\in\overline{\Omega}$有$u(x)>0$.

参考答案或提示

一、计算题

1. $\ln 2$.

2. $\frac{\pi}{4}$(转化为二重积分).

3. -50(用Lagrange乘数法求边界上的最值).

4. $\frac{7\sqrt{2}}{2^{13}}\pi$(用极坐标和B函数).

5. 0(利用对称性).

6. -2π(由Green公式得原式$= \iint\limits_{x^2+y^2\leqslant 1} -2\,\mathrm{e}^y\cos x\,\mathrm{d}\,x\,\mathrm{d}\,y = -2\operatorname{Re}\int_0^1 r\,\mathrm{d}\,r\int_{|z|=1}\frac{\mathrm{e}^{-\mathrm{i}rz}}{\mathrm{i}\,z}$ $\mathrm{d}\,z = -2\pi$).

二、 $x = \frac{1}{2}|f(0)|)$时, $f(x) = f(0) + f'(\xi)x > f(0) + 2x > 0$. 又因为$f(0) < 0$, 故由零点定理知$f(x)$在$(0, \frac{1}{2}|f(0)|)$内有根. $f'(x) > 2 \Rightarrow f(x)$ 在$(0, +\infty)$上严格单调, 故根唯一.

三、 只需对n为偶数时的情形证明结论(n为奇数时相差无穷小量), 由$\sum_{i=1}^{n}\frac{1}{n}f(\frac{i}{n}) - \sum_1^{\frac{n}{2}}\frac{2}{n}\frac{2i}{n} \to \int_0^1 f(x)\,\mathrm{d}\,x - \int_0^1 f(x)\,\mathrm{d}\,x = 0$.

四、 (1) n充分大时, $a_n < 1 \Rightarrow a_n^p < a_n$. (2) 由Young不等式, $a_n^{\frac{1}{k}}(n^{-\frac{k}{k-1}})^{1-\frac{1}{k}} \leqslant \frac{a_n}{k} + (1-\frac{1}{k})n^{-\frac{k}{k-1}}$. 因此结论成立.

五、 用上确界法证明积分在$[0,b] \subset [0,+\infty)$上一致收敛. $\sup\limits_{t\in[0,b]}\int_A^{+\infty} t\,\mathrm{e}^{-tx^2}\,\mathrm{d}\,x = $ $\sup\limits_{t\in[0,b]}\int_{A\sqrt{t}}^{+\infty}\sqrt{t}\,\mathrm{e}^{-u^2}\,\mathrm{d}\,u \leqslant \sqrt{\varepsilon}\int_0^{+\infty}\mathrm{e}^{-u^2}\,\mathrm{d}\,u + \int_{A\sqrt{\varepsilon}}^{+\infty}\sqrt{b}\,\mathrm{e}^{-u^2}\,\mathrm{d}\,u$, 其中$\varepsilon\in(0,b)$充分小.

六、 $f(x+1) - f(x) \neq 0 \Rightarrow \{f(n)\}$严格单调, 又由于$\{f(n)\}$有界, 故$\{f(n)\}$收敛.

七、 设$u(x_0) = \min\limits_{x\in\bar{\Omega}} u(x)$, 则$u(x_0) \geqslant 0$. 否则$x_0$是内点, 故是极值点, 因此$\nabla u(x_0) = 0, \Delta u(x_0) \geqslant 0$, 从而$bu(x_0) \geqslant 0$, 矛盾. 任取$\varepsilon > 0$, 令$v(x) = u(x) - \varepsilon\,\mathrm{e}^{\sqrt{b}\langle x,1\rangle}$, 其中$1 = (1,\dots,1)$. 易知$\Delta v - bv = 0(x\in\Omega)$. 因此利用已证结论有$v(x) \geqslant 0$, 故$u(x) > 0$.

23 南开大学2008真题

一、计算题

1. $\lim\limits_{x\to\infty}[x-x^2\ln(1+\frac{1}{x})]$.

2. $\sum\limits_{n=1}^{\infty}\frac{(-1)^{n-1}}{n(n+2)}$.

3. 设$f(x)\in C^1(\mathbb{R}), f'(-x)=x(f'(x)-1)$, 求$f(x)$.

4. 设$\int_x^{2\ln 2}\frac{\mathrm{d}t}{\sqrt{e^t-1}}=\frac{\pi}{6}$, 求$x$的值.

5. 求积分$\iint\limits_{D}\sqrt{|x-|y||}\,\mathrm{d}x\,\mathrm{d}y$, 其中$D:0\leqslant x\leqslant 2,-1\leqslant y\leqslant 1$.

二、 设$x_1\geqslant -6, x_{n+1}=\sqrt{x_n+6}$. 证明数列$\{x_n\}$收敛, 并求其极限.

三、 设$f(x)\in C[a,b]$, 且对任何的$x\in [a,b]$, 存在$y\in [a,b]$使得$|f(y)|\leqslant \frac{1}{2}|f(x)|$. 证明: 存在$\xi\in [a,b]$使得$f(\xi)=0$.

四、 设$f(x)$在$[a,+\infty)$上一致连续, $\int_a^{+\infty}f(x)\,\mathrm{d}x$收敛, 证明: $\lim\limits_{x\to+\infty}f(x)=0$.

五、 设$f(x)$在$\mathbb{R}$上可微, 且对任何的$x\in\mathbb{R}$有$f(x)>0, |f'(x)|\leqslant mf(x)(0<m<1)$. 任取$x_0\in\mathbb{R}, a_n=\ln f(a_{n-1})$. 证明: 级数$\sum\limits_{n=1}^{\infty}|a_n-a_{n-1}|$ 收敛.

六、 设$f(x)=\sum\limits_{n=1}^{\infty}n\,e^{-nx}$. 证明: (1) $f(x)$在$(0,+\infty)$上收敛, 但不一致收敛; (2) $f(x)$在$(0,+\infty)$上无穷次可微.

七、 作变换$u=\frac{x}{y}, v=x, w=xz-y$, 将方程$yz_{yy}+2z_y=\frac{2}{x}$化为$w$关于$u,v$的方程.

八、 求锥面$x^2+y^2+az=4a^2$将球体$x^2+y^2+z^2\leqslant 4az$分为两部分的体积之比.

九、 设$f(x)\in C^2(0,+\infty), f(x)>0, f'(x)\leqslant 0, f''(x)$有界. 证明: $\lim\limits_{x\to+\infty}f'(x)=0$.

参考答案或提示

一、计算题

1. $\frac{1}{2}$.

2. $\frac{1}{4}$.

3. $f(x) = x + \frac{1}{2}\ln(1+x^2) - \arctan x + C$.

4. $x = \ln 2$ (令 $u = \sqrt{e^x - 1}$).

5. $2(\int_1^2 dx \int_0^1 \sqrt{x-y}\, dy + \int_0^1 dx \int_0^x \sqrt{x-y}\, dy + \int_0^1 dx \int_x^1 \sqrt{y-x}\, dy) = \frac{32}{15}\sqrt{2}$.

二、 $x_n \geqslant 0 (n \geqslant 2)$. 令 $f(x) = \sqrt{x+6}\,(x \geqslant 0) \Rightarrow 0 \leqslant f'(x) < \frac{1}{2}$, 由压缩映照原理知 $\{x_n\}$ 收敛, $\lim\limits_{n \to \infty} x_n = 3$.

三、 令 $|f(x_0)| = \min\limits_{x \in [a,b]} |f(x)|$, 则 $\exists x_1 \in [a,b]$ 使得 $|f(x_1)| \leqslant \frac{1}{2}|f(x_0)|$, 故 $f(x_0) = 0$.

四、 $|f(x)| = |\frac{1}{\delta}\int_x^{x+\delta} f(x)\, dt| \leqslant |\frac{1}{\delta}\int_x^{x+\delta} f(t)\, dt| + \frac{1}{\delta}\int_x^{x+\delta} |f(x) - f(t)|\, dt\,(\delta > 0)$. 利用 $f(x)$ 一致连续和积分的收敛性即得结论.

五、 由 Lagrange 中值公式, $|a_n - a_{n-1}| = |\frac{f'(\xi)}{f(\xi)}||a_{n-1} - a_{n-2}| \leqslant m|a_{n-1} - a_{n-2}|$ (ξ 在 a_{n-1} 与 a_n 之间). 因为 $0 < m < 1$, 由比值法知级数绝对收敛.

六、 (1) 由根值法知级数收敛. 若一致收敛, 则 $\sum\limits_{n=1}^{\infty} n$ 收敛, 矛盾. (2) 由 M 判别法易知 $\sum\limits_{n=1}^{\infty}(-1)^k n^{k+1} e^{-nx}$ 在 $(0, +\infty)$ 上内闭一致收敛.

七、 $w_y = xz_y - 1, w_{yy} = xz_{yy} \Rightarrow \frac{y}{x}w_{yy} + z\frac{w_y+1}{x} = \frac{2}{x}, w_y = w_u(-\frac{x}{y^2}), w_{yy} = w_{uu}(\frac{x}{y^2})^2 + w_u\frac{2x}{y^3} \Rightarrow w_{uu} = 0$.

八、 $V_1 = \iint\limits_{D_{xy}} [(4a - \frac{x^2+y^2}{a}) - (2a - \sqrt{4a^2 - x^2 - y^2})]\, dx\, dy = \frac{37}{6}\pi a^3$. $V_2 = \frac{32}{3}\pi a^3 - \frac{37}{6}\pi a^3 = \frac{9}{2}\pi a^3$, 因此 $\frac{V_1}{V_2} = \frac{37}{27}$.

九、 $f(x) > 0, f''(x) \leqslant 0 \Rightarrow f(x)$ 单调递减且有下界, 因此 $\lim\limits_{x \to +\infty} f(x)$ 存在. 设 $|f''(x)| \leqslant M$. 对任何的 $\varepsilon > 0$, 取 $h > 0$ 充分小使得 $hM < \varepsilon$. x 充分大时, $|f(x+h) - f(x)| < \frac{1}{2}\varepsilon h$. $f(x+h) = f(x) + f'(x)h + f''(\xi)\frac{h^2}{2} \Rightarrow |f'(x)| \leqslant \frac{1}{h}|f(x+h) - f(x)| + \frac{1}{2}|f''(\xi)|h < \varepsilon$.

24 南开大学2009真题

一、(15 分) 求二重积分 $\iint\limits_{D} \cos(x+y)\,\mathrm{d}x\,\mathrm{d}y$, 其中 D 由 $y=x, y=0, x=\frac{\pi}{2}$ 围成.

二、(15 分) 求累次积分 $\int_{-1}^{1}\mathrm{d}x\int_{0}^{\sqrt{1-x^2}}\mathrm{d}y\int_{1}^{1+\sqrt{1-x^2-y^2}}\frac{\mathrm{d}z}{\sqrt{x^2+y^2+z^2}}$.

三、(20 分) 求曲线积分 $\int_{L} y\,\mathrm{d}x+z\,\mathrm{d}y+x\,\mathrm{d}z$, 其中 L 为 $\frac{x^2}{a^2}+\frac{y^2}{b^2}+\frac{z^2}{c^2}=1$ 与 $\frac{x}{a}+\frac{z}{c}=1$ 在 $x,y,z\geqslant 0$ 部分的交线, 方向为点 $(a,0,0)$ 到点 $(0,0,c)$, 其中 $a,b,c>0$ 为常数.

四、(15 分) 求幂级数 $\sum\limits_{n=0}^{\infty}\frac{2n+1}{2^{n+1}}x^{2n+1}$ 的收敛域与和函数.

五、(20 分) 求反常积分 $f(t)=\int_{1}^{+\infty}\frac{\arctan x}{x^2\sqrt{x^2-1}}\mathrm{d}x$ 的表达式.

六、(15 分) 设 $\int_{a}^{+\infty}f(x)\,\mathrm{d}x$ 收敛, $\frac{f(x)}{x}$ 在 $[a,+\infty)$ 上单调递减. 证明: $\lim\limits_{x\to+\infty}xf(x)=1$.

七、(15 分) 设 $f(x)$ 在 $(-1,1)$ 内二阶可导, $f(0)=f'(0)=0, |f''(x)|^2\leqslant |f(x)f'(x)|$. 证明: 存在 $\delta>0$ 使得 $|x|<\delta$ 时, $f(x)=0$.

八、(20 分) 设 $f(x,y)\in C^3(U(P_0)), |\frac{\partial^3 f(x,y)}{\partial x^i\partial y^j}|\leqslant M(i,j\geqslant 0, i+j=3)$. 若 $P_1, P_2\in U(P_0)$ 关于 P_0 对称, $\overline{P_1P_2}=l, \boldsymbol{n}$ 为 P_0 指向 P_1 的向量. 证明: $|\frac{f(P_1)-f(P_2)}{2l}-\frac{\partial f}{\partial \boldsymbol{n}}(P_0)|\leqslant \frac{\sqrt{2}}{3}Ml^2$.

九、(15 分) 设 $u_n>0, \lim\limits_{n\to\infty}\frac{u_{n+1}}{u_n}=a$, 证明: $\lim\limits_{n\to\infty}\sqrt[n]{u_n}=a$. 利用这一结论分析 d'Alembert 判别法与 Cauchy 判别法在判别正项级数时的关系, 可以得到什么经验?

参考答案或提示

一、 令 $u = x+y, v = y$, 原式 $= \int_0^{\frac{\pi}{2}} \mathrm{d}u \int_0^{\frac{u}{2}} \cos u \, \mathrm{d}v \int_{\frac{\pi}{2}}^{\pi} | \mathrm{d}u \int_{u-\frac{\pi}{2}}^{\frac{\pi}{2}} \cos u \, \mathrm{d}v - \frac{\pi}{2} - 1$.

二、 $\int_{-\frac{\pi}{2}}^{\frac{\pi}{2}} \mathrm{d}\theta \int_0^{\frac{\pi}{4}} \mathrm{d}\varphi \int_{\frac{1}{\cos\varphi}}^{\frac{2\cos\varphi}{1}} r\sin\varphi \, \mathrm{d}r = \frac{7-4\sqrt{2}}{6}\pi$.

三、 $\frac{\pi b(c-a)}{2\sqrt{2}} + \frac{ca}{2}$ (补充直线用Stokes公式).

四、 $S(x) = \frac{x(x^2+2)}{(2-x^2)^2}, |x| < \sqrt{2}$.

五、 $f(-t) = -f(t)$, 不妨设 $t \geqslant 0$. $f'(t) = \int_1^{+\infty} \frac{1}{x\sqrt{x^2-1}(1+t^2x^2)} \mathrm{d}x (f'(t)$ 在 $[0, +\infty)$ 上内闭一致收敛), $f'(t) = \frac{\pi}{2}(1 - \frac{t}{\sqrt{1+t^2}}) \Rightarrow f(t) = \frac{\pi}{2}(t - \sqrt{1+t^2})$.

六、 $0 < x_1 < x_2 \Rightarrow \frac{f(x_1)}{x_1} \geqslant \frac{f(x_2)}{x_2}$. 若 $f(x_1) < 0$, 则 $f(x_2) < 0$, 且 $f(x_1) \geqslant f(x_2)\frac{x_1}{x_2} > f(x_2) \Rightarrow \int_{x_1}^{+\infty} f(x) \mathrm{d}x \leqslant \int_{x_1}^{+\infty} f(x_1) \mathrm{d}x$, 这就与 $\int_a^{+\infty} f(x)\mathrm{d}x$ 收敛矛盾. 因此 x 充分大时, $f(x) \geqslant 0$. 由Cauchy收敛准则, $\frac{x}{2}f(x) \leqslant \int_{\frac{x}{2}}^x f(t)\mathrm{d}t \to 0 (x \to +\infty)$.

七、 任取 $\delta \in (0,1)$. 令 $M_1 = \max_{|x| \leqslant \delta} |f(x)|, M_2 = \max_{|x| \leqslant \delta} |f'(x)|$. 当 $|x| \leqslant \delta$ 时, $f(x) = f''(\xi)\frac{x^2}{2} \Rightarrow |f(x)|^2 \leqslant |f(\xi)f'(\xi)| \leqslant M_1 M_2 \Rightarrow M_1 \leqslant M_2$. $f'(x) - f'(0) = f''(\eta)x \Rightarrow |f'(x)|^2 \leqslant \delta^2 M_1 M_2 \Rightarrow M_2 \leqslant \delta M_1 (|x| \leqslant \delta)$. 因此 $M_1 = 0$.

八、 不妨设 P_0 为原点, 设 $\boldsymbol{n} = (l\cos\theta, l\sin\theta)$, $F(t) = f(t\cos\theta, t\sin\theta)$, 则 $f(P_1) - f(P_2) = F(l) - F(-l) = [F(l) - F(0)] - [F(-l) - F(0)] = 2F'(0)l + \frac{F'''(t_1) + F'''(t_2)}{6}l^3$. $F'(0) = f_x(0,0)\cos\theta + f_y(0,0)\sin\theta = \frac{\partial f}{\partial \boldsymbol{n}}(P_0)$, $F'''(t) = f_{xxx}\cos^3\theta + 3f_{xxy}\cos^2\theta + 3f_{xyy}\cos\theta\sin^2\theta + f_{yyy}\sin^3\theta \Rightarrow |F'''(t)| \leqslant M(|\cos\theta| + |\sin\theta|)^3$, 因此 $|\frac{f(P_1)-f(P_2)}{2l} - \frac{\partial f}{\partial \boldsymbol{n}}(P_0)| \leqslant \frac{Ml^2}{6}(|\cos\theta| + |\sin\theta|)^3 \leqslant \frac{\sqrt{2}}{3}Ml^2$.

九、 熟知 $x_n \to a$ (或 $\pm\infty$) $\Rightarrow \frac{x_1+x_2+\cdots+x_n}{n} \to a$; 若 $x_n > 0, x_n \to a$, 则 $\sqrt[n]{x_1 x_2 \cdots x_n} \to a$. 因此结论成立. 由此可知能用d'Alembert判别法判断正项级数的敛散性时, 也能用Cauchy判别法判断其敛散性.

48

25   南开大学2010真题

一、(15 分) 求极限 $\lim\limits_{x\to\infty}[(x-\frac{1}{2})^2 - x^4\ln^2(1+\frac{1}{x})]$.

二、(20 分) 求曲面积分 $\iint\limits_{S}(x+z)\,\mathrm{d}S$, 其中$S$是曲面$x^2+y^2=2az(a>0)$被曲面$z=\sqrt{x^2+y^2}$所截得的有界部分.

三、(20 分) 求三重积分 $\iiint\limits_{\Omega}xyz\,\mathrm{d}x\,\mathrm{d}y\,\mathrm{d}z$, 其中$\Omega$为曲面$z=p(x^2+y^2),z=q(x^2+y^2),xy=\alpha,xy=b,y=ax,y=\beta x(0<p<q,0<a<b,0<\alpha<\beta)$所围区域在第一卦限的部分.

四、(15 分) 求幂级数 $\sum\limits_{n=1}^{\infty}\frac{n(n+2)}{3^n}$的和.

五、(15 分) 讨论级数 $\sum\limits_{n=2}^{\infty}\frac{(-1)^n}{n^{p+\frac{1}{\ln n}}}$的敛散性, 并指出是否绝对收敛.

六、(20 分) (1) 设$f(x)\in C[a,b],f(x)\in[a,b]$. 证明: 存在$c\in[a,b]$使得$f(c)=c$;
(2) 是否存在$f(x)\in C(\mathbb{R})$, 使得$f(x)$在有理点处取无理值, 在无理点处取有理值.

七、(15 分) 设$f(x)$在$[0,1]$上二阶可导, $f(0)=0,f(1)=3,\min\limits_{x\in[0,1]}f(x)=-1$. 证明: 存在$c\in(0,1)$使得$f'''(c)\geqslant 18$.

八、(15 分) 设$f(x)\in C^2[a,b],|\int_a^b f(x)\,\mathrm{d}x|<\int_a^b|f(x)|\,\mathrm{d}x$. 记$M_i=\max\limits_{x\in[a,b]}|f^{(i)}(x)|$ $(i=1,2)$. 证明: $|\int_a^b f(x)\,\mathrm{d}x|\leqslant\frac{M_1}{2}(b-a)^2+\frac{M_2}{6}(b-a)^3$.

九、(15 分) 设$f(x)\in C[a,b]$, $\lim\limits_{x\to+\infty}f(x)=A$. 证明: $\lim\limits_{\alpha\to0^+}\int_0^{+\infty}\alpha\,\mathrm{e}^{-\alpha x}f(x)\,\mathrm{d}x=A$.

一、 $-\frac{2}{3}$.

二、 $\frac{50\sqrt{2}+2}{15}\pi a^3$.

三、 令 $u = \frac{z}{x^2+y^2}$, $v = xy$, $w = \frac{y}{x}$, 原式 $= \iiint\limits_{D_{uvw}} \frac{uv^3(1+w^2)^2}{2w^3} \, \mathrm{d}\,u\,\mathrm{d}\,v\,\mathrm{d}\,w = \frac{1}{16}(q^2 -$ $p^2)(b^4-a^4)[\frac{1}{2}(\beta^2-\alpha^2) + 2\ln\frac{\beta}{\alpha} + \frac{1}{2}(\alpha^{-2}-\beta^{-2})]$.

四、 $S(t) = \sum\limits_{n=1}^{\infty} n(n+2)t^n = \frac{t(3-t)}{(1-t)^3}, |t| < 1 \Rightarrow S(\frac{1}{3}) = 3$.

五、 注意 $n^{p+\frac{1}{\ln n}} = n^p \mathrm{e}$. 当 $p > 1$ 时, 级数绝对收敛; 当 $0 < p \leqslant 1$ 时, 级数条件收敛; 当 $p < 0$ 时, 级数发散.

六、 (1) 令 $F(x) = f(x) - x$, 则 $F(a) \geqslant 0, F(b) \leqslant 0$. (2) 假设存在这样的连续函数. 显然, $f(\mathbb{Q})$ 不可能是单点集. 否则由连续性 $f(\mathbb{R})$ 是单点集, 即 f 把无理数映为无理数, 与假设不符. 设 $f(a_1) = b_1, f(a_2) = b_2, a_1, a_2 \in \mathbb{Q}, b_1 < b_2$, 则由介值性, f 把 a_1 与 a_2 之间的有理数映到 $[b_1, b_2]\backslash\mathbb{Q}$ 上, 而前者可数, 后者不可数, 矛盾.

七、 设 $f(x_0) = \min\limits_{x\in[0,1]} f(x)$, 则 $x_0 \in (0,1)$, 故 $f'(x_0) = 0$. $f(0) = f(x_0) + f''(\xi_1)\frac{x_0^2}{2}, f(1) = f(x_0) + f''(\xi_2)\frac{(1-x_0)^2}{2}$. 若 $x_0 \in (0, \frac{1}{3}]$, 则 $f''(\xi_1) \geqslant 18$; 若 $x_0 \in [\frac{1}{3}, 1)$, 则 $f''(\xi_2) \geqslant 18$.

八、 由 $|\int_a^b f(x)\,\mathrm{d}\,x| < \int_a^b |f(x)|\,\mathrm{d}\,\mathrm{d}\,x$ 知 $f(x)$ 在 $[a,b]$ 上变号, 设 $f(x_0) = 0$. 由 $f(x) = f'(x_0)(x-x_0) + f''(\xi)\frac{(x-x_0)^2}{2}$ 得 $|\int_a^b f(x)\,\mathrm{d}\,x| \leqslant M_1 \int_a^b |x-x_0|\,\mathrm{d}\,x + M_2 \int_a^b \frac{(x-x_0)^2}{2}\,\mathrm{d}\,x \leqslant M_1\frac{(b-a)^2}{2} + M_2\frac{(b-a)^3}{6}$.

九、 只需证明 $\int_0^{+\infty} \alpha\,\mathrm{e}^{-\alpha x}(f(x) - A)\,\mathrm{d}\,x \to 0 (\alpha \to 0^+)$. 对任何的 $\varepsilon > 0$, 设 $x \geqslant G > 0$ 时, $|f(x) - A| < \varepsilon$. 设 $|f(x)| \leqslant M, x \in [0, G]$. $|\int_0^{+\infty} \alpha\,\mathrm{e}^{-\alpha x}(f(x) - A)\,\mathrm{d}\,x| \leqslant \int_0^G \alpha\,\mathrm{e}^{-\alpha x}(M+|A|)\,\mathrm{d}\,x + \varepsilon \int_G^{+\infty} \alpha\,\mathrm{e}^{-\alpha x}\,\mathrm{d}\,x = (M+|A|)(1-\mathrm{e}^{-\alpha G}) + \varepsilon < 2\varepsilon (\alpha > 0$ 充分小).

26　南开大学2011真题

一、计算题(60 分)

1. 求极限 $\lim\limits_{x \to 0} \dfrac{\cos\sqrt{2}x - e^{-x^2} + \frac{x^4}{3}}{x^6}$.

2. 求曲线积分 $\int_L \dfrac{-y\,\mathrm{d}x + x\,\mathrm{d}y}{4x^2 + y^2}$, 其中 L 为 $x^2 + y^2 = 1$, 取逆时针方向.

3. 求曲面积分 $\iint\limits_S \dfrac{x^3 + y^3 + z^3}{1-z}\,\mathrm{d}S$, 其中 S 为 $x^2 + y^2 = (1-z)^2 (0 \leqslant z \leqslant 1)$.

4. 求函数 $f(x,y) = 2x^2 - 7y^2$ 在区域 $D: x^2 + 2xy + 4y^2 \leqslant 13$ 上的最值.

二、(15 分) 设数列 $\{a_n\}, \{b_n\}$ 满足: $a_1 = b_1 = 1, a_n + \sqrt{3}b_n = (a_{n-1} + \sqrt{3}b_{n-1})^2$.
证明数列 $\{\frac{a_n}{b_n}\}$ 收敛, 并求其极限.

三、(15 分) 设 $f(x)$ 在 $[a,b]$ 上连续可微, $f(\frac{a+b}{2}) = 0$. 证明: $\int_a^b |f(x)f'(x)|\,\mathrm{d}x \leqslant \frac{b-a}{4} \int_a^b |f'(x)|^2\,\mathrm{d}x$.

四、(20 分) 设级数 $\sum\limits_{n=2}^{\infty} \dfrac{a_n}{\ln n}$ 收敛, 数列 $\{na_n\}$ 单调递减. 证明: $\lim\limits_{n \to \infty} na_n \ln\ln n = 0$.

五、(20 分) 设 $p, q \in \mathbb{R}$, 讨论 $\int_0^{+\infty} \dfrac{e^{\sin x}\sin 2x}{x^p(1+x^q)}\,\mathrm{d}x$ 的收敛性, 并指出何时绝对收敛.

六、(20 分) 已知 $\int_0^{+\infty} \dfrac{\sin x}{x}\,\mathrm{d}x = \frac{\pi}{2}$, 设 $F(y) = \int_0^{+\infty} \dfrac{\sin(\sqrt{x}y)}{x(1+x)}\,\mathrm{d}x (y > 0)$. (1) 证明: $F''(y) - F(y) + \pi = 0$; (2) 求出 $F(y)$ 的表达式.

参考答案或提示

一、计算题

1. $\frac{7}{45}$.

2. π.

3. $\frac{\sqrt{2}}{2}\pi$(利用对称性).

4. $f_{\min} = -26$, $f_{\max} = \frac{91}{3}$.

二、 $a_n = a_{n-1}^2 + 3b_{n-1}^2$, $b_n = 2a_{n-1}b_{n-1} \Rightarrow \frac{a_n}{b_n} = \frac{1}{2}\left(\frac{a_{n-1}}{b_{n-1}} + 3\frac{b_{n-1}}{a_{n-1}}\right)$. 设 $c_n = \frac{a_n}{b_n}$, $c_n = \frac{1}{2}\left(c_{n-1} + \frac{1}{c_{n-1}}\right)$, 则 $c_n \geqslant \sqrt{3}$. 由压缩映照原理知 $\frac{a_n}{b_n} \to \sqrt{3}$.

三、 不妨设 $a = 0, b = 1$(否则作变换 $g(t) = f((1-t)a + tb)$), 则 $f(\frac{1}{2}) = 0$. 设 $F(x) = \int_{\frac{1}{2}}^x |f'(t)|\,\mathrm{d}t$, 则 $F(x) \geqslant |f(x)|$, $F'(x) = |f'(x)|$. $\int_{\frac{1}{2}}^1 |ff'|\,\mathrm{d}t \leqslant \frac{1}{2}F^2(1) \leqslant \frac{1}{4}\int_{\frac{1}{2}}^1 |f'(t)|^2\,\mathrm{d}t$(用Cauchy-Schwarz不等式). 同理, $\int_0^{\frac{1}{2}} |ff'|\,\mathrm{d}t \leqslant \frac{1}{4}\int_0^{\frac{1}{2}} |f'(t)|^2\,\mathrm{d}t$. 因此结论成立.

四、 若 $a_N < 0$, 则 $n > N$ 时, $a_n < 0$, 且 $\frac{a_n}{\ln n} = \frac{na_n}{n\ln n} \leqslant \frac{Na_N}{n\ln n}$, 从而 $\sum_{n=1}^{\infty} \frac{1}{n\ln n}$ 收敛, 矛盾. $na_n \sum_{k=l}^n \frac{1}{k\ln k} \to 0(l, n \to \infty)$. 取 $l = [\ln n]$ 即得 $\sum_{k=l}^n \frac{1}{k\ln k} \sim \int_{\ln n}^n \frac{1}{x\ln x}\,\mathrm{d}x \sim \ln\ln n$, 故结论成立.

五、 设 $\int_0^1 \frac{e^{\sin x}\sin 2x}{x^p(1+x^q)}\,\mathrm{d}x = I_1$, $\int_1^{+\infty} \frac{e^{\sin x}\sin 2x}{x^p(1+x^q)}\,\mathrm{d}x = I_2$. I_1 收敛当且仅当 $q \geqslant 0, p - 1 < 1$, 或 $q < 0, p + q - 1 < 1$. I_2 绝对收敛当且仅当 $q \geqslant 0, p + q > 1$, 或 $q < 0, p > 1$; 由于 $|\int_1^A e^{\sin x}\sin 2x\,\mathrm{d}x| \leqslant e$, $\frac{1}{x^p(1+x^q)} - \frac{1}{x^{p+q}} = -\frac{1}{x^{p+q}(1+x^q)}(q \geqslant 0)$, $\frac{1}{x^p(1+x^q)} - \frac{1}{x^p} = -\frac{1}{x^{p-q}(1+x^q)}(q < 0)$. 由Dirichlet判别法可知 I_2 条件收敛当且仅当 $q \geqslant 0, 0 < p + q \leqslant 1$, 或 $q < 0, 0 < p \leqslant 1$(注意 $|e^{\sin x}\sin 2x| \geqslant e^{-1}\sin^2 2x$, 可知此时积分非绝对收敛); I_2 发散当且仅当 $q \geqslant 0, p + q \leqslant 0$, 或 $q < 0, p \leqslant 0$. 综上所述, 积分绝对收敛当且仅当 $q \geqslant 0, 1 - q < p < 2$, 或 $q < 0, 1 < p < 2 - q$; 积分条件收敛当且仅当 $q \geqslant 0, -q < p \leqslant 1 - q$, 或 $q < 0, 0 < p \leqslant 1$; 积分发散当且仅当 $q \geqslant 0, p \notin (-q, 2)$, 或 $q < 0, p \notin (0, 2 - q)$.

六、 (1) $y > 0$ 时, $F'(y) = \int_0^{+\infty} \frac{\cos(\sqrt{x}y)}{\sqrt{x}(1+x)}\,\mathrm{d}x = \int_0^{+\infty} \frac{2y\cos u}{u^2+y^2}\,\mathrm{d}u$, $F''(y) = \int_0^{+\infty} \frac{2(u^2-y^2)\cos u}{(u^2+y^2)^2}\,\mathrm{d}u$(验证在 $(0, +\infty)$ 上内闭一致收敛). $F(y) = \int_0^{+\infty} \frac{2y^2\sin u}{u(u^2+y^2)}\,\mathrm{d}u = \pi - \int_0^{+\infty} \frac{2u\sin u}{u^2+y^2}\,\mathrm{d}u$. $F''(y) = -\int_0^{+\infty} 2\cos u\,\mathrm{d}\frac{u}{u^2+y^2} = -\int_0^{+\infty} \frac{2u\sin u}{u^2+y^2}\,\mathrm{d}u$. 因此 $F''(y) - F(y) + \pi = 0$.

(2) $F(y) - \pi = c_1 e^y + c_2 e^{-y}$. 由 $F(0) = 0$, $F'(0) = \pi$ 知 $c_1 = 0$, $c_2 = -\pi$. 因此 $F(y) = \pi(1 - e^{-y})$.

27 南开大学2012真题

一、(15 分) 求极限 $\lim\limits_{x \to +\infty} x^m \int_0^{\frac{1}{x}} \sin t^2 \, \mathrm{d}t$, 其中 $m \in \mathbb{Z}$.

二、(20 分) 求积分 $\iint\limits_D \sqrt{|y - x^2|} \, \mathrm{d}x \, \mathrm{d}y$, 其中 $D : -1 \leqslant x \leqslant 1, 0 \leqslant y \leqslant 1$.

三、(20 分) 求曲面积分 $\iint\limits_S x^2 \, \mathrm{d}y \, \mathrm{d}z + z \, \mathrm{d}x \, \mathrm{d}y$, 其中 S 为球面 $x^2 + y^2 + (z-a)^2 = a^2$ 中满足 $x^2 + y^2 \leqslant ay, z \leqslant a(a > 0)$ 的部分, 取下侧.

四、(20 分) 求级数 $\sum\limits_{n=1}^{\infty} \frac{(-1)^{n-1}(n+2)}{n(n+1)}$ 的和.

五、(15 分) 设 $p \in \mathbb{R}$, 讨论积分 $\int_0^{+\infty} \frac{\ln(1+x)}{x^p} \, \mathrm{d}x$ 的敛散性.

六、(15 分) 函数 $f(x) = \sin x^2$ 在 $\mathbb{R}$ 上一致连续吗? 请说明理由.

七、(15 分) 设 $f(x)$ 在 $[0,1]$ 上可微, $f(0) = 0$. 对任意的 $x \in (0,1)$, 有 $f(x) \neq 0$. 证明: 存在 $\xi \in (0,1)$ 使得 $\frac{2f'(\xi)}{f(\xi)} = \frac{f'(1-\xi)}{f(1-\xi)}$.

八、(15 分) 设 $f(x), g(x) \in C[a,b]$, $f(x) \geqslant 0, g(x) > 0$. 求 $\lim\limits_{n \to \infty} \left(\int_a^b g(x) f^n(x) \, \mathrm{d}x \right)^{\frac{1}{n}}$.

九、(15 分) 设 $f(x)$ 在某个去心邻域 $U^{\circ}(0)$ 上定义, $\lim\limits_{x \to 0} f(x) = 0$, 且 $\lim\limits_{x \to 0} \frac{f(x) - f(\frac{x}{2})}{x} = 0$. 证明: $\lim\limits_{x \to 0} \frac{f(x)}{x} = 0$.

参考答案或提示

一、 分 $m \leqslant 0$ 和 $m > 0$ 两种情形讨论, 可得原式 $= \begin{cases} 0, & m < 0, \\ \frac{1}{3}, & m = 3, \\ +\infty, & m > 3. \end{cases}$

二、 $\frac{1}{3} + \frac{\pi}{4}$.

三、 $-(\frac{2}{9} + \frac{\pi}{12})a^3$.

四、 $3\ln 2 - 1$.

五、 $1 < p < 2$.

六、 否. 令 $x_n = \sqrt{2n\pi + \frac{\pi}{2}}, x_n' = \sqrt{2n\pi}$, 则 $x_n - x_n' \to 0, f(x_n) - f(x_n') = 1$.

七、 令 $F(x) = f^2(x)f(1-x)$, 则 $F(0) = F(1) = 0$. 由Rolle定理得到结论.

八、 $\max\limits_{x \in [a,b]} f(x)$(用夹逼准则).

九、 设 $|f(x) - f(\frac{x}{2})| < |x|\varepsilon (0 < |x| < \delta)$, 则 $|f(x) - f(\frac{x}{2^n})| < (1 + \frac{1}{2} + \cdots + \frac{1}{2^{n-1}})|x|\varepsilon < 2|x|\varepsilon$. 由 $\lim\limits_{x\to 0} f(x) = 0$, 令 $n \to \infty$ 即得 $|f(x)| \leqslant 2|x|\varepsilon$, 即 $\lim\limits_{x\to 0} \frac{f(x)}{x} = 0$.

54

28 南开大学2014真题

一、 求极限 $\lim\limits_{n\to\infty}(\sqrt[n]{n}-1)\sin n\ln n$.

二、 证明: 函数 $f(x,y)=\begin{cases} \mathrm{e}^{-xy}\dfrac{\sin x}{x}, & x\neq 0 \\ 1, & x=0 \end{cases}$ 在 $\mathbb{R}^2$ 上连续.

三、 设 $0<a<b,c>0$. 求点 $(0,0,c)$ 到曲面 $\dfrac{z}{c}=\dfrac{x^2}{a^2}+\dfrac{y^2}{b^2}$ 的最短距离.

四、 求曲面积分 $\iint\limits_{S}\dfrac{x\,\mathrm{d}y\,\mathrm{d}z+y\,\mathrm{d}z\,\mathrm{d}x+z\,\mathrm{d}x\,\mathrm{d}y}{(ax^2+by^2+cz^2)^{\frac{3}{2}}}(a,b,c>0)$, 其中 S 为 $x^2+y^2+z^2=1$ 的外侧.

五、 求级数 $\sum\limits_{n=0}^{\infty}\dfrac{(-1)^n}{3n+2}$ 的和.

六、 设 $f(x)=\sum\limits_{n=1}^{\infty}\dfrac{\sin nx}{n^x}$. 证明: (1) $f(x)$ 在 $(0,+\infty)$ 上非一致收敛; (2) $f(x)$ 在 $(0,+\infty)$ 上连续.

七、 设 $f(x)\in C^1(0,+\infty)$. (1) 若 $\lim\limits_{x\to+\infty}f(x)=1$, $\lim\limits_{x\to+\infty}f''(x)=0$, 证明: $\lim\limits_{x\to+\infty}f'(x)=0$; (2) 构造函数 $f(x)$ 使得 $\lim\limits_{x\to+\infty}f(x)=1$, 但是 $\lim\limits_{x\to+\infty}f'(x)$ 不存在.

八、 设正项级数 $\sum\limits_{n=0}^{\infty}a_n$ 收敛, 证明: 存在发散于 $+\infty$ 的数列 θ_n, 使得 $\sum\limits_{n=0}^{\infty}\theta_n x_n$ 收敛.

九、 求极限 $\lim\limits_{n\to\infty}\sum\limits_{k=1}^{n}\dfrac{1}{\sqrt{k(n-k+1)}}$.

一、 $0(\sqrt[n]{n}-1=e^{\frac{\ln n}{n}}-1\sim\frac{\ln n}{n})$.

二、 只需证明：$\lim\limits_{(x,y)\to(0,y_0)}f(x,y)=1$. 由 $\lim\limits_{x\to0}\frac{\sin x}{x}=1$, $\lim\limits_{(x,y)\to(0,y_0)}e^{-xy}=1$ 即得结论.

三、 用Lagrange乘数法可知：当 $2c^2\leqslant a^2$ 时, $d_{\min}=c$（最小值点为 $(0,0,0)$）；当 $a^2<2c^2$ 时, $d_{\min}=a\sqrt{1-\frac{a^2}{4c^2}}$（最小值点为 $(\pm a\sqrt{1-\frac{a^2}{2c^2}},0,c-\frac{a^2}{2c})$）.

四、 $4\pi abc$.

五、 $S(t)=\sum\limits_{n=0}^{\infty}\frac{(-1)^n}{3n+2}t^{3n+2}=\ln(1+t)-\frac{1}{2}\ln(1+t+t^2)+\frac{1}{\sqrt{3}}\arctan\frac{2t+1}{\sqrt{3}}$, $-1<t\leqslant1$, $S(1)=\ln2-\frac{1}{2}\ln3+\frac{\pi}{3\sqrt{3}}$.

六、 (1) 令 $u_n(x)=\frac{\sin nx}{n^x}$, 由 $u_{n+1}(\frac{\pi}{4n})+\cdots+u_{2n}(\frac{\pi}{4n})>n\frac{\frac{\sqrt{2}}{2}}{(2n)^{\frac{\pi}{4n}}}\to+\infty$ 可得结论. (2) 只需证明 $f(x)$ 在 $(0,+\infty)$ 上内闭一致收敛. 设 $x\in[a,b]\subset(0,+\infty)$, 不妨设 $a<1,b>1$. 若 $x\in[a,c](1<c<\min\{2,b\})$, 则 $|\sum\limits_{k=1}^n\sin kx|\leqslant\frac{1}{\sin\frac{x}{2}}\leqslant\frac{1}{\sin\frac{a}{2}}$, $\{\frac{1}{n^x}\}$ 单调递减, 且 $\frac{1}{n^x}\leqslant\frac{1}{n^a}\to0$, 故由Dirichlet判别法知 $f(x)$ 在 $[a,c]$ 上一致收敛；若 $x\in[c,b]$, 则 $|u_n(x)|\leqslant\frac{1}{n^c}$, 故由 M 判别法知 $f(x)$ 在 $[c,b]$ 上一致收敛.

七、 (1) 由 $f(x+1)=f(x)+f'(x)+\frac{1}{2}f''(\xi)$ 可得结论. (2) 令 $f(x)=1+\frac{\sin x^2}{x}(x>0)$, 则 $f'(x)=-\frac{\sin x^2}{x^2}+2\cos x^2$, 显然 $\lim\limits_{x\to+\infty}f'(x)$ 不存在.

八、 设 $r_n=\sum\limits_{k\geqslant n}x_k$, $\theta_n=\frac{1}{\sqrt{r_n}}$, 则由 $r_n\to0$ 可知 $\theta_n\to+\infty$, 且由 $\theta_nx_n=\frac{r_n-r_{n+1}}{\sqrt{r_n}}\leqslant2(\sqrt{r_n}-\sqrt{r_{n+1}})$ 可知结论成立.

九、 $\sum\limits_{k=1}^n\frac{1}{\sqrt{\frac{k}{n+1}(1-\frac{k}{n+1})}}\frac{1}{n+1}\to\int_0^1\frac{1}{\sqrt{x(1-x)}}dx=\pi$（利用对称性, 以及 $f(x)=\frac{1}{\sqrt{x(1-x)}}$ 在 $(0,\frac{1}{2})$ 上单调递减）.

29 南开大学2016真题

一、(15 分) 求定积分 $\int_1^e x^n \ln x \, dx (n \in \mathbb{Z})$.

二、(20 分) 求曲线积分 $\int_L (x^2 - yz) \, ds$, 其中 L 为平面 $x + y + z = 0$ 与球面 $x^2 + y^2 + z^2 = 1$ 的交线.

三、(15 分) 求幂级数 $\sum\limits_{n=0}^{\infty} \frac{1}{2n+1} \left(\frac{x}{2+x}\right)^{2n+1}$ 的收敛域与和函数.

四、(20 分) 求函数 $f(x,y) = 9x^2 + 6xy + 4y^2 - 12y$ 在区域 $9x^2 + 4y^2 \leqslant 36$ 上的最大值.

五、(15 分) 设函数列 $\{f_n(x)\}$ 在区间 I 上一致收敛于 $f(x)$, 每个 $f_n(x)$ 在 I 上一致连续, 证明: $f(x)$ 在 I 上也一致连续.

六、(15 分) 设 $f(x)$ 在 $[0, +\infty)$ 上非负, 对任意的 $A > 0$, $xf(x) \in R[0, A]$, 且 $\int_0^{+\infty} f(x) \, dx$ 收敛. 证明: $\lim\limits_{A \to +\infty} \frac{1}{A} \int_0^A x f(x) \, dx = 0$.

七、(20 分) 求极限 $\lim\limits_{x \to +\infty} x^2 [(1 + \frac{1}{1+x})^{1+x} - (1 + \frac{1}{x})^x]$.

八、(20 分) 设 $f(x,y)$ 在区域 $D : x^2 + y^2 \leqslant 1$ 上存在二阶连续可微, $f_{xx} + f_{yy} = 1$. 证明: $\iint\limits_D (x f_x + y f_y) \, dx \, dy = \frac{\pi}{4}$.

九、(10 分) 设定义于 $[0, +\infty)$ 上的函数 $f(x) \in C[0,1]$, 在 $(0,1)$ 内可导, $f(x) = f(x+1)$, $f(0) = 0$, $f'(x)$ 在 $(0,1)$ 上单调递减. 证明: 对任意的 $x \in (0, +\infty)$ 和 $n \in \mathbb{N}_+$, 有 $f(nx) \leqslant n f(x)$.

一、 当 $n = -1$ 时，原式 $= \frac{1}{2}$；当 $n \ne -1$ 时，原式 $= \frac{n\,\mathrm{e}^{n+1}+1}{(n+1)^2}$.

二、 π（利用对称性）.

三、 $\frac{1}{2}\ln(x+1), x > -1$.

四、 $36 + 27\sqrt{3}$，最大值点为 $(-1, -\frac{3\sqrt{3}}{2})$.

五、 由一致收敛和 $f_N(x)$ 的一致连续性可知 $|f(x) - f(y)| \le |f(x) - f_N(x)| + |f(y) - f_N(y)| + |f_N(x) - f_N(y)| < 3\varepsilon$.

六、 对任意的 $\varepsilon > 0$，$A > G > 0$ 时，$\int_G^A f(x)\,\mathrm{d}x < \varepsilon$. 设 $xf(x) \le M(x \in [0, G])$，则 $\frac{\int_0^A xf(x)\,\mathrm{d}x}{A} = \frac{\int_0^G xf(x)\,\mathrm{d}x + \int_G^A xf(x)\,\mathrm{d}x}{A} \le \frac{MG^2}{A} + \int_G^A f(x)\,\mathrm{d}x < 2\varepsilon \,(A\text{充分大时})$.

七、 $(1 + \frac{1}{x})^x x^2 [(1 + \frac{1}{1+x})(\frac{x(x+2)}{(x+1)^2})^x - 1] \sim \mathrm{e}\,x^2 [(\frac{x(x+2)}{(x+1)^2})^x - \frac{x+1}{x+2}] = \mathrm{e}\,x^2 (1 - \frac{x}{(1+x)^2} + \frac{1}{2}\frac{x^2}{(1+x)^4} - \frac{x+1}{x+2} + o(\frac{1}{x^2})) \to \frac{\mathrm{e}}{2}$.

八、 $\oint_L \frac{x^2+y^2}{2}\frac{\partial f}{\partial n}\,\mathrm{d}s = \iint_D [(xf_x + yf_y) + \frac{x^2+y^2}{2}\Delta f]\,\mathrm{d}x\,\mathrm{d}y$，$\oint_L \frac{x^2+y^2}{2}\frac{\partial f}{\partial n}\,\mathrm{d}s = \frac{1}{2}\iint_D \Delta f\,\mathrm{d}x\,\mathrm{d}y$，故 $\iint_D [(xf_x + yf_y)\,\mathrm{d}x\,\mathrm{d}y = \iint_D \frac{1 - (x^2+y^2)}{2}\,\mathrm{d}x\,\mathrm{d}y = \frac{\pi}{4}$.

九、 由于 $f'(x)$ 在 $(0,1)$ 上单调递减，$f(x)$ 在 $[0,1]$ 上为凹函数，从而 $f(x) \ge \min\{f(0), f(1)\} = 0$. 由 $f(x+1) = f(x)$，只需对 $x \in (0,1)$ 证明结论. 固定 $1 < n \in \mathbb{N}_+$，若 $x \in (\frac{k-1}{n}, \frac{k}{n})(1 \le k \le n)$，设 $x = \frac{k-1}{n} + t, t \in (0, \frac{1}{n})$. 要证明 $f(nx) \le nf(x)$，只需证明 $f(nt) \le nf(\frac{k-1}{n} + t)$. 令 $g(t) = nf(\frac{k-1}{n} + t) - f(nt)$，由 $f'(t)$ 的单调性可知 $g_{\min}(t) = g(\frac{k-1}{n(n-1)}) = (n-1)f(\frac{k-1}{n-1}) \ge 0$，因此结论成立.

30 南开大学2017真题

一、(15 分) 设 $f(x) = \begin{cases} \frac{1-x^2}{1+x^2}, & x \leqslant 0, \\ (1+x^2)^{\sin x}, & x > 0, \end{cases}$ 求 $f'(x)$.

二、(15 分) 求二重积分 $\iint\limits_{D} |\sin(x-y)| \,\mathrm{d}x\,\mathrm{d}y$, 其中 $D: 0 \leqslant x, y \leqslant 2\pi$.

三、(15 分) 设 $f(x,y)$ 在 $\mathbb{R}^2$ 上可微, 对 $\forall t, x, y \in \mathbb{R}$ 都有 $f(tx, ty) = t^2 f(x,y)$, $P_0(1,-2,8)$ 是曲面 $z = f(x,y)$ 上的点, $f_y(1,-2) = -5$, 求曲面 $z = f(x,y)$ 在点 P_0 处的切平面方程.

四、(15 分) 计算曲线积分 $\int_L \frac{y\,\mathrm{d}x - x\,\mathrm{d}y}{3x^2 + 4y^2}$, 其中 L 为星形线 $x^{\frac{2}{3}} + y^{\frac{2}{3}} = 1$, 取正向.

五、(15 分) 设 $f(x)$ 在 $(0,b)$ 上可导, $\lim\limits_{x\to 0^+} f(x)$ 和 $\lim\limits_{x\to 0^+} xf'(x)$ 存在, 证明: $\lim\limits_{x\to 0^+} xf'(x) = 0$.

六、(20 分) 设级数 $\sum a_n$ 的部分和数列有界, $\sum |b_{n+1} - b_n|$ 收敛, 且 $b_n \to 0$, 则对任何 $k \in \mathbb{N}_+$, $\sum a_n b_n^k$ 收敛.

七、(15 分) 证明: 函数项级数 $\sum\limits_{n=1}^{\infty} \frac{x\sin(n^2 x)}{n^2}$ 在 $\mathbb{R}$ 上内闭一致收敛, 但非一致收敛.

八、(20 分) 设 $p \in \mathbb{R}$, 讨论 $\int_0^{+\infty} [\ln(1 + \frac{1}{x}) + \frac{p}{\sqrt{4x^2 + 7x + 1}}]\,\mathrm{d}x$ 的收敛性.

九、(20 分) 设 $x_n = \sum\limits_{k=1}^{n} \frac{k\sin^2 k}{n^2 + k\sin^2 k}$, $n \geqslant 1$, 证明: $\{x_n\}$ 收敛.

参考答案或提示

一、 利用导函数极限定理.

二、 用变量变换.

三、 利用齐次方程等价条件求出 $f_x(1, -2)$.

四、 利用 Green 公式与参数化.

五、 由 L'Hospital 法则, $\lim\limits_{x \to 0^+} \dfrac{f(x)}{\ln x} = \lim\limits_{x \to 0^+} x f'(x) = 0$.

六、 利用 Abel 变换.

七、 令 $x_n = 2n^2\pi + \dfrac{\pi}{2n^2} \Rightarrow u_n(x) \rightrightarrows\!\!\!\!\!/\ \ 0$.

八、 $\int_0^1$ 显然收敛, $\int_1^{+\infty}$ 收敛 $\Leftrightarrow p = 2$.

九、 $\dfrac{k\sin^2 k}{n^2+n} < \dfrac{k\sin^2 k}{n^2+k\sin^2 k} < \dfrac{k\sin^2 k}{n^2}(1 \leqslant k \leqslant n)$, 由于 $0 < \sum\limits_{k=1}^{n}\left[\dfrac{k\sin^2 k}{n^2} - \dfrac{k\sin^2 k}{n^2+n}\right] =$

$\sum\limits_{k=1}^{n} \dfrac{k\sin^2 k}{n^2(n+1)} < \dfrac{1}{n+1} \to 0$, 只要证明 $\sum\limits_{k=1}^{n} \dfrac{k\sin^2 k}{n^2}$ 收敛, 又只需证明 $\dfrac{1}{n^2}\sum\limits_{k=1}^{n} k\cos 2k$ 收敛.

考虑 $S_n(z) = \sum\limits_{k=1}^{n} kz^k (z = \mathrm{e}^{2\mathrm{i}})$, $S_n(z) = \dfrac{z(1-z^n)}{(1-z)^2} - \dfrac{nz^{n+1}}{1-z}$, 由此即得 $\sum\limits_{k=1}^{n} \dfrac{k\cos 2k}{n^2} \to 0$.

31 南开大学2018真题

一、 求 $f(x) = 4\ln x + x^2 - 6x$ 的极值.

二、 求二重积分 $\iint\limits_{D} e^{x+2y} \, dx \, dy$, 其中 $D: x + 2y \leqslant 1, x, y \geqslant 0$.

三、 设 $f(x, y) = x\ln(x + \sqrt{x^2+y^2}) - \sqrt{x^2+y^2}$. 证明: $f_{xx} + f_{yy} = \dfrac{1}{x+\sqrt{x^2+y^2}}$.

四、 求幂级数 $\sum\limits_{n=1}^{\infty} \dfrac{(-1)^{n-1}}{n} x^{2n}$ 的收敛区间与和函数.

五、 求函数 $f(x) = \pi - |x| (|x| \leqslant \pi)$ 的Fourier级数, 并求级数 $\sum\limits_{n=1}^{\infty} \dfrac{1}{(2n-1)^2}$ 的和.

六、 求曲线积分 $\int_L (z-y) \, dx + (x-z) \, dy + (y-x) \, dz$, 其中 L 为球面 $x^2 + y^2 + z^2 = 1$ 与平面 $x + y + z = 0$ 的交线, 从 z 轴正向看为逆时针方向.

七、 设 $f(x) \in C^2[-2, 2]$, $f(-2) = f(2)$, $|f''(x)| \leqslant M$. 证明: $|f'(0)| \leqslant M$.

八、 设 $f(x)$ 在 $(0, +\infty)$ 上一致连续. 证明: 存在常数 $M > 0$, 使得对任何的 $x > 0$ 和 $h > 0$, 有 $|f(x+h) - f(x)| \leqslant M(h+1)$.

九、 设函数 $f(x)$ 在 $[a, +\infty)$ 上可导, $g(x) \in C[a, +\infty)$ 且恒大于0, $\int_a^{+\infty} g(x) \, dx$ 发散, $\lim\limits_{x \to +\infty} [f(x) + \dfrac{f'(x)}{g(x)}] = 0$. 证明: $\lim\limits_{x \to +\infty} f(x) = 0$.

参考答案或提示

一、 $f'(x) = 0 \Rightarrow x = 1, 2$, $f''(x) = -\frac{4}{x^2} \Rightarrow f''(1) < 0, f''(2) > 0$. 因此 $x = 1$ 为极大值点, $f(x) = -5$; $x = 2$ 为极小值点, $f(2) = 4\ln 2 - 8$.

二、 $\frac{1}{2}$.

三、 $f_{xx} = \frac{1}{\sqrt{x^2+y^2}}$, $f_{yy} = \frac{\sqrt{x^2+y^2}}{y^2} - \frac{1}{\sqrt{x^2+y^2}} - \frac{x}{y^2}$.

四、 $S(x) = \ln(1 + x^2), |x| \leqslant 1$.

五、 由收敛定理, $f(x) = \frac{\pi}{2} + \sum\limits_{n=1}^{\infty} \frac{4}{(2n-1)^2\pi} \cos(2n-1)x, |x| \leqslant \pi$. (2) $\sum\limits_{n=1}^{\infty} \frac{1}{(2n-1)^2} = \frac{\pi^2}{8}$.

六、 由Stokes公式, 原式$= 2\sqrt{3}\pi$.

七、 $f(2) = f(0) + 2f'(0) + 2f''(\xi_1)$, $f(-2) = f(0) - 2f'(0) + 2f''(\xi_2) \Rightarrow |f'(0)| \leqslant \frac{1}{2}(|f''(\xi_1)| + |f''(\xi_2)|) \leqslant M$.

八、 设 $|x_1 - x_2| \leqslant \delta$ 时, $|f(x_1) - f(x_2)| \leqslant 1$. 记 $h = n\delta + \gamma, 0 \leqslant \gamma < \delta$, 则 $|f(x+h) - f(x)| \leqslant \sum\limits_{i=1}^{n} |f(x+i\delta) - f(x+(i-1)\delta)| + |f(x+n\delta+g) - f(x+n\delta)| \leqslant n + 1 = \frac{h+\delta-\gamma}{\delta} \leqslant M(h+1)$, 其中 $M = \max\{\frac{1}{\delta}, 1\}$.

九、 由L'Hospital法则, $\lim\limits_{x \to +\infty} f(x) = \lim\limits_{x \to +\infty} \frac{f(x)\mathrm{e}^{\int_a^x g(t)\,\mathrm{d}t}}{\mathrm{e}^{\int_a^x g(t)\,\mathrm{d}t}} = \lim\limits_{x \to +\infty} [f(x) + \frac{f'(x)}{g(x)}] = 0$.

32 南开大学2019真题

一、(**15** 分) 求极限 $\lim\limits_{n\to\infty}\left(\frac{1}{\ln(n+1)-\ln n}-n\right)$.

二、(**15** 分) 求 $x^2+y^2=a(z-1)^2(a>0)$ 与平面 $z=0$ 所围成的立体的体积.

三、(**20** 分) 求曲面积分 $\iint\limits_{S} y^2z\,\mathrm{d}x\,\mathrm{d}y+xz\,\mathrm{d}y\,\mathrm{d}z+x^2y\,\mathrm{d}z\,\mathrm{d}x$, 其中 S 是曲面 $z=x^2+y^2$ 与曲面 $x^2+y^2=1$ 以及三个坐标面在第一卦限所围区域的外侧.

四、(**20** 分) 设 $f(x,y,z)-2x^2+2xy+2y^2-3z^2, \boldsymbol{l}=(\frac{\sqrt 2}{2},-\frac{\sqrt 2}{2},0)$, P 在曲面 $x^2+2y^2+3z^2=1$, 求方向导数 $\frac{\partial f}{\partial l}(P)$ 的最大值.

五、(**15** 分) 求幂级数 $\sum\limits_{n=1}^{\infty}\frac{x^n}{\sqrt[n]{n!}}$ 的收敛区间.

六、(**15** 分) 证明: 反常积分 $\int_0^{+\infty}\frac{\sin x}{2x+\sin x}\,\mathrm{d}x$ 收敛.

七、(**20** 分) 设 $\sum\limits_{n=1}^{\infty}f_n^2(x)$ 在区间 I 上逐点收敛, 和函数在 I 上有界. 证明: 当 $p>\frac12$ 时, $\sum\limits_{n=1}^{\infty}\frac{f_n(x)}{n^p}$ 在 I 上一致收敛.

八、(**15** 分) 设 $\alpha,\beta>0,\max\{\alpha,\beta\}>1$. 证明: $\lim\limits_{x\to+\infty}\int_1^x\frac{1}{x^\alpha+t^\beta}\,\mathrm{d}t=0$.

九、(**15** 分) 设函数 $f(x)\in C^1[0,1]$ 且不恒等于0, $\int_0^1 f(x)\,\mathrm{d}x=0$. 证明: $\int_0^1|f(x)|\,\mathrm{d}x\cdot\int_0^1|f'(x)|\,\mathrm{d}x>2\int_0^1 f^2(x)\,\mathrm{d}x$.

一、 $\frac{1}{2}$.

二、 $\frac{a\pi}{3}$.

三、 $\frac{\pi}{16}$(补充三个坐标面以及平面$z = 1$, 用Gauss公式).

四、 要求$g(x, y) = \sqrt{2}(x - y)$在条件$x^2 + 2y^2 + 3z^2 = 1$下的最大值. $g_{\max} = \sqrt{3}$.

五、 由根值法知收敛半径为1. 由Stirling公式: $n! \sim \sqrt{2n\pi}(\frac{n}{e})^n$可知$\sqrt[n]{n!} \sim \frac{n}{e}$, 因此级数在$x = 1$处发散. 由Leibniz判别法知级数在$x = -1$处收敛. 故收敛域为$[-1, 1)$.

六、 $x = 0$不是瑕点. 只需证明$\int_3^{+\infty} \frac{\sin x}{2x + 3\sin x} \, dx$收敛. 由$\left|\frac{\sin x}{2x} - \frac{\sin x}{2x + 3\sin x}\right| = \left|\frac{3\sin^2 x}{2x(2x + 3\sin x)}\right| \leqslant \frac{3}{2x^2}(x \geqslant 3)$可知$\int_3^{+\infty}\left[\frac{\sin x}{2x} - \frac{\sin x}{2x + 3\sin x}\right] dx$绝对收敛, 又由于$\int_3^{+\infty} \frac{\sin x}{x}$收敛, 故原积分收敛.

七、 取$\delta \in (\frac{1}{2}, p)$, 则由$\left|\frac{f_n(x)}{n^\delta}\right| \leqslant \frac{1}{2}(f_n^2(x) + \frac{1}{n^{2\delta}})$可知级数$\sum_{n=1}^{\infty} \frac{f_n(x)}{n^\delta}$在$I$上一致有界. 由Dirichlet判别法可知$\sum_{n=1}^{\infty} \frac{f_n(x)}{n^p} = \sum_{n=1}^{\infty} \frac{f_n(x)}{n^\delta} \cdot \frac{1}{n^{p-\delta}}$在$I$上一致收敛.

八、 若$\alpha > 1$, 则$\lim_{x \to +\infty} \int_1^x \frac{1}{x^\alpha + t^\beta} \, dt \leqslant \lim_{x \to +\infty} \frac{x-1}{x^\alpha} = 0$. 若$\beta > 1 \geqslant \alpha$, 任取$\gamma \in (0, \alpha)$, 则$\int_1^x \frac{1}{x^\alpha + t^\beta} \, dt \leqslant \int_1^{x^\gamma} \frac{dt}{x^\alpha} + \int_{x^\gamma}^x \frac{dt}{t^\beta} \to 0$.

九、 令$F(x) = \int_0^x f(t) \, dt, G(x) = \int_x^1 f(t) \, dt$. 由分部积分可得$\int_0^1 f^2(x) \, dx = -\int_0^1 F(x)f'(x) \, dx = \int_0^1 G(x)f'(x) \, dx$. 因此$2\int_0^1 f^2(x) \, dx \leqslant \int_0^1 |F(x)f'(x)| \, dx + \int_0^1 |G(x)f'(x)| \, dx \leqslant \int_0^1 |f'(x)| \, dx \int_0^x |f(t)| \, dt + \int_0^1 |f'(x)| \, dx \int_x^1 |f(t)| \, dt = \int_0^1 |f'(x)| \, dx \cdot \int_0^1 |f(t)| \, dt$. 若等号成立, 则对任何的$x \in [0, 1]$, $f(t)$在$(0, x)$与$(x, 1)$上分别不变号, 从而由保号性可知$f(x) \equiv 0$(若$f(x_0) \neq 0$, 则$f(x)$在两个区间$(0, x_0), (x_0, 1)$上同号, 与$\int_0^1 f(x) \, dx = 0$矛盾), 矛盾.

33 山东大学2009真题

一、(10 分) 设函数 $f(x) = \varphi(a + bx) - \varphi(a - bx)$, 其中 $\varphi(x)$ 在 $x = a$ 的某个小邻域内有定义且可导, 求 $f'(0)$.

二、(10 分) 设 $0 < x < y < \pi$, 证明: $y \sin y + 2 \cos y + \pi y > x \sin x + 2 \cos x + \pi x$.

三、(10 分) 设 $x, y > 0$, 求 $f(x, y) = x^2 y(4 - x - y)$ 的极值.

四、(10 分) 设 $f(x) = \dfrac{\int_0^x \mathrm{d}u \int_0^{u^2} \arctan(1+t)\,\mathrm{d}t}{x(1-\cos x)}$, 求 $\lim\limits_{x \to 0} f(x)$.

五、(10 分) 计算 $\oint_C x\,\mathrm{d}y - y\,\mathrm{d}x$, 其中 C 为椭圆 $(x + 2y)^2 + (3x + 2y)^2 = 1$, 取逆时针方向.

六、(10 分) 计算 $\iint\limits_{S}(x - y)\,\mathrm{d}x\,\mathrm{d}y + x(y - z)\,\mathrm{d}y\,\mathrm{d}z$, 其中 S 为柱面 $x^2 + y^2 = 1$ 及平面 $z = 0, z = 3$ 所围成的区域 Ω 的整个边界曲面的外侧.

七、(15 分) 判断函数 $f(x) = \sin\sqrt{x}$ 在 $[0, +\infty)$ 上的一致连续性, 要求说明理由.

八、(15 分) 计算积分 $I = \iint\limits_{D} \min\{x^2 y, 2\}\,\mathrm{d}x\,\mathrm{d}y$, 其中 $D = \{(x, y) | 0 \leqslant x \leqslant 4, 0 \leqslant y \leqslant 3\}$.

九、(15 分) 计算积分 $I(y) = \int_0^{+\infty} \mathrm{e}^{-x^2} \sin 2xy\,\mathrm{d}x$.

十、(15 分) 设 $f(x, y) = \begin{cases} \dfrac{xy^2}{x^2 + y^2}, & x^2 + y^2 \neq 0, \\ 0, & x^2 + y^2 = 0, \end{cases}$ 讨论: (1) $f(x, y)$ 的连续性; (2) f_x, f_y 的存在性及连续性; (3) $f(x, y)$ 的可微性.

十一、(15 分) 设 $x_0 = \sqrt{6}, x_{n+1} = \sqrt{6 + x_n}, n = 0, 1, 2, \ldots$, 判断级数 $\sum\limits_{n=0}^{\infty} \sqrt{3 - x_n}$ 的敛散性.

十二、(15 分) 设 $f(x) \in C^1(\mathbb{R})$, 证明: (1) 若 $\lim\limits_{|x| \to +\infty} f'(x) = a > 0$, 则方程 $f(x) = 0$ 在 $\mathbb{R}$ 上有根; (2) 若 $\lim\limits_{|x| \to +\infty} f(x) = 0$, 则方程 $f(x) = x$ 在 $\mathbb{R}$ 上有根.

一、 由极限定义得 $f'(0) = 2b\varphi'(a)$.

二、 设 $f(t) = t\sin t + 2\cos t + \pi t$. $f'(t) = t\cos t - \sin t + \pi, f''(t) = -t\sin t$. 在 $(0,\pi)$ 中, $f''(t) < 0$, 故 $f'(t)$ 在 $[0,\pi]$ 上严格单调递减, 从而 $f'(t) > f'(\pi) = 0$. 因此 $f(t)$ 在 $(0,\pi)$ 中严格单调递增.

三、 由Hesse矩阵知稳定点 $(2,1)$ 为极大值点, $f(2,1) = 4$.

四、 $\frac{\pi}{6}$(用L'Hospital法则).

五、 $\frac{\pi}{2}$(用Green公式, 二重积分用变量变换).

六、 $-\frac{9}{2}\pi$(用Gauss公式, 注意对称性).

七、 $f(x) \in C[0,1]$, 故 $f(x)$ 在 $[0,1]$ 上一致连续; 若 $x > 1$, 则 $|f'(x)| < \frac{1}{2}$, 故 $f(x)$ 在 $[1,+\infty)$ 上一致连续. 因此, $f(x)$ 在 $[0,+\infty)$ 上一致连续.

八、 $I = \int_0^{\frac{\sqrt{6}}{3}} \mathrm{d}x \int_0^3 x^2 y\,\mathrm{d}y + \int_{\frac{\sqrt{6}}{3}}^4 \mathrm{d}x \int_0^{\frac{2}{x^2}} x^2 y\,\mathrm{d}y + \int_{\frac{\sqrt{6}}{3}}^4 \mathrm{d}x \int_{\frac{3}{x^2}}^3 2\,\mathrm{d}y = \frac{147-16\sqrt{6}}{6}$.

九、 $I'(y) = 1 - 2yI(y) \Rightarrow I(y) = (\int_0^y \mathrm{e}^{t^2}\,\mathrm{d}t)\,\mathrm{e}^{-y^2}$.

十、 (1) 连续((0,0)处的连续性用极坐标). (2) $f_x = \begin{cases} \frac{y^2(y^2-x^2)}{(x^2+y^2)^2}, & x^2+y^2 \neq 0, \\ 0, & x^2+y^2 = 0, \end{cases}$

$f_y = \begin{cases} \frac{2x^3 y}{(x^2+y^2)^2}, & x^2+y^2 \neq 0, \\ 0, & x^2+y^2 = 0. \end{cases}$ f_x, f_y 在 $(0,0)$ 处不连续, 在其他点处连续. (3) $f(x,y)$ 在 $(0,0)$ 处不可微(用极坐标), 在其他点处连续可微.

十一、 $x_n < 3, \{x_n\}$ 单调递增 $\Rightarrow x_n \to 3$. $\frac{\sqrt{3-x_{n+1}}}{\sqrt{3-x_n}} = \frac{1}{\sqrt{3+x_{n+1}}} \to \frac{1}{\sqrt{6}}$, 由比值法知级数收敛.

十二、 (1) 设 $x > G$ 时, $f'(x) > \frac{\alpha}{2}$, 则由 $f(x) = f(G) + f'(\xi)(x - G)$ 知 $f(+\infty) = +\infty$. 同理, $f(-\infty) = -\infty$. 因此, 由广义零点定理知 $f(x)$ 在 $\mathbb{R}$ 上有零点. (2) 令 $g(x) = x - f(x)$, 则 $\lim\limits_{|x| \to +\infty} g'(x) = 1$. 由(1)即得结论.

34　山东大学2010真题

一、(10 分) 求极限 $\lim\limits_{(x,y)\to(0,0)}(x^2+y^2)^{x^2y^2}$.

二、(10 分) 设 $f(x)=\int_0^x\int_0^x e^{-x^2}\,\mathrm{d}s\,\mathrm{d}t$, 求 $f(x)$ 与 $f'(x)$.

三、(10 分) 设 $f(x)$ 在 $(0,1)$ 上可微, 且 $|f'(x)|\leqslant\mu$, 问 $F(x)=f(\sin x)$ 在 $(0,\frac{\pi}{2})$ 上是否一致连续?

四、(15 分) 求 $\int_0^\pi\frac{1}{1-\sqrt{2}\cos\theta+a}\,\mathrm{d}\theta(a>1)$.

五、(15 分) 设 $\begin{cases}x=\mathrm{e}^t\cos t,\\ y=\mathrm{e}^t\sin t,\end{cases}$ 求 $\frac{\mathrm{d}^2 y}{\mathrm{d}x^2}$.

六、(15 分) 求 $\iint\limits_S 4zx\,\mathrm{d}y\,\mathrm{d}z-2zy\,\mathrm{d}z\,\mathrm{d}x+(1-z^2)\,\mathrm{d}x\,\mathrm{d}y$, 其中 S 为 $z=\mathrm{e}^y(0\leqslant y\leqslant a)$ 绕 z 轴旋转所形成的曲面的下侧.

七、(15 分) 设 $f(x)\in C[a,b]$, 在 (a,b) 上可导 $(a>0)$, 证明: 存在 $\xi\in(a,b)$ 使得 $f(b)-f(a)=\xi f'(\xi)\ln\frac{b}{a}$.

八、(15 分) 设 $f(x)=\sum\limits_{n=1}^\infty\frac{x^n}{n^2}(0\leqslant x\leqslant 1)$, 证明: 当 $0<x<1$ 时, $f(x)+f(1-x)+\ln x\ln(1-x)=\frac{\pi^2}{6}$.

九、(15 分) 证明: $\sum\limits_{n=1}^\infty x^n(1-x)^2$ 在 $[0,1]$ 上一致收敛.

十、(15 分) 设 $f(x)\in R[0,b]$, $\lim\limits_{x\to+\infty}f(x)=2$, 证明: $\lim\limits_{t\to 0^+}t\int_0^{+\infty}\mathrm{e}^{-tx}f(x)\,\mathrm{d}x=2$.

十一、(15 分) 证明: $\int_0^1\frac{\ln x}{1-x}\,\mathrm{d}x=-\frac{\pi^2}{6}$.

参考答案或提示

一、 1.

二、 交换积分次序得 $f(x) = \frac{1}{2}(1 - \mathrm{e}^{-x^2})$, $f'(x) = x\,\mathrm{e}^{-x^2}$.

三、 $|F'(x)| = |f'(\sin x)\cos x| \leqslant \mu$, 因此一致连续.

四、 $\dfrac{\pi}{2\sqrt{a^2 + 2a - 1}}$ $\left(\diamondsuit t = \tan\dfrac{\theta}{2}\right)$.

五、 $\dfrac{2}{\mathrm{e}^t(\cos t - \sin t)^3}$.

六、 $(\mathrm{e}^{2a} - 1)\pi a^2$.

七、 $\dfrac{f(b) - f(a)}{\ln b - \ln a} = \dfrac{f'(\xi)}{1/\xi}$.

八、 逐项求导得 $(f(x) + f(1-x) + \ln x \ln(1-x))' = 0$, $f(x) + f(1-x) + \ln x \ln(1-x) = C$. 令 $x \to 0^+$ 可得 $C = f(1) = \dfrac{\pi^2}{6}$.

九、 用 Dini 定理.

十、 只要证明: $t\displaystyle\int_0^{+\infty} \mathrm{e}^{-tx}(f(x) - 2)\,\mathrm{d}x \to 0$. 利用 $\displaystyle\int_0^{+\infty} = \int_0^G + \int_G^{+\infty}$ 即可 $(G > 0$ 充分大$)$.

十一、 $\displaystyle\int_0^1 \frac{\ln x}{1-x}\,\mathrm{d}x = \int_0^1 \sum_{k=0}^{\infty} x^k \ln x\,\mathrm{d}x = \sum_{k=0}^{\infty}\int_0^1 x^k \ln x\,\mathrm{d}x = -\sum_{k=0}^{\infty}\int_0^{+\infty} \mathrm{e}^{-(k+1)t} t\,\mathrm{d}t = -\sum_{k=0}^{\infty}\frac{1}{(k+1)^2} = -\frac{\pi^2}{6}$. 因为 $\left|\displaystyle\int_0^1 \sum_{k \geqslant n+1}^{\infty} x^k \ln x\,\mathrm{d}x\right| \leqslant M\left|\int_0^1 x^n\,\mathrm{d}x\right| = \frac{M}{n+1} \to 0$ (其中 $\left|\frac{x\ln x}{1-x}\right| \leqslant M, x \in (0,1)$), 故积分与求和能交换次序.

68

35 山东大学2011真题

一、(**15 分**) 证明: $\int_{-1}^{1}(1-x^2)^n \, dx \geqslant \frac{4}{3\sqrt{n}}$.

二、(**15 分**) 求 $x^2 + y^2 + z^2 = a^2$ 被 $x^2 + y^2 = ax$ 所截得的曲面的面积.

三、(**15 分**) 若 $f(x)$ 在 x_0 处可导且有极大值, 证明: $f'(x_0) = 0$.

四、(**15 分**) 证明: 若 $f(x)$ 是 (a, b) 上的凸函数, 则 $f(x)$ 在 (a, b) 上连续.

五、(**20 分**) 设 $F_1 = 1, F_2 = 2, F_n = F_{n-1} + F_{n-2}$, 证明: $\sum_{n=1}^{\infty} \frac{1}{F_n}$ 收敛.

六、(**20 分**) 设 $f(x) \in C[0,1], |f(x)| \leqslant 1$, 且 $\int_0^1 f(x) \, dx = 0$, 证明: 对 $\forall a, b \in [0,1]$ 有 $\left| \int_a^b f(x) \, dx \right| \leqslant \frac{1}{2}$.

七、(**20 分**) 设 $E \subset \mathbb{R}^m$, 证明: $\rho(x, E)$ 在 $\mathbb{R}^m$ 上一致连续.

八、(**15 分**) 证明: $\sum_{p \in P} \frac{1}{p}$ 发散, 其中 P 是素数集.

九、(**15 分**) 设 $f(x)$ 二次可微, $f''(x)$ 有界, $\lim_{x \to +\infty} f(x) = 0$, 证明: $\lim_{x \to +\infty} f'(x) = 0$.

一、 $2\int_0^{\frac{\pi}{2}} \sin^{2n+1} t \, dt = \frac{2(2n)!!}{(2n-1)!!} \geqslant \frac{2}{\sqrt{2n+1}} \geqslant \frac{4}{3\sqrt{n}} (n \geqslant 4)$. 当 $1 \leqslant n \leqslant 3$时，可直接验证结论.

二、 $2a^2(\pi - 2)$.

三、 略.

四、 若 $x > x_0$，$\frac{f(x) - f(x_0)}{x - x_0}$ 单调递增且有下界 $\frac{f(x_1) - f(x_0)}{x_1 - x_0}(x_1 < x_0)$，因此 $f'_+(x_0)$ 存在. 同理，$f'_-(x_0)$ 存在. 故结论成立.

五、 令 $x_n = \frac{F_n}{F_{n-1}}$. 由归纳法易证 $\{x_{2n}\}$ 单调递减且有下界1，$\{x_{2n-1}\}$ 单调递增且有上界2. 设 $x_{2n} \to \alpha, x_{2n-1} \to \beta$，则 $\alpha = 1 + \frac{1}{\beta}, \beta = 1 + \frac{1}{\alpha} \Rightarrow \alpha = \beta = \frac{\sqrt{5}+1}{2}$. 由比值法知级数收敛.

六、 设 $\int_0^a f(x) \, dx = A, \int_a^b f(x) \, dx = B, \int_b^1 f(x) \, dx = C$，则 $A + B + C = 0, |A| + |B| + |C| \leqslant 1$，从而 $1 \geqslant |B| + |A + C| = 2|B| \Rightarrow |B| \leqslant \frac{1}{2}$.

七、 由 $|\rho(x, E) - \rho(y, E)| \leqslant \rho(x, y)$ 得到结论.

八、 $\sum_{n=1}^{\infty} \frac{1}{n^s} = \prod_{p \in P}(1 - \frac{1}{p^s})^{-1} = \prod_{p \in P} \sum_{n=0}^{\infty} \frac{1}{p^{ns}} = \sum_{p \in P} \frac{1}{p^s} + A(s)(s > 1)$，其中 $A(s) \leqslant \sum \frac{2}{n^s}$，且 $v_p(n) \geqslant 1 \Rightarrow v_p(n) \geqslant 2$. 若 $\sum_{p \in P} \frac{1}{p}$ 收敛，则 $\sum_{n=1}^{\infty} \frac{1}{n^s}$ 在 $(1, +\infty)$ 上一致收敛，从而 $\sum_{n=1}^{\infty} \frac{1}{n}$ 收敛，矛盾.

九、 $f(x + h) = f(x) + f'(x)h + f''(\xi)\frac{h^2}{2} \Rightarrow |f'(x)| \leqslant \frac{1}{h}(|f(x+h)| + |f(x)|) + \frac{M}{2}h$. 先取 $h > 0$ 充分小使得 $Mh < \varepsilon$，再让 x 充分大使得 $|f(x)| < \varepsilon h$ 即可.

36 山东大学2012真题

一、(15 分) 设m为正整数, 求$\lim\limits_{n \to \infty} \int_0^{n^2} x^m e^{-\sqrt{x}} \, dx$.

二、(15 分) 设$u = f(x, y)$, 用$\begin{cases} x = r\cos\theta, \\ y = r\sin\theta, \end{cases}$ 将$u_{xx} + u_{yy} = 0$重新表示.

三、(15 分) 若$f(x, y) \in C[a, b]$, $\int_a^b f(x) \, dx = \int_a^b x f(x) \, dx = 0$, 证明: $f(x)$在(a, b)内至少有两个根.

四、(15 分) 求$\iint\limits_D \frac{x f_x + y f_y}{\sqrt{x^2 + y^2}} \, dx \, dy$, 其中$D : x^2 + y^2 \leqslant 1$, f连续可微, 且$f_{xx} + f_{yy} = x^2 y^2$.

五、(15 分) 设$f(x)$在$[1, +\infty)$上可微, $f(1) = 1$, $(x^2 + f^2(x)) f'(x) = 1$, 证明:
(1) $f(x)$一致连续且$f(x) < 2$; (2) 若$\int_1^{+\infty} f(x) \, dx$收敛, 则$\lim\limits_{x \to +\infty} f(x) = 0$.

六、(15 分) 设e^{-x^2} 是$f(x)$的一个原函数, 求$\int x f'(x) \, dx$.

七、(20 分) 设$f(x)$在$[0, 2\pi]$上单调递减, $\int_0^{2\pi} f(x) \sin nx \, dx$是否恒成立?

八、(20 分) 设$\int_0^a x^p f(x) \, dx$收敛, $f(x)$在$(0, a]$上单调, 证明: $\lim\limits_{x \to 0^+} x^{p+1} f(x) = 0$.

九、(20 分) 设f, g在$[a, b]$上可导, $\min\limits_{a \leqslant x \leqslant b} f(x) = \min\limits_{a \leqslant x \leqslant b} g(x)$, 证明: 存在$x_0 \in [a, b]$, 使得$\lim\limits_{x \to x_0} \frac{f(x) - g(x)}{x - x_0} = f'(x_0) - g'(x_0)$.

一、 $2(2m+1)!$.

二、 $f_{rr} + \frac{f_r}{r} + \frac{f_{\theta\theta}}{r^2} = 0$.

三、 设 $F(x) = \int_a^x f(t)\,\mathrm{d}t$, 则 $F(a) = F(b) = 0$. 由分部积分和积分第一中值定理知 $\int_a^b xf(x) = 0 \Rightarrow \int_a^b F(x)\,\mathrm{d}x = 0 \Rightarrow F(c) = 0, c \in (a,b)$. 由Rolle定理得到结论.

四、 原式 $= \int_0^{2\pi}\mathrm{d}\theta\int_0^1 rf_r\,\mathrm{d}r = \int_0^1 \mathrm{d}r\oint_{C_r} f_r\,\mathrm{d}s = \int_0^1\mathrm{d}r\oint_{C_r}(f_x\,\mathrm{d}y - f_y\,\mathrm{d}x) = \int_0^1\mathrm{d}r\iint\limits_D (f_{xx} + f_{yy})\,\mathrm{d}x\,\mathrm{d}y = \int_0^1\mathrm{d}r\iint\limits_{D_r} x^2y^2\,\mathrm{d}x\,\mathrm{d}y = \frac{\pi}{168}$, 其中 C_r 为 $D_r : x^2 + y^2 \leqslant r^2$ 的边界, 取逆时针方向.

五、 (1) $f'(x) = \frac{1}{x^2+f^2(x)} \Rightarrow 0 < f'(x) < 1 \Rightarrow f(x)$ 在 $[1,+\infty)$ 上一致连续. $f'(x) > 0 \Rightarrow f(x)$ 单调递增 $\Rightarrow f(x) \geqslant f(1) = 1(x > 1) \Rightarrow f'(x) < \frac{1}{1+x^2} \Rightarrow f(x) - f(1) < \int_1^x f'(t)\,\mathrm{d}t < \frac{\pi}{4} \Rightarrow f(x) < 1 + \frac{\pi}{4} < 2$. (2) x 充分大时, $0 < xf(x) \leqslant \int_x^{2x} f(t)\,\mathrm{d}t < \varepsilon$, 即 $xf(x) \to 0$, 更有 $f(x) \to 0(x \to +\infty)$.

六、 $-(2x^2 + 1)\mathrm{e}^{-x^2} + C$.

七、 由第二积分中值定理, $\int_0^{2\pi} f(x)\sin nx\,\mathrm{d}x = \int_0^{2\pi}[f(x) - f(2\pi)]\sin nx\,\mathrm{d}x = [f(0) - f(2\pi)]\int_0^\eta \sin nx\,\mathrm{d}x = [f(0) - f(2\pi)]\frac{1-\cos n\eta}{n} \geqslant 0$, 其中 $\eta \in [0, 2\pi]$.

八、 不妨设 $f(x) > 0(x > x_0)$, 其中 $x_0 \in (0, a)$. 设 $f(x)$ 单调递增, x 充分小时, 若 $p > 0, x^p f(x) \cdot x \leqslant \int_x^{2x} t^p f(t)\,\mathrm{d}t < \varepsilon$; 若 $p < 0, (2x)^p f(x) \cdot x \leqslant \int_x^{2x} t^p f(t)\,\mathrm{d}t < \varepsilon$. 总之有 $x^{p+1}f(x) \to 0(x \to 0^+)$. $f(x)$ 单调递减时, 结论同理可得.

九、 设 $f(x_1) = \min\limits_{a \leqslant x \leqslant b} f(x) = \min\limits_{a \leqslant x \leqslant b} g(x) = g(x_2)$. 令 $F(x) = f(x) - g(x)$, 则 $F(x_1) \leqslant 0, F(x_2) \geqslant 0$, 因此, 存在 $x_0 \in [a, b]$ 使得 $F(x_0) = 0$. $\lim\limits_{x \to x_0} \frac{F(x) - F(x_0)}{x - x_0} = F'(x_0) = f'(x_0) - g'(x_0)$.

37 山东大学2013真题

一、(15 分) 设 $\sum_{k=1}^{N} c_k = 0$, 求极限 $\lim_{x \to +\infty} \sum_{k=1}^{N} c_k \sqrt{x+k}$.

二、(15 分) 计算 $\oint_L e^x(1 - \cos y)\,\mathrm{d}x - e^x(y - \sin y)\,\mathrm{d}y$, L为区域$0 < x < \pi, 0 < y < \sin x$的正向围线.

三、(15 分) 求 $\iint_S \sqrt{x^2 + y^2}\,\mathrm{d}S$, 其中$S$为$\sqrt{x^2 + y^2} \leqslant z \leqslant 1$的边界.

四、(15 分) 求积分 $\int_0^1 \frac{x^b - x^a}{\ln x}\,\mathrm{d}x (a, b > 0)$.

五、(15 分) 证明: 函数列$\{f_n(x)\}$在(a,b)内一致收敛于$f(x)$的充要条件是 $\lim_{n \to \infty} \sup_{x \in (a,b)} |f_n(x) - f(x)| = 0$.

六、(15 分) 判断积分 $\int_0^{+\infty} x \cos x^2\,\mathrm{d}x$ 的敛散性.

七、(20 分) 证明: $\varphi(x) = \int_0^{+\infty} \frac{x}{2 + x^\alpha}\,\mathrm{d}x$ 对$\alpha \in (2, +\infty)$连续.

八、(20 分) 设$f(x)$在$[0, +\infty)$上可微, $f(0) = 0$, 当$x > 0$时$f'(x) > f(x)$, 证明: 对$\forall x > 0$有$f(x) > 0$.

九、(20 分) 设$\{x_n\}$满足$0 \leqslant x_{m+n} \leqslant x_m + x_n (n, m \in \mathbb{N}_+)$, 证明: $\left\{\frac{x_n}{n}\right\}$收敛.

参考答案或提示

一、 $\sum\limits_{k=2}^{N} c_k(\sqrt{x+k} - \sqrt{x} = 1 = 0.$

二、 $\frac{1}{5}(1 - e^{\pi}).$

三、 $\frac{2}{3}(\sqrt{2} + 1)\pi.$

四、 $\int_0^1 \mathrm{d}x \int_a^b x^y \, \mathrm{d}y = \ln \frac{b+1}{a+1}.$

五、 略.

六、 $\frac{1}{3} \int_0^{+\infty} \frac{\cos t}{t^{\frac{1}{3}}} \mathrm{d}t$ 条件收敛 $(\int_0^{+\infty} = \int_0^1 + \int_1^{+\infty}).$

七、 设 $\alpha \in [a,b] \subset (2, +\infty)$, 则 $\int_1^{+\infty} \frac{x}{2+x^{\alpha}} \mathrm{d}x \leqslant \int_1^{+\infty} \frac{1}{x^{a-1}} \mathrm{d}x$, 故积分在 $(2, +\infty)$ 上内闭一致收敛, 从而结论成立.

八、 $(f(x)e^{-x})' > 0 \Rightarrow f(x)e^{-x}$ 单调递增 $\Rightarrow f(x) > 0.$

九、 $x_{n+1} \leqslant x_1 + x_n \Rightarrow x_{n+1} \leqslant (n+1)x_1 \Rightarrow 0 \leqslant \frac{x_n}{n} \leqslant x_1.$ 下面证明: $\lim\limits_{n \to \infty} \frac{x_n}{n} = \inf\{\frac{x_n}{n}\}$. 固定 $m \in \mathbb{N}_+$, 记 $n = km + l, 0 \leqslant l < m$. $\inf\{\frac{x_n}{n}\} \leqslant \frac{x_n}{n} \leqslant \frac{kx_m + x_l}{n} \Rightarrow \inf\{\frac{x_n}{n}\} \leqslant \varliminf\limits_{n \to \infty} \frac{x_n}{n} \leqslant \varlimsup\limits_{n \to \infty} \frac{x_n}{n} \leqslant \frac{x_m}{m}$. 让 m 取遍正整数即得结论.

74

38 山东大学2014真题

一、(15 分) 求极限 $\lim\limits_{x \to 0}\left(\frac{\sin x}{x}\right)^{\frac{1}{1-\cos x}}$.

二、(15 分) 计算 $\int_0^\pi \frac{\sin nx}{\sin x}\,\mathrm{d}x$.

三、(10 分) 设函数 $f(x) \in C[0,1]$, $f(0) = 0$, 且当 $x \in (0,1)$时 $|f'(x)| \leqslant f(x)$, 证明: $f(x) \equiv 0$.

四、(10 分) 求 $f(x) = \arctan x$ 在 $x = 0$ 处的各阶导数.

五、(15 分) 求函数 $f(x,y,z) = \ln x + 2\ln y + 3\ln z$ 在球面 $x^2 + y^2 + z^2 = 6r^2$ 上的极大值, 并证明: 当 $a, b, c > 0$ 时, $ab^2c^3 \leqslant 108\left(\frac{a+b+c}{6}\right)^6$.

六、(15 分) 设空间区域 Ω 由曲面 $z = a^2 - x^2 - y^2$ 与平面 $z = 0$ 围成, 其中 $a > 0$ 为常数, 记 Ω 的表面外侧为 S, V 为 Ω 的体积, 证明: $V = \oiint\limits_{S} x^2yz^2\,\mathrm{d}y\,\mathrm{d}z - xy^2z^2\,\mathrm{d}z\,\mathrm{d}x + z(1+xyz)\,\mathrm{d}x\,\mathrm{d}y$.

七、(20 分) 设二元函数 $f(x,y) = \begin{cases} (x^2+y^2)\cos\frac{1}{\sqrt{x^2+y^2}}, & x^2+y^2 \neq 0, \\ 0, & x^2+y^2 = 0, \end{cases}$ (1) 求 $f_x(0,0)$; (2) 证明: $f_x(x,y)$ 在 $(0,0)$ 处不连续; (3) 证明: $f(x,y)$ 在 $(0,0)$ 处可微.

八、(15 分) 设 $x \in [0,\pi]$, 试求级数 $\sum\limits_{n=1}^\infty \frac{\sin nx}{n}$ 的和.

九、(15 分) 将函数 $f(x) = \begin{cases} \mathrm{e}^x, & 0 \leqslant x \leqslant \frac{\pi}{2} \\ 0, & -\frac{\pi}{2} \leqslant x < 0 \end{cases}$ 在 $[-\frac{\pi}{2}, \frac{\pi}{2}]$ 上展开为Fourier级数, 并指出Fourier级数所收敛的函数.

十、(20 分) 设级数 $\sum\limits_{n=1}^\infty a_n$ 收敛, $\sum\limits_{n=1}^\infty (b_{n+1} - b_n)$ 绝对收敛, 证明: 级数 $\sum\limits_{n=1}^\infty a_nb_n$ 收敛.

一、 $e^{-\frac{1}{12}}$.

二、 $I_1 = \pi, I_2 = 0$. $n > 1$时, $I_n = \int_0^\pi \frac{\sin(n-1)x \cos x}{\sin x} \mathrm{d}x = \int_0^\pi [\frac{\sin(n-2)x}{\sin x} + \cos(n-1)x] \mathrm{d}x = I_{n-2}$. 因此$I_n = 0, 2 \mid n; I_n = \pi, 2 \nmid n$.

三、 $f'(x) \leqslant f(x) \Rightarrow (e^{-x} f(x))' \leqslant 0 \Rightarrow e^{-x} f(x)$单调递减$\Rightarrow f(x) \leqslant 0, -f'(x) \leqslant f(x) \Rightarrow e^x f(x)$单调递增$\Rightarrow f(x) \geqslant 0$, 因此$f(x) \equiv 0$.

四、 $f(x) = \sum\limits_{n=0}^\infty \frac{(-1)^n}{2n+1} x^{2n+1}, |x| \leqslant 1 \Rightarrow f^{(2n)}(0) = 0, f^{(2n+1)}(0) = (-1)^n (2n)!$.

五、 略.

六、 利用Gauss公式和对称性.

七、 $f_x(x,y) = \begin{cases} 2x \cos \frac{1}{\sqrt{x^2+y^2}} + \frac{x}{\sqrt{x^2+y^2}} \sin \frac{1}{\sqrt{x^2+y^2}}, & x^2 + y^2 \neq 0, \\ 0, & x^2 + y^2 = 0. \end{cases}$ 利用极坐标知f_x在$(0,0)$不连续. $f_y(0,0) = 0, \frac{f(x,y)}{\sqrt{x^2+y^2}} \to 0$.

八、 $x = 0, \pi$时, 和为0. $x \in (0, \pi)$时, 设$S_n(x) = \sum\limits_{k=1}^n \frac{\sin kx}{k}$. $S_n'(x) = \sum\limits_{k=1}^n \cos kx = \frac{\sin(n+\frac{1}{2})x - \sin\frac{x}{2}}{2\sin\frac{x}{2}} \Rightarrow S_n(x) = \int_0^x \frac{\sin(n+\frac{1}{2})t}{2\sin\frac{t}{2}} \mathrm{d}t - \frac{x}{2} \Rightarrow S_n(x) \to \lim\limits_{n\to\infty} \int_0^x \frac{\sin(n+\frac{1}{2})t}{t} \mathrm{d}t - \frac{x}{2} = \frac{\pi-x}{2}, x \in (0, \pi)$(用到Riemann-Lebesgue引理).

九、 $a_0 = \frac{2}{\pi}(e^{\frac{\pi}{2}} - 1), a_n + \mathrm{i}b_n = \frac{2}{\pi}\int_0^{\frac{\pi}{2}} e^x e^{2\mathrm{i}nx} \mathrm{d}x = \frac{2}{\pi} \frac{e^{(1+2\mathrm{i}n)x}}{1+2\mathrm{i}n} \Big|_0^{\frac{\pi}{2}}$. 由收敛定理, $f(x) = \frac{1}{\pi}(e^{\frac{\pi}{2}} - 1) + \frac{2}{\pi} \sum\limits_{n=1}^\infty (\frac{e^{\frac{\pi}{2}}(-1)^n - 1}{1+4n^2} \cos 2nx - \frac{2n(e^{\frac{\pi}{2}}(-1)^n - 1)}{1+4n^2} \sin 2nx), x \in (-\frac{\pi}{2}, 0) \cup (0, \frac{\pi}{2})$, Fourier级数在$x = 0$处收敛于$\frac{1}{2}$, 在$x = \pm\frac{\pi}{2}$处收敛于$\frac{e^{\frac{\pi}{2}}}{2}$.

十、 用Abel变换公式和Cauchy收敛准则.

39 山东大学2015真题

一、(10 分) 设函数$f(x) > 0$且在区间$[0,1]$上连续, 证明: $\lim\limits_{n\to\infty} \sqrt[n]{\sum\limits_{i=1}^{n} f^n(\frac{i}{n})\frac{1}{n}} = \max\limits_{0\leqslant x\leqslant 1} f(x)$.

二、(10 分) 设函数$f(x) = (x-a)^n\varphi(x)$, 其中函数$\varphi(x)$在点a的邻域内有$n-1$阶连续导数, 求$f^{(n)}(a)$.

三、(15 分) 证明: 对于任意的函数列$\{f_n(x)\}(x_0 < x < +\infty)$, 可举出函数$f(x)$, 当$x \to +\infty$时, 它比函数$f_n(x), n = 1, 2, \ldots$中的每一个都增加得快.

四、(15 分) 设函数$f(x) \in C[0,1]$, 证明: $\lim\limits_{h\to 0}\int_0^1 \frac{h}{h^2+x^2} f(x)\,\mathrm{d}x = \frac{\pi}{2}f(0)$.

五、(15 分) 计算曲面$(x^2+y^2+z^2)^2 = a^2(x^2+y^2-z^2)(a>0)$所围立体的体积.

六、(15 分) 计算曲线积分$\int_L x\,\mathrm{d}y - y\,\mathrm{d}x$, 其中$L$为上半球面$x^2 + y^2 + z^2 = 1(z \geqslant 0)$与柱面$x^2 + y^2 = x$的交线, 从$z$轴正向看取逆时针方向.

七、(20 分) 若函数$f(x,y)$在某区域G内对变量x连续, 而对于变量y是关于x一致连续的, 则此函数在G内是连续的.

八、(15 分) 证明: $\int_0^1 |x\sin\frac{1}{x^2} - \frac{1}{x}\cos\frac{1}{x^2}|\,\mathrm{d}x$发散.

九、(15 分) 设$g(0) = \frac{\sqrt{\pi}}{2}$, 计算$g(\alpha) = \int_0^{+\infty} \mathrm{e}^{-x^2}\cos 2\alpha x\,\mathrm{d}x$.

十、(20 分) 证明: 级数$\sum\limits_{n=1}^{\infty}(1-x)\frac{x^n}{1-x^{2n}}\sin nx$在$(\frac{1}{2}, 1)$内一致收敛.

一、略.

二、$n!\varphi(a)$.

三、$f(x) = \mathrm{e}^{\sum\limits_{n=1}^{\infty} \frac{|f_n(x)|}{2^n}}$.

四、只要证明: $\int_0^{\overline{h^2+x^2}} (f(x) - f(0))\,\mathrm{d}\,x \to 0$(利用$\int_0^1 = \int_0^\delta + \int_\delta^1$, $\delta > 0$充分小).

五、$\frac{\sqrt{2}}{8}\pi^2 a^3$(用球坐标).

六、$\frac{\pi}{2}$(用Stokes公式).

七、利用$|f(x,y) - f(x_0,y_0)| \leqslant |f(x,y) - f(x,y_0)| + |f(x,y_0) - f(x_0,y_0)|$.

八、令$u = \frac{1}{x^2}$, 原式$= \frac{1}{2}\int_1^{+\infty} |\frac{\sin u}{u^2} - \frac{\cos u}{u}|\,\mathrm{d}\,u \geqslant \frac{1}{2}\int_1^{+\infty} (|\frac{\cos u}{u}| - \frac{\sin u}{u^2})\,\mathrm{d}\,u$, 故结论成立(前者发散, 后者收敛).

九、$g'(\alpha) = -2\alpha g(\alpha) \Rightarrow g(\alpha) = \frac{\sqrt{\pi}}{2}\,\mathrm{e}^{-\alpha^2}$.

十、$|\sum\limits_{k=1}^{n} \sin kx| \leqslant \frac{1}{|\sin \frac{x}{2}|} < \frac{1}{\sin \frac{1}{4}}$. 固定$x \in (\frac{1}{2}, 1)$, $\{\frac{x^n}{1-x^{2n}}\}$单调递减, 且$(1-x)\frac{x^n}{1-x^{2n}} = \frac{x^n}{1+x+\cdots+x^{2n-1}} \leqslant \frac{1}{2n-1} \to 0$(用平均不等式). 因此由Dirichlet判别法知级数在$(\frac{1}{2}, 1)$内一致收敛.

40 山东大学2016真题

一、(10 分) 设$S_n = \frac{\sum\limits_{k=0}^{n} \ln C_n^k}{n^2}$, 其中$C_n^k = \frac{n(n-1)\cdots(n-k+1)}{1\cdot 2\cdots k}$, 求$\lim\limits_{n\to\infty} S_n$.

二、(10 分) 计算积分$\int_0^\pi \frac{\sin x}{1+\cos^2 x}\,\mathrm{d}x$.

三、(10 分) 设$f(x)$与$g(x)$为拟序的, 即对$\forall x, y$都有$(f(x) - f(y))(g(x) - g(y)) \geqslant 0$成立, 证明: $\int_a^b f(x)\,\mathrm{d}x \int_a^b g(x)\,\mathrm{d}x \leqslant (b-a)\int_a^b f(x)g(x)\,\mathrm{d}x$.

四、(10 分) 设$f(x + h) = f(x) + hf'(x) + \cdots + \frac{h^n}{n!}f^{(n)}(x + \theta h)(0 < \theta < 1)$, 且$f^{(n+1)}(x) \neq 0$, 证明: $\lim\limits_{n\to\infty}\theta = \frac{1}{n+1}$.

五、(10 分) 设$f(0) = 0$, $f(x)$在$[0, +\infty)$上为非负的严格凸函数, $F(x) = \frac{f(x)}{x}(x > 0)$, 证明: $f(x), F(x)$严格单调递增.

六、(15 分) 求$I = \int_0^\pi \left(\frac{\sin\theta}{1+\cos\theta}\right)^{\alpha-1} \frac{\mathrm{d}\theta}{1+k\cos\theta}(0 < k < 1)$.

七、(15 分) 试作一个函数$f(x, y)$使得$x, y \to +\infty$时有: (1) 两个二次极限存在, 但二重极限不存在; (2) 两个二次极限不存在, 但二重极限存在; (3) 两个二次极限与二重极限都不存在.

八、(20 分) 设$f(t) \in C^1[-1, 1], f(-1) = f(1) = 0, M = \max\limits_{-1\leqslant x\leqslant 1}|f'(t)|, m^2 + n^2 + p^2 = 1, m, n, p$为常数, S为球面$x^2 + y^2 + z^2 = 1$, 证明: $\left|\iint\limits_S f(mx + ny + pz)\,\mathrm{d}S\right| \leqslant 4\pi M$.

九、(15 分) 设$0 < x_1 < \pi, x_n = \sin x_{n-1}(n = 1, 2, \ldots)$, 证明: (1) $\lim\limits_{n\to\infty} x_n = 0$; (2) 级数$\sum\limits_{n=0}^{\infty} x_n^p$在$p > 2$时收敛, 当$p \leqslant 2$时发散.

十、(15 分) 设$f(x) = \sum\limits_{n=1}^{\infty}(-1)^{n+1}\frac{e^{-nx}}{n}$, 求$f(x)$的连续范围与可导范围.

十一、(20 分) 设$f(x)$是周期为2π的函数, $f(x) = x(-\pi < x < \pi)$, 求$f(x)$与$|f(x)|$的Fourier展开式, 并判断它们的Fourier级数是否一致收敛(给出证明).

一、 $\frac{1}{2}$(用Stolz公式).

二、 $\frac{\pi}{2}$.

三、 由 $\int_a^b \mathrm{d}\,x \int_a^b f(x) - f(y))(g(x) - g(y))\,\mathrm{d}\,y \geqslant 0$ 即得结论.

四、 略.

五、 设 $0 < x_1 < x_2$, $f(x)$严格凸 $\Rightarrow f(x_1) = f((1-\frac{x_1}{x_2})\cdot 0 + \frac{x_1}{x_2}\cdot x_2) < (1-\frac{x_1}{x_2})f(0) + \frac{x_1}{x_2}f(x_2) = \frac{x_1}{x_2}f(x_2) \leqslant f(x_2) \Rightarrow f(x_1) < f(x_2)$, $\frac{f(x_1)}{x_1} < \frac{f(x_2)}{x_2}$, 即 $f(x), F(x)$ 为严格单调递增函数.

六、 $\frac{(1+k)^{\frac{\alpha}{2}-1}}{(1-k)^{\frac{\alpha}{2}}} \frac{\pi}{\sin\frac{\alpha\pi}{2}}$ $(0 < \alpha < 2)$.

七、 (1) $\frac{xy}{x^2+y^2}$. (2) $\frac{1}{x}\sin y + \frac{1}{y}\sin x$. (3) $\sin(xy)$.

八、 由Cauchy-Schwraz不等式知 $|mx + ny + pz| \leqslant 1$. 若 $|t| \leqslant 1$, $f(1) = f(t) + f'(\xi)(1-t) \Rightarrow |f(t)| \leqslant M(1-t)$, $f(-1) = f(t) + f'(\eta)(-1-t) \Rightarrow |f(t)| \leqslant M(1+t)$, 因此 $|f(t)| \leqslant M$. 从而 $|\iint\limits_S f(mx + ny + pz)\,\mathrm{d}\,S| \leqslant M\iint\limits_S \mathrm{d}\,S = 4\pi M$.

九、 (1) 略. (2) 由Stolz公式知 $nx_n^2 \to 3$. $n(1 - (\frac{x_{n+1}}{x_n})^p) \sim \frac{p}{6}nx_n^2 \to \frac{p}{2}$ $(p > 0)$. $(\frac{x_{n+1}}{x_n})^2) = 1 - \frac{1}{n} + \frac{2}{5n^2} + o(\frac{1}{n^2})$. 由Rabbe判别法知 $p > 2$ 时级数收敛, $p < 2$ 时级数发散, 由Gauss判别法知 $p = 2$ 时级数发散.

十、 (1) 由Abel判别法知级数在 $x \geqslant 0$ 时一致收敛, 故 $f(x)$ 此时连续. (2) $x > 0$ 时可导 $(\sum\limits_{n=1}^{\infty}(-1)^n \mathrm{e}^{-nx}$ 在 $x > 0$ 时内闭一致收敛).

十一、 $x = \sum\limits_{n=1}^{\infty} \frac{2(-1)^{n-1}}{n}\sin nx$ $(|x| < \pi)$. 由Cauchy收敛准则知 $\sum\limits_{n=1}^{\infty} \frac{\sin n(x+\pi)}{n}$ 在 $(-\pi, \pi)$ 上非一致收敛. $|x| = \frac{2}{\pi} - \frac{4}{\pi}\sum\limits_{n=1}^{\infty} \frac{\cos(2n-1)x}{(2n-1)^2}$, $|x| < \pi$. 由M判别法知该级数在 $(-\pi, \pi)$ 上一致收敛.

41　山东大学2017真题

一、(**15 分**) 求极限 $\lim\limits_{n\to\infty}\prod\limits_{k=1}^{n}(1+\frac{k}{n^2})$.

二、(**15 分**) 证明: 函数 $f(x)=\frac{|\sin x|}{x}$ 在区间 $(-1,0)$ 是一致连续的, 但在 $J=\{x\,|\,0<|x|<1\}$ 上并非一致连续的.

三、(**10 分**) 证明: 不连续函数 $f(x)=\mathrm{sgn}(\sin\frac{\pi}{x})$ 在区间 $[0,1]$ 上可积.

四、(**10 分**) 证明: 函数 $f(x)=x^2|\cos\frac{\pi}{x}|(x\neq 0)$ 及 $f(0)=0$ 在点 $x=0$ 的任何邻域上有不可微的点, 但在 $x=0$ 处可微.

五、(**15 分**) 证明不等式: $yx^y(1-x)<\mathrm{e}^{-1}$, 其中 $0<x<1,y>0$.

六、(**15 分**) 求 $\int_L y^2\,\mathrm{d}x+z^2\,\mathrm{d}y+x^2\,\mathrm{d}z$, 其中 L 是曲线 $\begin{cases}x^2+y^2+z^2=a^2\\x^2+y^2=ax\end{cases}$ $(z\geqslant 0,a>0)$, 从 x 轴正向看为逆时针方向.

七、(**20 分**) 设函数 $f(x,y)=\varphi(|xy|)$, 其中 $\varphi(0)=0$, 且在 $u=0$ 的近旁满足 $|\varphi(u)|\leqslant u^2$, 证明: 函数 $f(x,y)$ 在点 $(0,0)$ 处可微.

八、(**15 分**) 计算积分 $I(a)=\int_0^{\frac{\pi}{2}}\ln\frac{1+a\cos x}{1-a\cos x}\frac{\mathrm{d}x}{\cos x}$, 其中 $|a|<1$.

九、(**15 分**) 设对一切 $b>0,f(x)\in R[0,b]$, 且 $\lim\limits_{x\to+\infty}f(x)=a$, 证明: $\lim\limits_{t\to 0^+}\int_0^{+\infty}\mathrm{e}^{-tx}f(x)\,\mathrm{d}x=0$.

十、(**20 分**) 设 $x\in[0,\pi]$, 试求级数 $\sum\limits_{n=1}^{\infty}\frac{\sin nx}{n}$ 的和.

参考答案或提示

一、 $e^{\frac{1}{2}}$(取对数后用Taylor公式).

二、 $f(-1^+), f(0-)$存在, 因此$f(x)$在$(-1,0)$上一致连续. $f(\frac{1}{n}) - f(-\frac{1}{n}) \to 2$, 因此$f(x)$ 在J上非一致连续.

三、 因为不连续集为可数集$A = \{1, \frac{1}{2}, \ldots, \frac{1}{n}, \ldots\}$.

四、 $x_n = \frac{2}{2n+1}$为不可微点, 因为由微分中值定理, $\lim\limits_{x \to x_n} \frac{f(x) - f(x_n)}{x - x_n} = \pi \lim\limits_{x \to x_n} \frac{|x - x_n|}{x - x_n}$. 显然$f'(0) = 0$.

五、 固定$x \in (0,1)$, $f(y) = yx^y(1 - x)$在$y = -\frac{1}{\ln x}$处取最大值, 因此$f(y) \leqslant \frac{e^{-1}(1-x)}{-\ln x} < e^{-1}$(显然有$1 + \ln x < x$).

六、 $-\frac{\pi}{8}\pi a^3$(用Stokes公式, 注意对称性).

七、 $f_x(0,0) = f_y(0,0) = 0$, $\left| \frac{f(x,y)}{\sqrt{x^2+y^2}} \right| = \left| \frac{\varphi(|xy|)}{\sqrt{x^2+y^2}} \right| \leqslant \frac{x^2y^2}{\sqrt{x^2+y^2}} \to 0((x,y) \to (0,0))$.

八、 $I'(a) = \frac{\pi}{\sqrt{1-a^2}} \Rightarrow I(a) = \pi \arcsin a$.

九、 只要证明: $t\int_0^{+\infty} e^{-tx}(f(x) - \alpha)\,\mathrm{d}x \to 0(t \to 0^+)$. 利用$\int_0^{+\infty} = \int_0^A + \int_A^{+\infty}, A > 0$充分大.

十、 见山东大学2014真题第八题.

42 上海交通大学2010真题

一、判断题, 正确的给出证明, 错误的举出反例(24 分)

1. 数列$\{x_n\}$的任何子列都不收敛, 则对任意实数a, 存在邻域$U(a)$使得在该邻域内最多只含有$\{x_n\}$的有限项.

2. 若$f(x)$在开区间(a,b)内连续且有界, 则$f(x)$在(a,b)内必一致连续.

3. 若$f(x)$在(a,b)内可导, 则$\lim\limits_{x\to a^+}f(x)-\infty$, 则必定有$\lim\limits_{x\to a^+}f'(x)=\infty$.

4. 若幂级数$\sum\limits_{n=1}^{\infty}a_nx^n$的收敛半径为$r>0$, 则$r=\lim\limits_{n\to\infty}\left|\frac{a_n}{a_{n+1}}\right|$.

二、计算题(50 分)

1. $\lim\limits_{n\to\infty}\frac{\sqrt{n+\sqrt{n}}-\sqrt{n}}{\sqrt[n]{3^n+5^n+7^n}}$.

2. 设$a_i(1\leqslant i\leqslant l)$为$l$个实数, 求 $\lim\limits_{x\to+\infty}(\sqrt[l]{(x+a_1)(x+a_2)\cdots(x+a_l)}-x)$.

3. 设$z=f(x,y)$满足方程$F(u,v)=0, u=x+az, v=y+bz$, 其中a,b为常数. 若F可微且$aF_u+bF_v\neq 0$, 求积分 $\iint\limits_{x^2+y^2\leqslant 1}\mathrm{e}^{-(x^2+y^2)}(az_x+bz_y)\,\mathrm{d}x\,\mathrm{d}y$.

4. 试求函数$I(y)=\int_0^{+\infty}\frac{\cos xy^2}{x^p}\mathrm{d}x(0<p<1)$的连续区间.

5. 求$\iint\limits_{\Sigma}\frac{x\,\mathrm{d}y\,\mathrm{d}z+y\,\mathrm{d}z\,\mathrm{d}x+z\,\mathrm{d}x\,\mathrm{d}y}{(ax^2+by^2+cz^2)^{\frac{3}{2}}}(a,b,c>0)$, 其中$\Sigma: x^2+y^2+z^2=1$取外侧.

三、证明题(76 分)

1. 设$f(x)$在$[a,b]$上有定义且恒正. 若对每个$x\in[a,b], \lim\limits_{y\to x}f(y)=C_x>0$, 证明: $f(x)$在$[a,b]$上有正的下界.

2. 设$a_n>0, \sum\limits_{n=1}^{\infty}\frac{1}{a_n}$发散, 证明: $\sum\limits_{n=1}^{\infty}\frac{1}{a_n+1}$发散.

3. 研究函数$f(x)=\sum\limits_{n=2}^{\infty}\frac{1}{n^2+\sin x}$在$[0,+\infty)$ 上的连续性, 一致连续性与可微性.

4. 证明: $f(x)=x\mathrm{e}^{-x^2}\int_0^x\mathrm{e}^{x^2}\mathrm{d}x$在$[0,+\infty)$上一致连续.

5. 设$f(x)$在$9-1,1)$内有二阶导数, 且$f(0)=f'(0)=0, |f''(x)|\leqslant|f(x)|+|f'(x)|$, 证明: 存在$\sigma>0$使得在$(-\sigma,\sigma)$内$f(x)\equiv 0$.

参考答案或提示

一、判断题

1. 正确. 如果存在某个实数, 它的任何邻域都包含$\{x_n\}$中无限多项, 则这个数即为$\{x_n\}$的聚点, 从而$\{x_n\}$有收敛子列.

2. 错误. 例如$f(x) = \sin\frac{1}{x}$在$(0,1)$上.

3. 错误. 例如$f(x) = \frac{1}{x} + \sin\frac{1}{x}, x \in (0,1)$, $f'(\frac{1}{(2n+1)\pi}) = 0$.

4. 错误. 例如$a_n = \begin{cases} \frac{1}{2^{\frac{n+1}{2}}}, & 2 \nmid n, \\ \frac{1}{3^{\frac{n}{2}}}, & 2 \mid n. \end{cases}$ 此时$r = 2$, 但$\lim\limits_{n\to\infty}|\frac{a_n}{a_{n+1}}|$不存在.

二、计算题

1. $\frac{1}{14}$.

2. $\frac{1}{l}\sum\limits_{i=1}^{l} a_i$.

3. $az_x + bz_y = -1$. 原式$= -\pi$.

4. $I(y) = y^{2(p-1)}\int_0^{+\infty}\frac{\cos t}{t^p}\,dt$. 连续区间为$(-\infty, 0)$和$(0, +\infty)$.

5. $\frac{4\pi}{\sqrt{abc}}$(转化到$ax^2 + by^2 + cz^2 = \varepsilon^2(\varepsilon > 0$充分小$)$上的积分).

三、证明题

1. 局部有界再用有限覆盖定理即得结论.

2. 若$\sum\limits_{n=1}^{\infty}\frac{1}{a_n+1}$收敛, 则$a_n \to +\infty$, 从而$n$充分大时, $\frac{1}{a_n} < \frac{2}{a_n+1}$, 故$\sum\limits_{n=1}^{\infty}\frac{1}{a_n}$收敛, 矛盾.

3. 由$\frac{1}{n^2+\sin x} \leqslant \frac{1}{n^2-1}(n > 1)$即得级数在$[0, +\infty)$上的一致收敛性, 从而连续. 由$|\frac{1}{n^2+\sin x_1} - \frac{1}{n^2+\sin x_2}| \leqslant \frac{|x_1-x_2|}{(n^2-1)^2}$即得一致连续性. 因为$|\frac{\cos x}{(n^2+\sin x)^2}| \leqslant \frac{1}{(n^2-1)^2}$, 所以级数可微.

4. $f(x) \in C[0, +\infty), f(+\infty) = 1$, 故$f(x)$在$[0, +\infty)$上一致连续.

5. $x > 0$时, $|f(x)| = |\int_0^x f'(t)\,dt| \leqslant \int_0^x |f'(t)|\,dt \Rightarrow \int_0^x |f(t)|\,dt \leqslant \int_0^x |f'(t)|\,dt$, $|f'(x)| = |\int_0^x f''(t)\,dt| \leqslant \int_0^x |f(t)|\,dt + \int_0^x |f'(t)|\,dt \leqslant 2\int_0^x |f'(t)|\,dt \Rightarrow \int_0^x |f'(t)|\,dt = 0(0 < x < \sigma, \forall\sigma \in (0,1)) \Rightarrow f'(x) \equiv 0 \Rightarrow f(x) \equiv 0$(一般地, 若$F(x) \geqslant F(0) = 0, F'(x) \leqslant AF(x)(A > 0)$, 则$F(x) = 0(x \geqslant 0)$. 这是因为$e^{-Ax}F(x)$单调递减). 同理, $-\sigma < x < 0$ 时, $f(x) \equiv 0$. 因此结论成立.

43 上海交通大学2011真题

一、判断题, 正确的给出证明, 错误的举出反例(20 分)

1. 数列$\{x_n\}$的任何子列都有收敛子列, 则$\{x_n\}$必为有界数列.

2. 若$f(x)$在x_0处可导, 则$f(x)$在x_0的某邻域$U(x_0)$内必定连续.

3. 设$f(x)$在$[a,b]$上可导, $f(a)f(b)<0, f'(x)>-f(x)$, 则$f(x)$在$[a,b]$上仅有1个零点.

4. 级数$\sum\limits_{n=1}^{\infty}\ln(1+\frac{(-1)^n}{\sqrt{n}})$为收敛级数.

二、计算题(40 分)

1. $\lim\limits_{n\to\infty}\left(\frac{2\mathrm{e}+\mathrm{e}^{\frac{1}{x}}}{1+\mathrm{e}^{\frac{2}{x}}}+\frac{\mathrm{e}-(1+x)^{\frac{1}{x}}}{\ln(1+|\frac{x}{2}|)}\right)$.

2. 设$f_n(x)=x^n\ln x, n=0,1,2,\ldots,$ (1) 证明: $\frac{f_n^{(n)}(x)}{n!}=\frac{f_{n-1}^{(n-1)}(x)}{(n-1)!}+\frac{1}{n}(n=1,2,\ldots)$;
(2) 计算$\lim\limits_{n\to\infty}\frac{f_n^{(n)}(\frac{1}{n})}{n!}$.

3. 设$I(y)=\int_0^{+\infty}\frac{1-\mathrm{e}^{-xy}}{x\mathrm{e}^x}\,\mathrm{d}x, y\in[0,+\infty)$, 其中$x=0$不是奇点, 求$I(y)$的表达式.

4. 求曲线积分$\int_L\frac{(3y-x)\,\mathrm{d}x+(y-3x)\,\mathrm{d}y}{(x+y)^3}$, 其中$L$为沿$y=\frac{\pi}{2}\cos x$从$A(\frac{\pi}{2},0)$到$B(0,\frac{\pi}{2})$的弧段.

5. $\iiint\limits_V\frac{1}{x^2+y^2}\,\mathrm{d}x\,\mathrm{d}y\,\mathrm{d}z$, 其中$V$由平面$x=1, x=2, z=0, y=x$与$y=z$围成.

三、证明题(90 分)

1. 设$f(x)$在x_0的某个邻域$U(x_0)$内有界, 令$m(\sigma)=\inf f(U(x_0,\sigma)), M(\sigma)=\sup f(U(x_0,\sigma))$, 证明: (1) $\lim\limits_{\sigma\to 0^+}(M(\sigma)-m(\sigma))$存在; (2) $f(x)$在x_0连续的充要条件是$\lim\limits_{\sigma\to 0^+}(M(\sigma)-m(\sigma))=0$.

2. 设$\int_0^{+\infty}f(x)\,\mathrm{d}x$收敛, 且$f(x)$在$[a,+\infty)$上一致连续, 证明: $\lim\limits_{x\to+\infty}f(x)=0$.

3. 设正项数列$\{a_n\}$单调递增, 证明: 级数$\sum\limits_{n=1}^{\infty}(1-\frac{a_n}{a_{n+1}})$收敛当且仅当$\{a_n\}$有界.

4. 研究$f(x)=\sum\limits_{n=1}^{\infty}\frac{x^n}{n^2\ln(1+n)}$在区间$[-1,1]$上的连续性与可微性.

5. 设$f(x)$在$[a,b]$上可导, $\exists c\in(a,b)$使得$f'(c)=0$, 则存在$\xi\in(a,b)$使得$f'(\xi)=(f(\xi)-f(a))(b-a)$.

6. 设$f(x)\in C[a,b]$, 且无上界, 证明: 若对任何区间$(\alpha,\beta)\subset[a,b]$, $f(x)$在(α,β)内不能取得最小值, 则$f(x)$的值域为区间$[f(a),+\infty)$.

参考答案或提示

一、判断题

1. 正确. 若无上界, 则有子列趋于$+\infty$, 若无下界, 则有子列趋于$-\infty$.

2. 错误. 例如$f(x) = x^2 D(x)$在$x = 0$处.

3. 正确. $f(\xi) = 0$, $\mathrm{e}^x f(x)$单调递增$\Rightarrow f(x) > 0(x > \xi)$, $f(x) < 0(x < \xi)$.

4. 错误. $\ln(1 + \frac{(-1)^n}{\sqrt{n}}) - \frac{(-1)^n}{\sqrt{n}} \sim \frac{1}{2n}$.

二、计算题

1. $f(0^+) = 1 + \mathrm{e}$, $f(0^-) = \mathrm{e}$.

2. (1) $f_n(x) = x f_{n-1}(x) \Rightarrow f_n^{(n)}(x) = x f_{n-1}^{(n)}(x) + n f_{n-1}^{(n-1)}(x)$. 由归纳法知$x f_{n-1}^{(n)}(x) = x(f_{n-1}^{(n-1)}(x))' = x(\ln x + 1 + \frac{1}{2} + \cdots + \frac{1}{n-1})'(n-1)! = (n-1)!$. (2) $\lim\limits_{n \to \infty}(1 + \frac{1}{2} + \cdots + \frac{1}{n} - \ln n) = C(\text{Euler常数})$.

3. $\ln(y + 1)$(化为二重积分).

4. $I = -\frac{4}{\pi}$(转化为沿线段AB积分).

5. $\frac{1}{2}\ln 2$.

三、证明题

1. (1) 由归结原理和单调有界定理. (2) 充分性: $|x - x_0| < \sigma$时, $|f(x) - f(x_0)| \leqslant M(\sigma) - m(\sigma)$. 必要性: 对任何的$\varepsilon > 0$, 存在$\sigma_\varepsilon > 0$使得$|x - x_0| < \sigma$时, $|f(x) - f(x_0)| < \varepsilon$. 当$\sigma \in (0, \sigma_\varepsilon)$ 时, $0 \leqslant M(\sigma) - m(\sigma) \leqslant M(\sigma_\varepsilon) - m(\sigma_\varepsilon) < 3\varepsilon$. (3) 由$\delta|f(x)| = |\int_x^{x+\delta} f(x)\,\mathrm{d}t| \leqslant |\int_x^{x+\delta}(f(x) - f(t))\,\mathrm{d}t| + |\int_x^{x+\delta} f(t)\,\mathrm{d}t|$得到结论.

2. (1) 设$|a_n| \leqslant M$, 则$0 \leqslant \sum\limits_{k=1}^{n} a_k(\frac{1}{a_k} - \frac{1}{a_{k+1}}) \leqslant \frac{M}{a_1}$. (2) $\{a_n\}$单调递增无上界$\Rightarrow a_n \to +\infty$, $\sum\limits_{k=n}^{m} a_k(\frac{1}{a_k} - \frac{1}{a_{k+1}}) > a_n(\frac{1}{a_n} - \frac{1}{a_m}) = 1 - \frac{a_n}{a_m} > \frac{1}{2}$($n$固定, m 充分大).

3. $|u_n(x)| \leqslant \frac{1}{n^2}(n > 1)$, 故级数连续. $|x| < b(0 < b < 1)$时, $|u_n'(x)| \leqslant \frac{b^n}{n}(n > 1)$, 故级数可微.

4. 设$F(x) = \mathrm{e}^{-(b-a)x}(f(x) - f(a))$, 则$F(a) = 0$, $F'(c) = -(b-a)F(c)$. 若$F(c) = 0$, 由Rolle定理得到结论. 若$F(c) \neq 0$, $\frac{F(c) - F(a)}{c - a} = F'(\eta)$与$F'(c)$异号, 故由导函数介值性得到结论.

5. 对任何的$G > f(a)$, 存在$x_0 \in (a, b)$使得$f(x_0) > G$. 因此存在$x_1 \in (a, b)$使得$f(x_1) = G$. 若存在$x_2 \in (a, b)$使得$f(x_2) < f(a)$, 则$f(x)$在$[a, x_3]$中有最小值, 其中$x_3 > x_2$使得$f(x_3) > f(a)$. 矛盾.

86

44 上海交通大学2012真题

一、判断题, 正确的给出证明, 错误的举出反例(30 分)

1. 若数列$\{a_n\}$的任一子列$\{a_{n_k}\}$中均存在收敛子列, 则$\{a_n\}$必为收敛数列.

2. $\{\sqrt[n]{n}\}(n = 1, 2, \ldots)$的最大项为$\sqrt{5}$.

3. 函数列$\{\frac{nx}{1+nx}\}$在$(0, 1)$上一致收敛.

4. 若级数$\sum\limits_{n=1}^{\infty} u_n^2$和$\sum\limits_{n=1}^{\infty} v_n^2$都收敛, 则级数$\sum\limits_{n=1}^{\infty} (u_n + v_n)^2$也收敛.

5. 若函数列$\{f_n(x)\}$在区间$(a, c]$和$[c, b)$上一致收敛, 那么$\{f_n(x)\}$在(a, b)上一致收敛.

二、(10 分) 计算$\lim\limits_{n\to\infty} \int_0^1 (1-x^2)^n \, dx$.

三、(10 分) 已知方程$\frac{a_1}{x-\lambda_1} + \frac{a_2}{x-\lambda_2} + \frac{a_3}{x-\lambda_3} = 0$, 其中$a_1, a_2, a_3 > 0, \lambda_1 < \lambda_2 < \lambda_3$, 证明: 此方程在区间$(\lambda_1, \lambda_2)$和$(\lambda_2, \lambda_3)$中各有一根.

四、(10 分) 求幂级数$\sum\limits_{n=1}^{\infty} \frac{x^n}{n(n+1)}$的和函数.

五、(15 分) 设连续可微函数$z = f(x, y)$由方程$F(xz - y, x - yz) = 0$唯一确定, 其中$F(u, v)$连续可微, 试求$\oint_L (xz^2 + 2yz) \, dy - (2xz + yz^2) \, dx$, 其中$l$为正向单位圆.

六、(15 分) 设$f(x) = (x - x_0)^n \varphi(x)(n \in \mathbb{N}_+)$, $\varphi(x)$在x_0处连续且$\varphi(x_0) = 0$, 讨论$f(x)$在x_0处能否取得极值.

七、(10 分) 对于正项数列$\{a_n\}$, 如果有$\lim\limits_{n\to\infty} \frac{a_{n+1}}{a_n} = a > 0$, 证明: $\lim\limits_{n\to\infty} \sqrt[n]{a_n} = a$.

八、(15 分) 讨论级数$\sum\limits_{n=1}^{\infty} \frac{(-1)^n}{(1+x^2)^n}$在$\mathbb{R}$上的收敛性和一致收敛性.

九、(15 分) 设$f(x) \in C[0, 1]$, 在$(0, 1)$内二阶可导, 过点$A(0, f(0))$与$B(1, f(1))$的直线与曲线$y = f(x)$相交于点$C(c, f(c))$, 其中$0 < c < 1$, 证明: 存在$\xi \in (0, 1)$使得$f''(\xi) = 0$.

十、(20 分) 设函数$f \in C[0, 1]$, 记$I_n = \int_0^1 f(t^n) \, dt(n \geq 1)$, 证明: (1) $\lim\limits_{n\to\infty} I_n$存在且等于$f(0)$; (2) 若$f'(0)$存在, 则$I_n = f(0) + \frac{1}{n} \int_0^1 \frac{f(t)-f(0)}{t} \, dt + o(\frac{1}{n})$.

参考答案或提示

一、判断题

1. 错误. 例如数列 $\{(-1)^n\}$.

2. 错误. 最大项为 $\sqrt[3]{3}$.

3. 错误. $f_n(x) \to 1$, $\sup\limits_{x \in (0,1)} \frac{1}{1+nx} = 1$.

4. 正确. $(u_n + v_n)^2 \leqslant 2(u_n^2 + v_n^2)$.

5. 正确. 显然.

二、 $0(\int_0^1 = \int_0^\delta + \int_\delta^1, \delta > 0$充分小$)$.

三、 令 $f(x) = a_1(x - \lambda_2)(x - \lambda_3) + a_2(x - \lambda_3)(x - \lambda_1) + a_3(x - \lambda_1)(x - \lambda_2)$, 则 $f(\lambda_1) > 0, f(\lambda_2) < 0, f(\lambda_3) > 0$. 由零点定理得到结论.

四、 $S(x) = \frac{(1-x)\ln(1-x)}{x} + 1(x \neq 0, 1), S(0) = 0, S(1) = 1, |x| \leqslant 1$.

五、 0(求出 z_x, z_y, 利用Green公式).

六、 $f^{(k)}(x_0) = 0(0 \leqslant k < n), f^{(n)}(x_0) = n!\varphi(x_0)$. $f(x) = \varphi(x_0)(x - x_0)^n + o((x - x_0)^n)$. 因此, n为偶数时, x_0为极值点; n为奇数时, x_0为极值点.

七、 对任何的 $\varepsilon \in (0, a)$, 设 $a - \varepsilon < \frac{a_{n+1}}{a_n} < a + \varepsilon(n > N)$, 则 $(a - \varepsilon)^{n-N} < \frac{a_{n+1}}{a_{N+1}} < (a + \varepsilon)^{n-N} \Rightarrow \sqrt[n-N]{\frac{a_{n+1}}{a_{N+1}}} \to a \Rightarrow \sqrt[n]{a_n} \to a$.

八、 由Leibniz判别法知 $x \neq 0$时, 级数收敛. $x = 0$时, 级数显然发散. $\sup\limits_{x \in \mathbb{R}\backslash\{0\}} \frac{1}{(1+x^2)^n} = 1$, 故级数在收敛域上非一致收敛.

九、 $\frac{f(c) - f(0)}{c - 0} = \frac{f(1) - f(c)}{1 - c} \Rightarrow f'(\xi) = f'(\eta), \xi \in (0, c), \eta \in (c, 1)$. 故由Rolle定理知结论成立.

十、 (1) 对任何的 $\varepsilon > 0$, 存在 $\delta \in (0, 1)$ 使得 $0 \leqslant x \leqslant \delta$时, $|f(x) - f(0)| < \varepsilon$. 设 $|f(x)| \leqslant M, x \in [0, 1]$. $|I_n - f(0)| = |\frac{1}{n} \int_0^1 (f(u) - f(0))u^{\frac{1}{n}-1} \, du| \leqslant \varepsilon \sqrt[n]{\delta} + M(1 - \sqrt[n]{\delta}) < \varepsilon + M(1 - \sqrt[n]{\delta}) < 2\varepsilon(n$充分大$)$. (2) 等价于证明: $\int_0^1 \frac{f(t) - f(0)}{t}(t^{\frac{1}{n}} - 1) \, dt \to 0$. 令 $g(t) = \begin{cases} \frac{f(t) - f(0)}{t}, & t \in (0, 1], \\ f'(0), & t = 0, \end{cases}$ 用与(1)中同样的推理可得结论.

45 上海交通大学2013真题

一、计算题（30分）

1. $\lim\limits_{x\to\infty} \dfrac{2x-1}{x^3 \sin\frac{1}{x^2}}$.

2. $\sum\limits_{n=0}^{\infty} \dfrac{n+1}{n!}\left(\dfrac{1}{2}\right)^n$.

3. 设 $y = \dfrac{x^2+1}{x^2-1}$, 求 $y^{(n)}$.

4. 求 $\int \dfrac{1}{\sin^6 x + \cos^6 x}\,\mathrm{d}x$.

5. 求 $\dfrac{\mathrm{d}}{\mathrm{d}x}\int_0^x t f(x^2 - t^2)\,\mathrm{d}t$.

6. 设 $f(x) \in C(\mathbb{R})$, $\int_a^{a+b} f(x)\,\mathrm{d}x$ 与 a, b 无关, 且 $f(1) = 1$, 求 $f(x)$.

二、解答题（120分）

1. 设 $\lim\limits_{x\to 0} \dfrac{f(x)}{x} = 1$, $f''(x) > 0$, 证明: $f(x) \geqslant x$.

2. 求 $4x^2 + y^2 + z^2 = 1$ 所围体积.

3. 证明: Riemann 函数 $R(x) \in R[0,1]$.

4. 证明: $\sum\limits_{n=1}^{\infty} \dfrac{\cos nx}{n^2+1} \in C^1(0, 2\pi)$.

5. 设 $f \in C[0, +\infty)$, $f(0) = 0$, $|f(x)| \leqslant M$. 若 $\int_0^{+\infty} g(x)\,\mathrm{d}x$ 绝对收敛, 则 $\lim\limits_{\alpha\to 0^+} \int_0^{+\infty} f(\alpha x) g(x)\,\mathrm{d}x = 0$.

6. 求 $\iint\limits_S x^3\,\mathrm{d}y\,\mathrm{d}z + y^3\,\mathrm{d}z\,\mathrm{d}x + z^3\,\mathrm{d}x\,\mathrm{d}y$, 其中 S 为球面 $x^2 + y^2 + z^2 = R^2$, 取内侧.

7. 设 $f(x, y) = \begin{cases} (x+y)^2 \sin\dfrac{1}{x^2+y^2}, & x^2 + y^2 \neq 0, \\ 0, & x^2 + y^2 = 0, \end{cases}$ 求 $f(x,y)$ 的偏导数, 并讨论其连续性.

8. 设 $a, b > 0$, 证明: $\int_0^{+\infty} f\left(\left(ax - \dfrac{b}{x}\right)^2\right)\,\mathrm{d}x = \dfrac{1}{a}\int_0^{+\infty} f(x^2)\,\mathrm{d}x$.

一、计算题

1. 2.

2. $\frac{3}{2}\sqrt{e}$.

3. $y = 1 + \frac{1}{x-1} - \frac{1}{x+1}$. $y^{(n)} = -\frac{n!}{(1-x)^{n+1}} + \frac{(-1)^{n+1}n!}{(1+x)^{n+1}}$.

4. 令 $u = \tan x$, 原式 $= \int \frac{(u^2+1)\,\mathrm{d}u}{u^4-u^2+1} = \int \frac{\mathrm{d}(u-\frac{1}{u})}{(u-\frac{1}{u})^2+1} = -\arctan(2\cot 2x) + C$.

5. $\int_0^b f(x+a)\,\mathrm{d}x = \int_0^b f(x)\,\mathrm{d}x \Rightarrow f(a+b) = f(b) \Rightarrow f(x)$ 为常数, 故 $f(x) = f(1) = 1$.

二、解答题

1. $f(0) = 0, f'(0) = 1, f(x) = f(0) + f'(0)x + f''(\xi)\frac{x^2}{2} \Rightarrow f(x) \geqslant x$.

2. $V = \frac{2}{3}\pi$(用二重或三重积分, 或者用定积分求旋转体的体积).

3. 略.

4. $\sum_{n=1}^{\infty} \frac{n}{n^2+1}\sin nx$ 在 $(0, 2\pi)$ 上内闭一致收敛.

5. 对任何的 $\varepsilon > 0$, A 充分大时, $|\int_A^{+\infty} f(\alpha x)g(x)\,\mathrm{d}x| \leqslant \int_A^{+\infty} M|g(x)|\,\mathrm{d}x < \varepsilon$. 设 $|g(x)| \leqslant L, x \in [0, A]$, $|\int_0^A f(\alpha x)g(x)\,\mathrm{d}x| \leqslant L\int_0^A |f(\alpha x)|\,\mathrm{d}x \leqslant L\varepsilon (0 < |\alpha| < \delta)$. 故结论成立.

6. $I = -\frac{12}{5}\pi R^5$.

7. $f_x(x, y) = \begin{cases} 2(x+y)\sin\frac{1}{x^2+y^2} - \frac{2x(x+y)^2}{(x^2+y^2)^2}\cos\frac{1}{x^2+y^2}, & x^2+y^2 \neq 0, \\ 0, & x^2+y^2 = 0. \end{cases}$ 同理可得 f_y. f_x, f_y 在除原点外的点处连续. 易知 $\lim\limits_{(x,y)\to(0,0)} f_x(x,y)$, $\lim\limits_{(x,y)\to(0,0)} f_y(x,y)$ 不存在(用极坐标).

8. $\int_0^{+\infty} f((ax-\frac{b}{x})^2)\,\mathrm{d}x = \int_{-\infty}^{+\infty} f(u^2)\frac{1+\frac{u}{\sqrt{u^2+4ab}}}{2a}\,\mathrm{d}u = \frac{1}{a}\int_0^{+\infty} f(u^2)\,\mathrm{d}u$ (利用奇偶性).

46 上海交通大学2014真题

一、判断题, 正确的给出证明, 错误的举出反例(24 分)

1. 设$f(x)$在$[a,b]$上有界且有原函数, $g \in C[a,b]$, 则$f(x)g(x)$在$[a,b]$上有原函数.

2. 若函数$f(x), g(x)$在$[a, +\infty)$上一致连续, 则$f(x)g(x)$在$[a, +\infty)$上一致连续.

3. 设定义在$\mathbb{R}^2$上的二元函数$f(x,y)$关于x, y的偏导数均为0, 则f为常值函数.

4. 设f在$x_0 \in (a,b)$可导的充要条件是f在点x_0处既左可导又右可导.

二、计算题(40 分)

1. $\lim\limits_{x \to +\infty} [\sqrt{(x+a)(x+b)} - x]$.

2. 设$x - \frac{1}{x} = t$, 求积分$\int_{-1}^{1} \frac{1+x^2}{1+x^4} \, \mathrm{d}\, x$.

3. 设D为平面曲线$xy = 1, xy = 3, y^2 = x, y^2 = 3x$所围成的有界闭区域, 求积分$\iint\limits_{D} \frac{3x \, \mathrm{d}\, x \, \mathrm{d}\, y}{y^2 + xy^3}$.

4. 计算$\sum\limits_{m=1}^{\infty} \sum\limits_{n=1}^{\infty} \frac{m^n}{3^m(n3^m + m3^n)}$.

5. 计算曲线积分$\int_L (x^2 - yz) \, \mathrm{d}\, x + (y^2 - xz) \, \mathrm{d}\, y + (z^2 - xy) \, \mathrm{d}\, z$, 其中$L$是从点$A(1,0,0)$到$B(1,0,2)$ 的光滑曲线.

三、(86 分)

1. 设$f_n(x) = \cos x + \cos^2 x + \cdots + \cos^n x$, (1) 当$x \in (0, \frac{\pi}{2}]$时, 求$\lim\limits_{n \to \infty} f_n(x)$, 并讨论$\{f_n(x)\}$在$(0, \frac{\pi}{2}]$上的一致收敛性; (2) 证明: 对一切$n \in \mathbb{N}_+$, $f_n(x) = 1$在$[0, \frac{\pi}{3}]$中有唯一的根x_n; (3) 求$\lim\limits_{n \to \infty} x_n$.

2. 设函数$f \in C^{\infty}(\mathbb{R})$, 满足$f(0)f'(0) \geqslant 0$, 并且$f(x) \to 0 (x \to +\infty)$, 证明: 存在一个严格单调递增的非负无穷数列$\{x_n\}$使得$f^{(n)}(x_n) = 0 (n \geqslant 1)$.

3. 证明: 级数$\sum\limits_{n=1}^{\infty} \frac{\sqrt[n]{n} - 1}{n^{\alpha}}$当且仅当$\alpha > 0$时收敛.

4. 设$f(x) = \begin{cases} |x|, & x \neq 0, \\ 1, & x = 0, \end{cases}$证明: 不存在以$f(x)$ 为其导函数的函数.

5. 设函数$u = u(x, y, z)$由方程$\frac{x^2}{a^2+u} + \frac{y^2}{b^2+u} + \frac{z^2}{c^2+u} = 1$给出, 证明: $|\operatorname{grad} u|^2 = 2A \cdot \operatorname{grad} u$, 其中$\operatorname{grad}$为梯度, $A = (x, y, z)$.

6. 设函数$f \in C^2[0, \pi]$, 令$C_n = \int_0^{\pi} f(x)\cos(nx) \, \mathrm{d}\, x (n \in \mathbb{N}_+)$, 证明: $\sum\limits_{n=1}^{\infty} |c_n| < +\infty$.

参考答案或提示

一、判断题

1. 错误. 在$[-1,1]$上考虑$f(x) = \begin{cases} \cos\frac{1}{x}, & x \neq 0, \\ 0, & x = 0, \end{cases}$ $g(x) = x$. $f(x)$有原函数

$$F(x) = \begin{cases} x\cos\frac{1}{x} - \int_0^x \frac{1}{t}\sin\frac{1}{t}\,\mathrm{d}t, & x \neq 0 \\ 0, & x = 0, \end{cases}$$

2. 错误. 例如$f(x) = g(x) = x$在$[1,+\infty)$上.

3. 正确. 利用中值公式.

4. 错误. 例如$f(x) = |x|$在$x = 0$处.

二、计算题

1. $\frac{a+b}{2}$.

2. $\frac{\pi}{\sqrt{2}}$.

3. $18\ln 2$(作变量变换).

4. $2I = (\sum\limits_{n=1}^{\infty} \frac{n}{3^n})^2 = \frac{9}{16} \Rightarrow I = \frac{9}{32}$(利用对称性).

5. $\frac{8}{3}$(参数化).

三、证明题

1. (1) $f_n(x) \to \frac{\cos x}{1-\cos x}$. 非一致收敛, 否则$\{f_n(0)\}$收敛. (2) 设$g_n(x) = f_n(x) - 1$, 则$g_1(0) = 0, g_n(0) > 0(n > 1), g_n(\frac{\pi}{3}) < 0, g_n'(x) < 0(x \in (0, \frac{\pi}{3}))$, 故$f_n(x)$在$[0, \frac{\pi}{3})$内有唯一的根. (3) $\cos x_n + \cdots + \cos^n x_n > \cos x_{n+1} + \cdots + \cos^n x_{n+1} \Rightarrow x_n < x_{n+1} \Rightarrow \{x_n\}$收敛. 设$\{x_n\} \to a$, 显然$a \in (0, \frac{\pi}{3}]$. 若$a < \frac{\pi}{3}$, 则由$\cos x_n = \sqrt[n+1]{2\cos x_n - 1}$可知$\cos a = 1$, 矛盾. 因此$x_n \to \frac{\pi}{3}$.

2. 不妨设各阶导数最多有有限个零点. 若$f'(x) > 0(x \geqslant 0)$, 则由$f(0) \geqslant 0$可知$f(x)$在$(0, +\infty)$上是严格单调递增的正值函数, 与$f(+\infty) = 0$矛盾$f'(x) < 0(x \geqslant 0$时可类似讨论). 设$f'(x_1) = 0$. 若$f''(x) > 0(x > x_1)$, 则由$f(x) > f(x_{11}) + f'(x_{11})(x - x_{11})(x_{11} > x_1, f(x_{11}) \neq 0)$知$f(+\infty) = \infty$. 一般地, 设$f^{(n)}(x_n) = 0$. 若$f^{(n+1)}(x) > 0(x > x_n)$, 则由$f^{(n-1)}(x) > f^{(n-1)}(x_{nn}) + f^{(n+1)}(x_{nn})(x - x_{nn})$知$f^{(n-1)}(+\infty) = \infty$. 递推下去可知与$f(+\infty) = 0$矛盾.

3. $\frac{\sqrt[n]{n}-1}{n^\alpha} \sim \frac{\ln n}{n^{\alpha+1}}$.

4. 若$g'(x) = f(x)$, 则$g'(0^+) = g'(0^-) = 0, g_-'(0) = g_+'(0) = 0$, 与$g'(0) = 1$矛盾.

5. 求出$\operatorname{grad} u$即可.

6. $C_n = -\int_0^\pi f'(x)\frac{\sin nx}{n}\,\mathrm{d}x \Rightarrow |C_n| = \frac{|b_n\pi|}{n}$. 由Bessel不等式知$\sum\limits_{n=1}^{\infty} b_n^2 \leqslant \frac{1}{\pi}\int_0^\pi g^2(x)\,\mathrm{d}x$, 其中$g(x) = \begin{cases} f'(x), & x \in [0, \pi], \\ 0, & x \in [-\pi, 0). \end{cases}$ 由$\frac{|b_n|}{n} \leqslant b_n^2 + \frac{1}{n^2}$知结论成立.

47 上海交通大学2015真题

一、判断题, 正确的给出证明, 错误的举出反例(24 分)

1. 设$f(x)$在$[a,b]$上有界, 若对$\forall \sigma > 0$, $f(x) \in R[a+\sigma, b]$上可积, 则$f(x) \in R[a,b]$.

2. 若函数$f(x) \in C(\mathbb{R})$且有界, 则$f(x)$在R上必一致连续.

3. 设$f(x) \in C[a,b]$, 则$\int_a^b f(x) \, \mathrm{d}x > 0$当且仅当$f(x) > 0, \forall x \in [a,b]$.

4. 可积函数的复合函数为可积函数.

二、计算题(40 分)

1. $\lim\limits_{n \to \infty}(1 - \frac{1}{2^2})(1 - \frac{1}{3^2}) \cdots (1 - \frac{1}{n^2})$.

2. 设$f(x^2 - 1) = \ln \frac{x^2}{x^2-2}$, $f(\varphi(x)) = \ln x$, 求$\int \varphi(x) \, \mathrm{d}x$.

3. 求$\iint\limits_D xyf(x^2 + y^2) \, \mathrm{d}x \, \mathrm{d}y$, 其中$D$由$y = x^3, y = 1, x = -1$围成, $f \in C(\mathbb{R}^1)$.

4. 设$u = x^2 + y^2 + z$, 其中$z = f(x,y)$是由方程$x^3 + y^3 + z^3 = -3z$所确定的隐函数, 求u_x和u_{xy}.

5. 求$\int_C \frac{x}{y} \, \mathrm{d}x + \frac{1}{y-a} \, \mathrm{d}y$, 其中$C$是旋轮线$\begin{cases} x = a(t - \sin t), \\ y = a(1 - \cos t), \end{cases} \frac{\pi}{6} \leqslant t \leqslant \frac{\pi}{3}$.

三、证明题(86 分)

1. 设$f(x) \in C[1, +\infty)$且单调递减, $\int_1^{+\infty} f(x) \, \mathrm{d}x$, 证明: (1) $\lim\limits_{x \to +\infty} xf(x) = 0$; (2) $g(x) = xf(x)$在$[1, +\infty)$上一致连续.

2. 设$\{x_n\}$为非负数列, 对$\forall m, n \in \mathbb{N}_+$有$x_{mn} \geqslant mx_n$, 证明: 存在$\{\frac{x_n}{n}\}$的子列$\{\frac{x_{n_k}}{n_k}\}$使得$\sup\limits_n\{\frac{x_n}{n}\} = \lim\limits_{k \to \infty}\{\frac{x_{n_k}}{n_k}\}$.

3. 若$f(x) \in R[-\pi, \pi]$, a_n, b_n为$f(x)$在$[-\pi, \pi]$上的Fourier系数, 则$\sum\limits_{n=1}^{\infty} a_n b_n$收敛.

4. 设$f(x) \in C^1[0,1]$, 且$\{x \in [0,1] | f(x) = f'(x) = 0\} = \varnothing$, 证明: $f(x)$在$[0,1]$中只有有限个零点.

5. 设二元函数$f(x,y)$的两个混合偏导数f_{xy}, f_{yx}在$(0,0)$附近存在, 且f_{xy}在$(0,0)$处连续, 证明: $f_{xy}(0,0) = f_{yx}(0,0)$.

6. 设$f(x)$在$\mathbb{R}$上有二阶导数, $f(x), f'(x), f''(x)$都大于0. 假设存在$a, b > 0$使得对$\forall x \in \mathbb{R}$有$f''(x) \leqslant af(x) + bf'(x)$, (1) 证明: $\lim\limits_{x \to -\infty} f'(x) = 0$; (2) 证明: 存在常数$c$使得$f'(x) \leqslant cf(x)$; (3) 求使得上面的不等式成立的最小常数$c$.

参考答案或提示

一、判断题

1. 正确. 设 $|f(x)| \leqslant M$. 由 $\sum\limits_{i=1}^{n} \omega_i \Delta x_i = \omega_1 \Delta x_1 + \sum\limits_{i=2}^{n} < 2M\sigma + \varepsilon < 2c$ 即得结论(取 σ 足够小).

2. 错误. 例如 $f(x) = \sin x^2$.

3. 错误. 例如 $\int_0^\pi \sin x \, \mathrm{d}x = 2$, 但是 $\sin 0 = \sin \pi = 0$.

4. 错误. 例如 $f(x) = \begin{cases} 1, & x \neq 0, \\ 0, & x = 0, \end{cases}$ $g(x) = R(x), f(g(x)) \notin R[0,1]$.

二、计算题

1. $\frac{1}{2}$.

2. $\varphi(x) = \frac{x+1}{x-1}, \int \varphi(x) \, \mathrm{d}x = x + 2\ln|x-1| + C$.

3. $I = 0$(利用奇偶性).

4. $u_x = 2x - \frac{x^2}{z^2+1}, u_{xy} = -\frac{2x^2y^2}{(z^2+1)^3}$.

5. $\frac{\pi^2}{24}a + \frac{1-\sqrt{3}}{2}a - \frac{\ln 3}{2}$.

三、证明题

1. (1) 首先可知 $f(x) \geqslant 0$. 其次, x 充分大时, $\frac{x}{2}f(x) \leqslant \int_{\frac{x}{2}}^{x} f(t) \, \mathrm{d}t < \varepsilon \Rightarrow xf(x) \to 0$. (2) 由于 $g(x) \in C[1, +\infty)$, $\lim\limits_{x \to +\infty} g(x) = 0$, 故 $g(x)$ 在 $[1, +\infty)$ 上一致连续.

2. 我们有 $\frac{x_{mn}}{mn} \geqslant \frac{x_n}{n}$. 若 $\{\frac{x_n}{n}\}$ 无上界, 则对任何的 $\frac{x_{n_k}}{n_k}$, 存在 $\frac{x_{m_k}}{m_k} > \max\{\frac{x_{n_k}}{n_k}, k\}$. 令 $n_{k+1} = n_k m_k$, 则有 $\lim\limits_{k \to \infty} \frac{x_{n_k}}{n_k} = +\infty$. 若 $\{\frac{x_n}{n}\}$ 有上界, 则当 $\frac{x_N}{N} = \sup\{\frac{x_n}{n}\}$ 时, $\{\frac{x_{2^k N}}{2^k N}\}$ 为常数列. 当 $\forall m \in \mathbb{N}, \frac{x_m}{m} \neq \sup\{\frac{x_n}{n}\}$ 时, 由上确界的定义可知存在子列 $\{\frac{x_{n_k}}{n_k}\}$ 使得 $\lim\limits_{k \to \infty} \frac{x_{n_k}}{n_k} = \sup\{\frac{x_n}{n}\}$.

3. 由 Bessel 不等式即得结论.

4. 见四川大学 2018 年第五题.

5. 设 $F(\Delta x, Dty) = f(\Delta x, \Delta y) - f(0, \Delta y) - f(\Delta, 0) + f(0, 0)$. $f_{yx}(0,0) = \lim\limits_{\Delta x \to 0} \frac{f_y(\Delta x, \theta \Delta y) - f_y(0, \theta \Delta y)}{\Delta x}$. 由 f_{xy} 在点 $(0,0)$ 处连续知 $\lim\limits_{\Delta x \to 0, \Delta y \to 0} \frac{F(\Delta x, \Delta y)}{\Delta x \Delta y}$ 存在且等于 $f_{xy}(0,0)$. 又因为 $\lim\limits_{\Delta x \to 0} \lim\limits_{\Delta y \to 0} \frac{F(\Delta x, \Delta y)}{\Delta x \Delta y} = f_{yx}(0,0)$. 因此结论成立.

6. (1) 首先由 $f(x), f'(x), f'(x) > 0$ 以及归结原理可知 $\lim\limits_{x \to -\infty} f(x), \lim\limits_{x \to -\infty} f'(x)$ 存在. 由 $\lim\limits_{n \to \infty} (f(-n+1) - f(-n)) = \lim\limits_{n \to \infty} f'(\xi_n) \to 0 \Rightarrow \lim\limits_{x \to -\infty} f'(x) = 0$. (2) 其次, 令 $\alpha = \frac{b + \sqrt{b^2 + 4a}}{2}$, 则有 $f''(x) - \alpha f'(x) \leqslant (b - \alpha)(f'(x) - \alpha f(x))$, 从而 $\mathrm{e}^{(\alpha - b)x}(f'(x) - \alpha f(x))$ 单调递减 $\Rightarrow f'(x) - \alpha f(x) \leqslant 0$. (3) 当 $f(x) = \mathrm{e}^{\alpha x}$ 时, 可知 $\alpha \leqslant c$, 所以 α 为最小值.

48 上海交通大学2016真题

一、解答题(90 分)

1. 求函数极限 $\lim\limits_{x \to 0} \frac{1-\cos^2 x}{x(e^x-1)}$.

2. (1) 设 $f(x)$ 在点 x_0 处连续, 证明: $|f(x)|$ 在点 x_0 处连续; (2) 如果 $f(x)$ 不连续, $|f(x)|$ 是不是也不连续? 请说明理由.

3. 求函数极限 $\lim\limits_{t \to 0^+} \frac{\int_0^{\sin x} \sqrt{\tan t}\,\mathrm{d}t}{\int_0^{\tan x} \sqrt{\sin t}\,\mathrm{d}t}$.

4. 设 $f(x) = \begin{cases} x\,e^{-x^2}-1, & x \leqslant 0, \\ \sin x - \cos x, & x > 0, \end{cases}$ 求 $f'(x)$.

5. 证明: 当 $0 < x < \frac{\pi}{2}$ 时有 $\tan x + 2\sin x > 3x$.

6. 求数列 $\{\sqrt[n]{n}\}$ 中的最大项.

7. 求 $\cos^2 \sqrt{x}\,\mathrm{d}x$.

8. 设 $I = \int_{-2}^0 \mathrm{d}x \int_{\frac{2+x}{2}}^{\sqrt{4-x^2}} f(x,y)\,\mathrm{d}y + \int_0^2 \mathrm{d}x \int_{\frac{2-x}{2}}^{\sqrt{4-x^2}} f(x,y)\,\mathrm{d}y$, 请改变 I 的积分次序.

9. 设 $x = R\sin\theta\cos\varphi, y = R\sin\theta\sin\varphi, z = R\cos\theta, R$ 为常数, 求 $\theta_x, \theta_y, z_x, z_y$.

10. 证明: 若 $\sum\limits_{n=1}^{\infty} \frac{a_n}{n^{x_0}}$ 收敛, 则当 $x > x_0$ 时, $\sum\limits_{n=1}^{\infty} \frac{a_n}{n^x}$ 收敛.

二、证明题(60 分)

1. 求 $\oint_L (e^x \sin 2y - y)\,\mathrm{d}x + (2e^x \cos 2y - 100)\,\mathrm{d}y$, 其中 L 为单位圆从点 $(1,0)$ 到点 $(-1,0)$ 的上半圆和从点 $(-1,0)$ 到点 $(1,0)$ 的直线段组成的闭路.

2. 设 $f(x) \in C[a,b]$, 在 (a,b) 上有二阶导数, 连接 $(a, f(a))$ 与 $(b, f(b))$ 的直线段交曲线 $y = f(x)$ 于 $(c, f(c))$, $a < c < b$, 证明: 存在 $\xi \in (a,b)$ 使得 $f''(\xi) = 0$.

3. 设 $a_{2n-1} = \frac{1}{n}, a_{2n} = \int_n^{n+1} \frac{1}{x}\,\mathrm{d}x (n = 1, 2, \ldots)$, 判断级数 $\sum\limits_{n=1}^{\infty} (-1)^{n-1} a_n$ 的敛散性, 并证明 $\lim\limits_{n \to \infty} (1 + \frac{1}{2} + \cdots + \frac{1}{n} - \ln n)$ 存在.

4. 设 $f(x) \in C[0,1], f(0) = 0$, 证明: 函数列 $g_n(x) = x^n f(x) (n = 1, 2, \ldots)$ 在 $[0,1]$ 上一致收敛.

5. 证明Cantor定理: 若函数 $f(x) \in C[a,b]$, 则 $f(x)$ 在 $[a,b]$ 上一致连续.

参考答案或提示

一、解答题

1. 1.

2. $||f(x)| - |f(x_0)|| \leqslant |f(x) - f(x_0)|$. 设 $f(x) = \begin{cases} 1, & x \in \mathbb{Q}, \\ -1, & x \notin \mathbb{Q}, \end{cases}$ 则 $|f(x)| = 1$, 但 $f(x)$ 无处连续.

3. 1.

4. $f'(x) = \begin{cases} e^{x^2}(1 - 2x^2), & x < 0, \\ 1, & x = 0, \\ \cos x + \sin x, & x > 0. \end{cases}$

5. 设 $f(x) = \tan x + 2\sin x - 3x$, 则 $f'(x) = \sec^2 x + 2\cos x - 3 > 0 (0 < x < \frac{\pi}{2})$ (由平均不等式可得).

6. $\sqrt[3]{3}$.

7. $\frac{x}{2} + \frac{1}{2}\sqrt{x}\sin(2\sqrt{x}) + \frac{1}{4}\cos(2\sqrt{x}) + C$.

8. $\int_0^1 \mathrm{d}y \int_{-\sqrt{4-y^2}}^{2y-2} f(x,y)\,\mathrm{d}x + \int_0^1 \mathrm{d}y \int_{2-2y}^{\sqrt{4-y^2}} f(x,y)\,\mathrm{d}x + \int_1^2 \mathrm{d}y \int_{-\sqrt{4-y^2}}^{\sqrt{4-y^2}} f(x,y)\,\mathrm{d}x$.

9. (1) $\theta_x = \frac{\cos\phi}{\cos\theta}, \theta_y = \frac{\sin\phi}{R\cos\theta}$. (2) $z_x = -\cos\phi\tan\theta, z_y = -\sin\phi\tan\theta$.

10. 由 Abel 判别法知 $\sum\limits_{n=1}^{\infty} \frac{a_n}{n^{x_0}} \cdot \frac{1}{n^{x-x_0}}$ 收敛.

二、证明题

1. $\frac{\pi}{2}$ (用 Green 公式).

2. 略.

3. $0 < \frac{1}{k} - \ln(1 + \frac{1}{k}) < \frac{1}{2k^2}$, $S_{2n} = \sum\limits_{k=1}^{n}(\frac{1}{k} - \ln(1 + \frac{1}{k}))$, $S_{2n+1} = S_{2n} + \frac{1}{n+1}$. 由于正项级数的部分和数列有上界, 故级数收敛. 设 $S_{2n} = 1 + \frac{1}{2} + \cdots + \frac{1}{n} - \ln(n+1) \to C$, 则 $1 + \frac{1}{2} + \cdots + \frac{1}{n} - \ln n \to C$.

4. $g_n(x) \to 0$. 设 $|f(x)| \leqslant M$, 则 $\sup\limits_{x \in [0,1]} |x^n f(x)| \leqslant \delta^n M + \varepsilon < 2\varepsilon$, 其中 $\delta \in (0,1)$ 充分接近 1, 从而 $x \in [\delta, 1]$ 时, $|f(x)| < \varepsilon$. 或者由 Dini 定理得到结论.

5. 用有限覆盖定理证明.

49 上海交通大学2019真题

一、判断题, 正确的给出证明, 错误的举出反例(30 分)

1. 若数列$\{a_n\}$收敛于a, 则存在$N \in \mathbb{N}$使得$n > N$时, $|a_n - a|$单调递减地趋于0.

2. 若函数$f(x)$在$\mathbb{R}$上一致连续, 则$f^2(x)$在$\mathbb{R}$上也一致连续.

3. 在有限开区间(a,b)上无界的可微函数导数也一定无界.

4. 设级数$\sum\limits_{n=1}^{\infty} a_n$和$\sum\limits_{n=1}^{\infty} b_n$满足$\lim\limits_{n\to\infty} \frac{a_n}{b_n} = 1$, 则$\sum\limits_{n=1}^{\infty} a_n$收敛可以推出$\sum\limits_{n=1}^{\infty} b_n$也收敛.

5. 若函数$f(x,y)$在区域D上可全微分, 且$f_x(x,y) = f_y(x,y) = 0$, 则$f(x,y)$在D上为常值函数.

二、计算题(30 分)

1. 求极限$\lim\limits_{x\to 0} \frac{\cos x - \sqrt[3]{\cos x}}{\tan x^2}$.

2. 求不定积分$\int \frac{\arcsin e^x}{e^x} \, dx$.

3. 将$f(x) = \arctan \frac{1-2x}{1+2x}$在$x = 0$处展开为幂级数, 并指明收敛域.

4. 计算二重积分$\iint\limits_{D} \frac{(x+y)\ln(1+\frac{y}{x})}{\sqrt{1-x-y}} \, dx \, dy$, 其中$D$为$x = 0, y = 0, x + y = 1$所围成的区域.

5. 计算曲面积分$\iint\limits_{S} xy\sqrt{1-x^2} \, dy \, dz + e^x \sin y \, dx \, dy$, 其中$S$为$x^2 + z^2 = 1 (0 \leqslant y \leqslant z)$的外侧.

三、证明题(90 分)

1. 设$\lim\limits_{n\to\infty}(x_n - x_{n-1}) = a \in \mathbb{R}$, 用$\varepsilon$-$N$语言证明: $\lim\limits_{n\to\infty} \frac{x_n}{n} = a$.

2. 设$f(x) \in C[a,b]$, 试用实数系基本定理证明: $f(x)$在$[a,b]$上有界.

3. 设$f(x) \in C[0,1]$, 在$(0,1)$上可微, $f(0) = f(1) = 0, f(\frac{1}{2}) = 1$, 证明: 存在$\xi \in (0,1)$使得$f'(\xi) - 3(f(\xi) - \xi) = 1$.

4. 设$f(x) \in C[0,+\infty)$且$f(x) > 0$, 证明: $F(x) = \frac{\int_0^x tf(t)\,dt}{\int_0^x f(t)\,dt}$在$(0,+\infty)$上严格单调递增, 如果要使$F(x)$在$[0,+\infty)$上严格单调递增, 试问应补充定义$F(0)$为何值?

5. 设无穷积分$\int_0^{+\infty} g(x)\,dx$绝对收敛, 记$f(x) = \int_0^{+\infty} g(t)\sin(xt)\,dt$, 证明: $f(x)$在$[0,+\infty)$上一致连续.

6. 设$f(x) = \sum\limits_{n=1}^{\infty} \frac{e^{-nx}}{1+n^2}$, 证明: (1) $f(x)$的定义域为$[0,+\infty)$; (2) $f(x) \in C[0,+\infty)$; (3) $f(x)$在$(0,+\infty)$上有连续导数.

参考答案或提示

一、判断题

1. 错误. 例如数列 $\frac{1}{3}, \frac{1}{2}, \cdots, \frac{1}{2n+1}, \frac{1}{2n}, \cdots$.

2. 错误. 例如 $f(x) = x$.

3. 正确. 若 $|f'(x)| \leqslant M$, 则由 $f(x) - f(x_0) = f'(\xi)(x - x_0)$ 得到 $|f(x)| \leqslant |f(x_0)| + M|b - a|$.

4. 错误. 例如 $a_n = \frac{(-1)^n}{\sqrt{n}}$, $b_n = \frac{1}{n} + a_n$.

5. 正确. 区域 D 中任意两点可以通过 D 中的折线连通, D 中线段上的点函数值相等, 故结论成立.

二、计算题

1. $-\frac{1}{3}$.

2. $-\mathrm{e}^{-x} \arcsin \mathrm{e}^x - \ln(1 + \sqrt{1 + \mathrm{e}^{2x}}) + x + C$.

3. $f(x) = \frac{\pi}{4} + \sum\limits_{n=1}^{\infty} \frac{(-1)^n 2^{2n-1} x^{2n-1}}{2n-1}, x \in (-\frac{1}{2}, \frac{1}{2}]$.

4. $\frac{16}{15}$(令 $u = x + y, v = y$).

5. $\frac{2}{15}$(补充平面, 用 Gauss 公式).

三、证明题

1. 不妨设 $a = 0$(否则用 $x_n - a$ 替代 x_n). $|x_n - x_{n-1}| < \varepsilon (n > N) \Rightarrow |x_n - x_N| < (n - N)\varepsilon \Rightarrow |x_n| \leqslant |x_N| + (n - N)\varepsilon \Rightarrow |\frac{x_n}{n}| < 2\varepsilon (n$ 充分大).

2. 用有限覆盖定理.

3. 令 $F(x) = \mathrm{e}^{-3x}(f(x) - x)$, 则 $F(1) < 0, F(\frac{1}{2}) > 0 \Rightarrow F(\eta) = 0 (\eta \in (\frac{1}{2}, 1))$, $F(0) = 0$, 由 Rolle 定理得到结论.

4. $F'(x) > 0$. $\lim\limits_{x \to 0} F(x) = 0$, 补充定义 $F(0) = 0$.

5. $|f(x_1) - f(x_2)| \leqslant \int_0^A |g(t)||x_1 - x_2| t \, \mathrm{d} t + \int_A^{+\infty} 2|g(t)| \, \mathrm{d} t$. 给定 $\varepsilon > 0$, 取 $A > 0$ 充分大使得 $\int_A^{+\infty} 2|g(t)| \, \mathrm{d} t < \varepsilon$, 取 $\delta = \frac{\varepsilon}{A}$ 即可.

6. (1) 由根值法知 $x > 0$ 时, 级数收敛. $x = 0$ 时, 级数显然收敛. $x < 0$ 时, $\frac{\mathrm{e}^{-nx}}{1+n^2} \to +\infty$, 故级数此时发散. (2) $0 < \frac{\mathrm{e}^{-nx}}{1+n^2} < \frac{1}{n^2}$. (3) $\sum\limits_{n=1}^{\infty} |u_n'(x)| = \sum\limits_{n=1}^{\infty} \frac{n}{1+n^2} \mathrm{e}^{-nx}$ 在 $(0, +\infty)$ 上内闭一致收敛.

50 四川大学2009真题

一、求极限（28 分）

1. $\lim\limits_{n\to\infty} \frac{1}{n^2} \sum\limits_{k=1}^{n} \ln C_n^k.$

2. $\lim\limits_{n\to\infty} \sin^2(\pi\sqrt{n^2 + n}).$

3. $\lim\limits_{x\to 0^+} \frac{\int_0^{x^2} \sin^{\frac{3}{2}} t\, dt}{\int_0^x t(t-\sin t)\, dt}.$

4. $\lim\limits_{x\to 0} \frac{e^x - 1 - x}{\sqrt{1-x} - \cos\sqrt{x}}.$

二、计算积分（40 分）

1. $\iint\limits_{D} \left| \frac{x+y}{\sqrt{2}} - x^2 - y^2 \right| dx\, dy$, 其中 $D = \{(x, y) \in \mathbb{R}^2 \mid x^2 + y^2 \leq 1\}$.

2. $\int_L yz\, ds$, 其中曲线 L 是球面 $x^2 + y^2 + z^2 = a^2$ 与平面 $x + y + z = 1$ 的交线.

3. 设 $f(x) \in C^1(\mathbb{R})$, 求积分 $\int_L \frac{1 + y^2 f(xy)}{y} dx + \frac{x}{y^2}[y^2 f(xy) - 1] dy$, 其中 L 是从点 $A(3, \frac{2}{3})$ 到 $B(1, 2)$ 的直线段.

4. $\iint\limits_{S} \frac{x\, dy\, dz + y\, dz\, dx + z\, dx\, dy}{\sqrt{(x^2 + y^2 + z^2)^3}}$, 其中 S 是抛物面 $1 - \frac{z}{7} = \frac{(x-2)^2}{25} + \frac{(y-1)^2}{16}$ $(z \geq 0)$ 的上侧.

三、（10 分） 设 $z = f(x, y)$ 在有界区域 D 内二阶连续可微, 且 $f_{xx} + f_{yy} = 0, f_{xy} \neq 0$, 证明: $z = f(x, y)$ 的最大值和最小值只能在区域 D 的边界上取得.

四、（12 分） 证明: 在变换 $u = \frac{x}{y}, v = x, w = xz - y$ 之下, 方程 $yz_{yy} + 2z_y = \frac{2}{x}$ 可变为 $w_{uu} = 0$.

五、（12 分） 证明: $\sum\limits_{n=1}^{\infty} (1-x)\frac{x^n}{1-x^{2n}} \sin nx$ 在 $(\frac{1}{2}, 1)$ 上一致收敛.

六、（12 分） 设 $f(x) \in C[a, b]$, 且 $f(a) = f(b)$, 证明: 对 $\forall n \in \mathbb{N}_+$, 存在 $\xi \in (a, b)$, 使得 $f(\xi + \frac{b-a}{n}) = f(\xi)$.

七、（12 分） 设 $f(x) \in C[0, 1]$, 在 $(0, 1)$ 上可导, $f'(x) > 0, f(0) = 0$, 证明: 存在 $\xi, \eta \in (0, 1)$, 使得 $\xi + \eta = 1, \frac{f'(\xi)}{f(\xi)} = \frac{f'(\eta)}{f(\eta)}$.

八、（12 分） 设函数 $f(x) \in C^1[a, b]$, 证明: $\int_a^b |f(x)|\, dx \leq \max\{(b-a)\int_a^b |f'(x)|\, dx, |\int_a^b f(x)\, dx|\}$.

九、（12 分） 设 $\forall A > 0$, 函数 $f(x) \in R[0, A]$, $\lim\limits_{x\to +\infty} f(x) = B$ (B 有限), 证明: $\lim\limits_{t\to 0^+} t\int_0^{+\infty} e^{-tx} f(x)\, dx = B$.

参考答案或提示

一、求极限

1. $\frac{1}{2}$(用Stokes公式).

2. $1(\pi\sqrt{n^2+n}-n\pi\to\frac{\pi}{2})$.

3. 12(L'Hospital法).

4. -6(用Taylor公式).

二、计算积分

1. $\frac{9}{16}\pi+\frac{\sqrt{2}-2}{3}$(用极坐标, 分三个区域).

2. $\frac{\pi}{3}a(1-a^2)$(利用对称性).

3. $\frac{x}{y}+\int_2^{xy}f(u)\,\mathrm{d}\,u|_A^B=-4$.

4. 2π(转化为$x^2+y^2+z^2=\varepsilon^2(z>0,\varepsilon>0$充分小)上的积分).

三、 若在D内某点P_0取得, 则$H_f(P_0)$半正定或半负定, 但是$|H_f(P_0)|<0$, 矛盾.

四、 $z=\frac{w+y}{x}\Rightarrow z_y=\frac{1}{x}(w_u\frac{-x}{y^2}+1),z_{yy}=\frac{1}{x}(w_{uu}\frac{x^2}{y^4}+w_u\frac{2x}{y^3})$. 故结论成立.

五、 $|\sum\limits_{k=}^n\sin kx|\leqslant\frac{1}{\sin\frac{1}{4}}$; 固定$x$时, $\{(1-x)\frac{x^n}{1-x^{2n}}\}$单调递增, $(1-x)\frac{x^n}{1-x^{2n}}=$
$\frac{x^n}{1+x+\cdots+x^{2n-1}}\leqslant\frac{1}{2n-1}\to0$. 由Dirichlet判别法知结论成立.

六、 令$x_i=a+\frac{i(b-a)}{n}(0\leqslant i\leqslant n),F(x)=f(x+\frac{b-a}{n})-f(x)$, 则$\sum\limits_{i=1}^nF(x_{i-1})=$
$\sum\limits_{i=1}^n[f(x_i)-f(x_{i-1})]=0$. 若有某个$F(x_i)=0$, 结论成立; 否则有$F(x_i)F(x_j)<0$,
由零点定理知结论成立.

七、 令$F(x)=f(x)f(1-x)$, 则$F(0)=F(1)=0$, 故由Rolle定理得到结论.

八、 若存在$f(x)$不变号, 则$\int_a^b|f(x)|\,\mathrm{d}\,x=|\int_a^bf(x)\,\mathrm{d}\,x|$; 否则$x_0\in(a,b)$使得$f(x_0)=$
0, 则$|f(x)|=|\int_{x_0}^xf'(t)\,\mathrm{d}\,t|\leqslant\int_a^b|f'(t)|\,\mathrm{d}\,t$, 故$\int_a^b|f(x)|\,\mathrm{d}\,x\leqslant(b-a)\int_a^b|f'(t)|\,\mathrm{d}\,t$.

九、 只要证明: $t\int_0^{+\infty}\mathrm{e}^{-tx}(f(x)-B)\,\mathrm{d}\,x\to0(t\to0^+)$(利用$\int_0^{+\infty}=\int_0^G+\int_G^{+\infty}$, 其中$G>0$充分大).

51 四川大学2010真题

一、求极限(28 分)

1. $\lim\limits_{x\to 0}\dfrac{\sqrt{\cos x}-\sqrt[3]{\cos x}}{\sin^2 x}$.

2. $\lim\limits_{n\to\infty}(\dfrac{1^p+2^p+\cdots+n^p}{n^p}-\dfrac{p}{p+1})\ (p\in\mathbb{N}_+)$.

3. $\lim\limits_{x\to +\infty}\dfrac{x^2\ln x-x}{(\ln x)^x+x}$.

4. $\lim\limits_{n\to\infty}\sqrt[n]{1+a^n+\sin^2 x}\ (a>0)$.

二、计算积分(40 分)

1. $\int\dfrac{\sin x\cos^3 x}{1+\cos^2 x}\,\mathrm{d}x$.

2. $\oint_L\dfrac{(x-y)\,\mathrm{d}x+(x+4y)\,\mathrm{d}y}{x^2+4y^2}$, 其中$L$为单位圆$x^2+y^2=1$, 取逆时针方向.

3. $\iint\limits_{\Sigma}(2x+z)\,\mathrm{d}y\,\mathrm{d}z+z\,\mathrm{d}x\,\mathrm{d}y$, 其中$\Sigma$是曲面$z=x^2+y^2(0\leqslant z\leqslant 1)$, 取上侧.

4. $g(\alpha)=\int_1^{+\infty}\dfrac{\arctan\alpha}{x^2\sqrt{x^2-1}}\,\mathrm{d}x$.

5. 设$f(x)=\int_1^x\dfrac{\sin t}{t}\,\mathrm{d}t$, 求$\int_0^1 xf(x)\,\mathrm{d}x$.

三、(12 分) 设$f(x)\in C[0,+\infty)$, $\lim\limits_{x\to+\infty}(f(x)+\sin x)=0$, 证明: $f(x)$在$[0,+\infty)$上一致连续.

四、(10 分) 令$u=f(z)$, 其中$z=z(x,y)$是由方程$z=x+y\varphi(z)$所确定的隐函数, 且$f(z),\varphi(z)\in C^\infty(\mathbb{R})$, 证明: $\dfrac{\partial^n u}{\partial y^n}=\dfrac{\partial^{n-1}}{\partial x^{n-1}}\{\varphi^n(z)\dfrac{\partial u}{\partial x}\}$.

五、(15 分) 设函数$f(x)$在$(0,+\infty)$内可微, $\lim\limits_{x\to+\infty}f'(x)=0$, 证明: $\lim\limits_{x\to+\infty}\dfrac{f(x)}{x}=0$.

六、(10 分) 设$f(x)$在$[a,b]$内可导且$f(a)=0$, 证明: $M^2\leqslant(b-a)\int_a^b(f'(x))^2\,\mathrm{d}x$, 其中$M=\sup\limits_{a\leqslant x\leqslant b}|f(x)|$.

七、(20 分) 设$f_n(x)=n^\alpha x\mathrm{e}^{-nx}, n\in\mathbb{N}$, 分别确定参数$\alpha$使得: (1) 函数列$\{f_n(x)\}$在$[0,1]$上收敛; (2) 函数列$\{f_n(x)\}$在$[0,1]$上一致收敛; (3) $\int_0^1\lim\limits_{n\to\infty}f_n(x)\,\mathrm{d}x=\lim\limits_{n\to\infty}\int_0^1 f_n(x)\,\mathrm{d}x$.

八、(15 分) 证明: $\iiint\limits_{\Omega}\dfrac{\mathrm{d}x\,\mathrm{d}y\,\mathrm{d}z}{r}=\dfrac{1}{2}\iint\limits_{\partial\Omega}\cos(\boldsymbol{r},\boldsymbol{n})\,\mathrm{d}S$, 其中$\Omega$为$\mathbb{R}^3$中的单连通区域, $\partial\Omega$ 为其光滑边界曲面, $\boldsymbol{n}$为曲面$\partial\Omega$在点(x,y,z)的单位外法向量, $r=\sqrt{(\xi-x)^2+(\eta-y)^2+(\zeta-z)^2}$, $\boldsymbol{r}=(x-\xi)\mathbf{i}+(y-\eta)\mathbf{j}+(z-\zeta)\mathbf{k}$为空间中的点$(\xi,\eta,\zeta)$到$(x,y,z)$的向量.

参考答案或提示

一、求极限

1. $-\frac{1}{12}$.

2. $\frac{1}{2}$(用Stolz公式).

3. 0.

4. $\begin{cases} a, & a \geqslant 1, \\ 1, & a < 1. \end{cases}$

二、计算积分

1. $\frac{1}{2}(\ln(1 + \cos^2 x) - \cos^2 x) + C$.

2. π.

3. $\frac{\pi}{2}$.

4. 注意到$g(-\alpha) = -g(\alpha)$, 不妨设$\alpha > 0$, 则$g'(\alpha) = \frac{\pi}{2}(1 - \frac{\alpha}{\sqrt{1+\alpha^2}}) \Rightarrow g(\alpha) = \frac{\pi}{2}(1 + \alpha - \sqrt{\alpha^2 + 1})$.

5. $\sum\limits_{n=1}^{\infty} \frac{(-1)^{n-1}}{(4n-2)(2n-1)!} - \frac{\cos 1 - \sin 1}{2}$.

三、 由条件知$f(x) + \sin x$在$[0, +\infty)$上一致连续, 而显然$\sin x$一致连续, 故结论成立.

四、 $n = 1$时, 要证明$u_y = \varphi u_x$. 易得$z_x = \frac{1}{1-y\varphi'}$, $z_x = \frac{\varphi}{1-y\varphi'}$, 而$u_x = f' z_x$, $u_y = f' z_y$, 故等式成立. 假设结论对n成立, 要证明$n + 1$时成立. 由各阶偏导连续, 只需证明: $\frac{\partial \varphi^n u_x}{\partial y} = \frac{\partial \varphi^{n+1} u_x}{\partial x}$. 由$u_y = \varphi u_x$, 又只需证明: $\frac{\partial \varphi^n u_x}{\partial y} = \frac{\partial \varphi^n u_y}{\partial x}$, 这是容易验证的.

五、 设$|f'(x)| < \varepsilon (x > G)$, 则$x$充分大时, $|\frac{f(x)}{x}| = |\frac{f(x)-f(G)}{x}| + |\frac{f(G)}{x}| < |\varepsilon\frac{x-G}{x}| + |\frac{f(G)}{x}| < 2\varepsilon$.

六、 设$|f(x_0)| = M(x_0 \in [a,b])$. 由Cauchy-Schwarz不等式得$(b-a)\int_a^b (f'(x))^2 \, \mathrm{d}x \geqslant (\int_a^b |f'(x)| \, \mathrm{d}x)^2 \geqslant (\int_a^{x_0} f'(x) \, \mathrm{d}x)^2 = M^2$.

七、 (1) $\forall \alpha \in \mathbb{R}$. (2) $\alpha < 1$. (3) $n^{\alpha-1}(1 - \mathrm{e}^{-n}) \to 0 \Leftrightarrow \alpha < 1$.

八、 若(ξ, η, ζ)在Ω外, 由Gauss公式可得结论. 若(ξ, η, ζ)在Ω外, 令$S_\varepsilon : (x-\xi)^2 + (y-\eta)^2 + (z-\zeta)^2 = \varepsilon^2 (\varepsilon > 0$充分小$)$, 取内侧. 由Gauss公式$\frac{1}{2}\iint\limits_{\partial\Omega + S_\varepsilon} \cos(\boldsymbol{r}, \boldsymbol{n}) \, \mathrm{d}S = \iiint\limits_{\Omega - B_\varepsilon} \frac{\mathrm{d}x\,\mathrm{d}y\,\mathrm{d}z}{r}$. 显然$\iint\limits_{S_\varepsilon} \cos(\boldsymbol{r}, \boldsymbol{n}) \, \mathrm{d}S = 0$, 故令$\varepsilon \to 0^+$即得结论.

52 四川大学2011真题

一、求极限(28 分)

1. $\lim\limits_{n\to\infty} \sqrt{n+\sqrt{n+2\sqrt{n}}} - \sqrt{n}$.

2. $\lim\limits_{n\to\infty} \sum\limits_{k=1}^{2n} \frac{1}{n+k}$.

3. 设 $\lim\limits_{x\to+\infty} (1+\frac{1}{x})^{ax} = \lim\limits_{x\to 0} \arccos \frac{\sqrt{x+1}-1}{\sin x}$, 求 a.

4. $\lim\limits_{x\to 0} (\mathrm{e}^x + x^2 + 3\sin x)^{\frac{1}{2x}}$.

二、求积分(48 分)

1. 求 $\int \cos(\ln x)\,\mathrm{d}x$.

2. 求 $\int_0^{+\infty} \frac{1}{x^4+1}\,\mathrm{d}x$.

3. 计算积分 $\int_L |y|\,\mathrm{d}s$, 其中 L 为球面 $x^2+y^2+z^2=2$ 与平面 $x=y$ 的交线.

4. 计算曲面积分 $\iint\limits_{\Sigma}(x+y+z)^2\,\mathrm{d}S$, 其中 Σ 是球面 $x^2+y^2+z^2=R^2$.

5. 设 $f(x) \in C^1(\mathbb{R})$, 计算积分 $\int_L \frac{1+y^2 f(xy)}{y}\,\mathrm{d}x + \frac{x}{y^2}(y^2 f(xy) - 1)\,\mathrm{d}y$, 其中 L 为上半平面 $(y>0)$ 内以点 $(2,3)$ 为起点, $(3,2)$ 为终点的有向分段光滑曲线.

6. 计算 $\iint\limits_{\Sigma} \frac{x\,\mathrm{d}y\,\mathrm{d}z + z^2\,\mathrm{d}x\,\mathrm{d}y}{\sqrt{x^2+y^2+z^2}}$, 其中 Σ 为下半球面 $z = -\sqrt{1-x^2-y^2}$, 取上侧.

三、(10 分) 设函数 $z = f(x,y) \in C^2(\mathbb{R}^2)$, 且 $f_y \neq 0$, 证明: 对任意实数 c, $f(x,y)=c$ 的解 $y=y(x)$ 为一条直线的充要条件是 $f_y^2 f_{xx} - 2f_x f_y f_{xy} + f_x^2 f_{yy} = 0$.

四、(12 分) 函数 $f(x) = x\sin\frac{1}{x}$ 和 $g(x) = \sin\frac{1}{x}$ 在 $(0,+\infty)$ 上是否一致连续, 并给出证明.

五、(12 分) 设偶函数 $f(x)$ 的二阶导数 $f''(x)$ 在 $x=0$ 的邻域内连续, 且 $f(0)=1, f''(0)=2$, 证明: 级数 $\sum\limits_{n=1}^{\infty}[f(\frac{1}{n})-1]$ 绝对收敛.

六、(10 分) 设函数 $f: [0,1] \to (0,1)$ 在 $[0,1]$ 内可导, 且 $f'(x) \neq 1$, 证明: 方程 $f(x)=x$ 在 $(0,1)$ 内存在唯一的实根.

七、(15 分) 设 $f(x) \in R[0,1]$ 且在 $x=1$ 处连续, 证明: $\lim\limits_{n\to\infty} n\int_0^1 x^n f(x)\,\mathrm{d}x = f(1)$.

八、(15 分) 设函数 $f(x,y)$ 在区域 $D: x^2+y^2 \leqslant 1$ 上二阶连续可微, 且 $f_{xx}+f_{yy} = \mathrm{e}^{-(x^2+y^2)}$, 证明: $\iint\limits_{D}(x f_x + y f_y)\,\mathrm{d}x\,\mathrm{d}y = \frac{\pi}{2\mathrm{e}}$.

参考答案或提示

一、求极限

1. $\frac{1}{2}$.

2. $\ln 3$.

3. $\ln \frac{\pi}{3}$.

4. e^2.

二、计算积分

1. $\frac{1}{2}x(\cos\ln x + \sin\ln x) + C$.

2. $\frac{\pi}{2\sqrt{2}}$.

3. $4\sqrt{2}$.

4. $4\pi R^4$(利用对称性).

5. $\frac{5}{6}$(找原函数).

6. $\frac{2}{\pi} - \frac{2}{3}$.

三、 $f(x, y(x)) = 0 \Rightarrow f_1 + f_2 y' = 0 \Rightarrow f_{11} + 2f_{12}y' + f_{22}y'^2 + f_2 y'' = 0$. 必要性: $y = f(x)$是直线$\Rightarrow y'' = 0$, 故$f_{11}f_2^2 - 2f_{12}f_1 f_2 + f_{22}f_1^2 = 0$, 即等式成立. 充分性: 若等式成立, 则$f_2^3 y'' = 0$. 由于$f_2 \neq 0$, 故$y'' = 0$.

四、 $f(0^+) = 0, |f'(x)| \leqslant 2(x > 1) \Rightarrow f(x)$在$(0, +\infty)$上一致连续. $g(\frac{1}{2n\pi + \frac{\pi}{2}} - g(\frac{1}{2n\pi}) = 1$, 故$g(x)$在$(0, +\infty)$上非一致连续.

五、 $f(\frac{1}{n}) = f(0) + f'(0)\frac{1}{n} + f''(0)\frac{1}{2n^2} + o(\frac{1}{n^2})$.

六、 设$g(x) = f(x) - x$, 则$g(0)g(1) < 0$, 故$g(x)$在$(0, 1)$内有根. 由于$g'(x) \neq 0(x \in (0, 1))$, $g(x)$在$[0, 1]$上严格单调, 故$g(x)$有唯一的根.

七、 略.

八、 由Green公式有$\oint_{\partial D} \frac{x^2 + y^2}{2}(f_x\,\mathrm{d}y - f_y\,\mathrm{d}x) = \iint\limits_{D}[(xf_x + yf_y) + \frac{x^2 + y^2}{2}(f_{xx} + f_{yy})]\,\mathrm{d}x\,\mathrm{d}y$. 而$\oint_{\partial D} \frac{x^2 + y^2}{2}(f_x\,\mathrm{d}y - f_y\,\mathrm{d}x) = \oint_{\partial D} \frac{1}{2}(f_x\,\mathrm{d}y - f_y\,\mathrm{d}x) = \frac{1}{2}\iint\limits_{D}(f_{xx} + f_{yy})\,\mathrm{d}x\,\mathrm{d}y$. 故结论成立.

53 四川大学2012真题

一、极限题(32 分)

1. 设集合 $A = \varnothing, a = \sup A, \alpha \notin A$, 证明: A 中存在严格单调递增的数列 $\{x_n\}$, 满足 $\lim\limits_{n \to \infty} x_n = \alpha$.

2. 设 $x_0 = a, x_1 = b(0 < a < b), x_{n+1} = \sqrt{x_n x_{n-1}}(n \geqslant 1)$, 证明 $\{x_n\}$ 收敛, 并求其极限.

3. 求 $\lim\limits_{x \to 0} \dfrac{e^{x^2} - x \sin x - 1}{x^4}$.

4. 求 $\lim\limits_{x \to 0} \dfrac{\sqrt{\cos x} - \sqrt[3]{\cos x}}{\ln(x^2 + 1)}$.

二、求积分(40 分)

1. 求 $\int_0^1 \dfrac{x^{2011} - x^{1005}}{\ln x} \mathrm{d} x$.

2. 设 $f(x) \in R[0, 1]$, 且满足 $x^2 \ln^2 x - f(x) = \int_0^1 f(x) \mathrm{d} x$, 求 $\int_0^1 f(x) \mathrm{d} x$ 的值.

3. 计算 $\int_L (x^2 + 2y + z) \mathrm{d} s$, 其中 L 为球面 $x^2 + y^2 + z^2 = 1$ 与平面 $x + y + z = 0$ 的交线.

4. 计算 $\iint\limits_L \dfrac{x \mathrm{d} y - y \mathrm{d} x}{x^2 + 2y^2}$, 其中 L 为圆周 $(x - 2)^2 + y^2 = r^2 (0 < r \neq 2)$, 取逆时针方向.

5. 计算 $\iint\limits_S (x + 2y) \mathrm{d} y \mathrm{d} z + (y + z) \mathrm{d} z \mathrm{d} x + (z + 2) \mathrm{d} x \mathrm{d} y$, 其中 S 为椭球面 $\dfrac{x^2}{a^2} + \dfrac{y^2}{b^2} + \dfrac{z^2}{c^2} = 1$ 的上半部分, 取下侧.

三、(15 分) 设正项级数 $\sum\limits_{n=1}^{\infty} a_n$ 发散, $S_n = \sum\limits_{k=1}^{n} a_k$, 讨论 $\sum\limits_{n=1}^{\infty} \dfrac{a_n}{S_n^{\sigma}}$ 的敛散性, 其中 $\sigma > 0$.

四、(15 分) 讨论函数 $f(x, y) = \begin{cases} (x + y) \sin \dfrac{1}{x^2 + y^2}, & (x, y) \neq (0, 0) \\ 0, & (x, y) = (0, 0) \end{cases}$ 的偏导数 f_x, f_y 在原点处的连续性和 f 在原点处的可微性.

五、(15 分) 设 $f(x)$ 在 $(0, 2)$ 上二阶可导, $f''(1) > 0$, 证明: 存在 $x_1, x_2 \in (0, 2)$, 使得 $f'(1) = \dfrac{f(x_2) - f(x_1)}{x_2 - x_1}$.

六、(12 分) 设连续函数 $f: \mathbb{R} \to \mathbb{R}$ 在所有无理数处取有理数值, 且 $f(0) = 1$, 求 $f(x)$.

七、(21 分) 设 $f(x) = \int_1^{+\infty} \dfrac{\sin xt}{t(1 + t^2)} \mathrm{d} t, x \in \mathbb{R}$, 证明: (1) $\int_1^{+\infty} \dfrac{\sin xt}{t(1 + t^2)} \mathrm{d} t$ 关于 x 在 $\mathbb{R}$ 上一致收敛; (2) $\lim\limits_{x \to +\infty} f(x) = 0$; (3) $f(x)$ 在 $\mathbb{R}$ 上一致连续.

参考答案或提示

一、求极限

1. 只需证明: α的任何左邻域中包含$\{x_n\}$中元. 这是显然的, 否则就与α为A的上确界矛盾.

2. 令$y_n = \ln x_n$, 则$y_{n+1} = \frac{y_n + y_{n-1}}{2}$. 易知$y_{n+1} - y_n \to 0, y_{n+1} + \frac{y_n}{2} = y_1 + \frac{y_0}{2}$. 因此$y_n \to \frac{2}{3}(y_1 + \frac{y_0}{2}) \Rightarrow x_n \to \sqrt[3]{ab^2}$.

3. $\frac{2}{3}$.

4. $-\frac{1}{12}$.

二、计算积分

1. $\ln 2$(化为二重积分).

2. $\frac{2}{27}$(两边积分).

3. $\frac{2}{3}\pi$.

4. $r > 2$时, 积分值为$\sqrt{2}\pi$; $r < 2$时, 积分值为0.

5. $-2\pi ab(2c + 1)$.

三、 显然$S_n \to +\infty$. $\sigma > 1$时, $\frac{a_n}{S_n^\sigma} = \int_{S_{n-1}}^{S_n} \frac{1}{S_n^\sigma} \, dt \leqslant \int_{S_{n-1}}^{S_n} \frac{1}{t^\sigma} \, dt$, 易知此时级数收敛. $0 < \sigma \leqslant 1$时, 固定n, $\sum_{k=n}^{m} \frac{a_k}{S_k^\sigma} \geqslant \frac{S_m - S_{n-1}}{S_m} \to 1$, 由Cauchy收敛准则知级数发散.

四、 f_x, f_y在$(0,0)$处都不连续. $f_x(0,0) = f_y(0,0) = 0 \Rightarrow \frac{f(x,y)}{\sqrt{x^2+y^2}} \to 0((x,y) \to (0,0))$(用极坐标), 故$f(x,y)$在$(0,0)$处可微.

五、 $f''(1) > 0 \Rightarrow$存在$x_1 \in U_-^\circ(1), x_4 \in U_+^\circ(1)$使得$f'(x_1) < f'(1), f'(x_4) > f'(1)$. 因此存在$x_2 \in (x_1, 1), x_3 \in (1, x_4)$使得$\frac{f(x_1)-f(x_2)}{x_1-x_2} < f'(1) < \frac{f(x_3)-f(x_4)}{x_3-x_4}$. 若$\frac{f(x_1)-f(x_4)}{x_1-x_4} > f'(1)$, 则函数$F(t) = \frac{f(x_1)-f(t)}{x_1-t}$在$[x_2, x_4]$上连续, 故由介值性知结论成立; $\frac{f(x_1)-f(x_4)}{x_1-x_4} \leqslant f'(1)$, 同理可得结论.

六、 若$f(x_0) \neq 1$, 则由$f(x)$的介值性, $f(x_0)$与1之间的所有无理数和0与x_0之间的某些有理数一一对应, 矛盾. 故$f(x) \equiv 0$.

七、 (1) 由M判别法可得. (2) $x > 0$时, $f(x) = \int_x^{+\infty} \frac{x^2 \sin u}{u(x^2+u^2)} \, du$. 而由Abel判别法知$\int_1^{+\infty} \frac{x^2}{x^2+u^2} \cdot \frac{\sin u}{u} \, du$在$(0, +\infty)$上一致收敛(或者由Dirichlet判别法得到结果), 故对任何的$\varepsilon > 0$, 存在$M > 1$, 使得$A > M$时, $|\int_A^{+\infty} \frac{x^2 \sin u}{u(x^2+u^2)} \, du| < \varepsilon$对所有的$x \in (0, +\infty)$成立, 从而$x > M$时, $|\int_x^{+\infty} \frac{x^2 \sin u}{u(x^2+u^2)} \, du| < \varepsilon$成立, 即$\lim_{x \to +\infty} f(x) = 0$. (3) $|f'(x)| \leqslant \frac{\pi}{4}$.

54 四川大学2013真题

一、计算题(80 分)

1. 设m为正整数, 求$\lim\limits_{n\to\infty}(\frac{1}{n}(\frac{1}{m}\sum\limits_{k=1}^{m}\sqrt[n]{k})^n$.

2. 求 $\lim\limits_{x\to+\infty}\int_x^{x+1}\frac{\sin t^2}{t+\cos t}\mathrm{d}\,t$.

3. 求$\lim\limits_{x\to0}\frac{(2x-\sin 2x)\arcsin x}{\mathrm{e}^{-\frac{x^2}{2}}-\cos x}$.

4. 求$\int_0^{\pi}\frac{2\cos x}{\sin x+\cos x}\mathrm{d}\,x$.

5. 求球体$x^2+y^2+z^2\leqslant 1$被柱面$x^2+y^2=x$所截出部分的体积.

6. 求流速为$\boldsymbol{v}=(x,y,z)$的不可压缩流体单位时间内穿过圆锥体$x^2+y^2\leqslant z^2(0\leqslant z\leqslant h)$表面的流量, 表面法向量朝外.

7. 求$\int_L\frac{x\,\mathrm{d}\,y-y\,\mathrm{d}\,x}{x^2+2y^2}$, 其中$L$为不过原点的简单闭曲线, 取逆时针方向.

8. 求幂级数$\sum\limits_{n=1}^{\infty}(n+1)(x+1)^n$的收敛域与和函数.

二、判断题, 正确的给出证明, 错误的举出反例(20 分)

1. 对任意的$\varepsilon>0$, $f(x)$在$[a+\varepsilon,b-\varepsilon]$上连续, 则$f(x)\in C(a,b)$.

2. 若函数$f(x)$在$\mathbb{R}$上可导, 则$f'(x)\in C(\mathbb{R})$.

3. 若$f,g\in C(\mathbb{R})$, 则$f(\min\{g(x),1\})$关于x在$\mathbb{R}$上一致连续.

4. 设$f:\mathbb{R}^2\to\mathbb{R}^2$可微, $x,y\in\mathbb{R}^2$, 则存在$\theta\in(0,1)$使得$f(y)-f(x)=f'[x+\theta(y-x)](y-x)$.

三、(10 分) 若正项级数$\sum\limits_{n=1}^{\infty}a_n$, 且数列$\{a_n\}$单调, 证明: $\lim\limits_{n\to\infty}na_n=0$.

四、(15 分) 讨论积分$\int_0^1\frac{1}{x^p|\ln x|^q}\mathrm{d}\,x$的敛散性, 其中$p,q>0$.

五、(10 分) 设$f_x(x,y)$在$(0,0)$处连续, $f_y(0,0)$存在, 证明: $f(x,y)$在$(0,0)$处可微.

六、(15 分) 设f,g在$(-1,1)$内可导, 且对$\forall x\in(-1,1)$有$g'(x)\neq 0$, 若$\lim\limits_{x\to0}g(x)=\infty$, $\lim\limits_{x\to0}\frac{f'(x)}{g'(x)}=1$, 证明: 当$x\to0$时, $f(x)$和$g(x)$是等价无穷大量.

参考答案或提示

一、计算题

1. $\sqrt[m]{m!}$.

2. 0(由Abel判别法知$\int_1^{+\infty} \sin t^2 \cdot \frac{1}{t+\cos t}\,\mathrm{d}\,t$收敛).

3. -16.

4. $\pi + \ln|\sin x + \cos x|\,\big|_0^\pi = \pi$.

5. $\frac{2}{3}\pi - \frac{8}{9}$.

6. πh^3.

7. L不包含原点在内时, 积分值为0; L包含原点在内时, 积分值为$-\sqrt{2}\pi$.

8. $S(x) = \frac{1}{x^2} - 1, |x+1| < 1$.

二、判断题

1. 正确. 因为(a,b)中的任何点是其中的某个闭区间中的内点.

2. 错误. 例如$f(x) = \begin{cases} x^2\sin\frac{1}{x}, & x \neq 0, \\ 0, & x = 0. \end{cases}$

3. 错误. 例如$f(x) = x, g(x) = \sin x^2$.

4. 错误. 例如$f(x,y) = (\cos(x+y), \sin(x+y)), y_0 = (0, \frac{\pi}{2}), x_0 = (0,0)$.

三、利用Cauchy收敛准则和单调性.

四、$p < 1, q < 1 (\int_0^1 = \int_0^{\frac{1}{2}} + \int_{\frac{1}{2}}^1)$.

五、$f(x,y) - f(0,0) = [f(x,y) - f(0,y)] + [f(0,y) - f(0,0)] = f_x(\xi,y)x + [f_y(0,0)y + o(y)] = f_x(0,0)x + f_y(0,0)y + o(x) + o(y)$, 故$f(x,y)$在$(0,0)$处可微.

六、设$h(x) = f(x) - g(x)$, 则$\frac{h'(x)}{g'(x)} \to 0$. 要证明: $\frac{h(x)}{g(x)} \to 0$. 对任何的$\varepsilon > 0$, 存在$\delta > 0$, 使得$0 < x < \delta$时, $\left|\frac{h'(x)}{g'(x)}\right| < \varepsilon$. 选定$x_1 \in (0,\delta)$, 当$x \in (0,\delta)$且$x \neq x_1$时, $\left|\frac{h(x)-h(x_1)}{g(x)-g(x_1)}\right| = \left|\frac{h'(\xi)}{g'(\xi)}\right| < \varepsilon$, 从而$|h(x)| \leqslant |h(x_1)| + \varepsilon|g(x) - g(x_1)|$对所有的$x \in (0,\delta)$成立. 因此, $\left|\frac{h(x)}{g(x)}\right| \leqslant \left|\frac{h(x_1)}{g(x)}\right| + \varepsilon\left|\frac{g(x)-g(x_1)}{g(x)}\right|$, 所以$\varlimsup_{x \to 0^+}\left|\frac{h(x)}{g(x)}\right| \leqslant \varepsilon$. 令$\varepsilon \to 0^+$即得$\lim_{x \to 0^+}\frac{h(x)}{g(x)} = 0$. 同理可得$\lim_{x \to 0^-}\frac{h(x)}{g(x)} = 0$. 故结论成立.

55　四川大学2014真题

一、计算题（70 分）

1. 求 $\lim\limits_{n\to\infty}\prod\limits_{k=1}^{n}\frac{4k-3}{4k}$.

2. 求 $\lim\limits_{n\to\infty}\sqrt[n]{n!}\ln(1+\frac{1}{n})$.

3. 对任意的 $A>0,f(x)\in R[0,A]$, 且 $\lim\limits_{x\to+\infty}f(x)=1$, 求 $\lim\limits_{T\to+\infty}\frac{1}{T}\int_0^T f(x)\,\mathrm{d}x$.

4. 设 $z=z(x,y)$ 由方程 $\mathrm{e}^{-xy}-2z+\mathrm{e}^z=0$ 确定, 求 z_{xy}.

5. 求椭球面 $\frac{x^2}{3}+\frac{y^2}{4}+\frac{z^2}{9}=1(x,y,z>0)$ 的切平面与三坐标面所围成的立体的最小体积.

6. 设 $f(t)$ 连续, $f(t)\sim t^2(t\to 0),F(t)=\iint\limits_{x^2+y^2\leqslant t}f(x^2+y^2)\,\mathrm{d}x\,\mathrm{d}y(t\geqslant 0)$, 求 $F''(0^+)$.

7. 计算 $\oint_L(y^2+z^2)\,\mathrm{d}x+(z^2+x^2)\,\mathrm{d}y+(x^2+y^2)\,\mathrm{d}z$, 其中 L 是曲面 $x^2+y^2+z^2=4x(z\geqslant 0)$ 与 $x^2+y^2=2x$ 的交线, 从 z 轴正向看为逆时针方向.

二、（ 10 分）设 $f(x)\in C[a,b]$, 且对任意的 $x\in[a,b],f(x)\neq 0$, 用定义证明 $\frac{1}{f(x)}$ 在 $[a,b]$ 上一致连续.

三、（ 10 分）设 $f(x)$ 在 $[0,1]$ 上可导, $f(1)=\int_0^1 f(x)\mathrm{e}^{1-x^2}\,\mathrm{d}x$, 证明: 存在 $\alpha\in(0,1)$ 使得 $f'(a)=2af(a)$.

四、（ 10 分）令 $f(x)=\frac{1}{x},a_{2n-1}=f(n),a_{2n}=\int_n^{n+1}f(x)\,\mathrm{d}x$, 讨论 $\sum\limits_{n=1}^{\infty}(-1)^na_n$ 的敛散性(收敛时要求说明是否绝对收敛).

五、（ 10 分）证明: $\int_0^{+\infty}\frac{\cos x^2}{1+x^y}\,\mathrm{d}x$ 在 $y\in[0,+\infty)$ 时一致收敛.

六、（ 10 分）设 $f(t)\in C[0,1]$, 证明: $\iint\limits_S f(x^2+y^2)\,\mathrm{d}S=2\pi\int_{-1}^1 f(1-t^2)\,\mathrm{d}t$, 其中 S 为球面 $x^2+y^2+z^2=1$.

七、（ 15 分）设 $f(x)$ 和 $g(x)$ 在 x_0 的附近恒正, 判断下面命题(A)及其逆命题是否成立. 若成立, 给出证明; 若不成立, 举出反例. (A) 若在 $x\to x_0$ 时, $f(x)$ 和 $g(x)$ 为等价无穷小量, 则 $\ln f(x)$ 与 $\ln g(x)$ 为等价无穷大量.

八、（ 15 分）叙述数列的 Cauchy 收敛准则, 并用确界原理证明它.

参考答案或提示

一、计算题

1. 0.

2. $\frac{1}{e}$.

3. $1\left(\frac{1}{T}\int_0^T (f(x)-1)\,dx \to 0\right)$.

4. $z_{xy} = \frac{(e^z-2)^2(1-xy)\,e^{-xy}-xy\,e^{z-2xy}}{(e^z-2)^3}$.

5. $V_{\min}=9$.

6. $F(t)=\pi\int_0^t f(u)\,du \Rightarrow F'(t)=\pi f(t) \Rightarrow F''(0^+)=\lim\limits_{t\to 0^+}\frac{\pi f(t)}{t} \to 0$.

7. 4π(用Stokes公式, 注意对称性).

二、 设$m=\min\limits_{x\in[a,b]}\frac{1}{|f(x)|}$, 则$m>0$, 从而$\left|\frac{1}{f(x_1)}-\frac{1}{f(x_2)}\right| \leqslant \frac{|f(x_1)-f(x_2)|}{m^2}$.

三、 由积分第一中值定理知$f(1)-f(\eta)\,e^{1-\eta^2}\ (\eta\in(0,1))$. 令$F(x)=e^{-x^2}f(x)$, 则$F(1)=F(\eta)$. 由Rolle定理得到结论.

四、 $a_{2n-1}=\frac{1}{n}, a_{2n}=\ln(1+\frac{1}{n})$. $\frac{1}{n}-\ln(1+\frac{1}{n})\sim\frac{1}{2n^2} \Rightarrow \sum\limits_{k=1}^{\infty}\left(\frac{1}{n}-\ln(1+\frac{1}{n})\right)$收敛,

由于$a_n\to 0$, 故$\sum\limits_{n=1}^{\infty}(-1)^n a_n$收敛. 由于$a_n\sim\frac{1}{n}$, 原级数非绝对收敛.

五、 $\int_0^{+\infty}\frac{\cos x^2}{1+x^y}\,dx = \int_0^{+\infty}\frac{\cos t}{2\sqrt{t}(1+t^{\frac{y}{2}})}\,dt$. $0\leqslant t\leqslant 1$时, $\left|\frac{\cos t}{2\sqrt{t}(1+t^{\frac{y}{2}})}\right|\leqslant\frac{1}{2\sqrt{t}}$, 故$\int_0^1\frac{\cos t}{2\sqrt{t}(1+t^{\frac{y}{2}})}$ dt在$[0,+\infty)$上一致收敛. 由Abel判别法知$\int_1^{+\infty}\frac{\cos t}{2\sqrt{t}}\cdot\frac{1}{1+t^{\frac{y}{2}}}\,dt$在$[0,+\infty)$上一致收敛.

六、 左边$=2\int_0^{2\pi}d\theta\int_0^1\frac{r}{\sqrt{1-r^2}}f(r^2)\,dr = -4\pi\int_0^1 f(r^2)\,d\sqrt{1-r^2}=$右边.

七、 若$f(x)$与$g(x)$是等价无穷小量, 则$\frac{\ln f(x)/g(x)}{\ln g(x)}\to 0$, 即$\ln f(x)\sim\ln g(x)$. 反之不对. 例如$f(x)=-|x|\ln|x|, g(x)=|x|(0<|x|<1)$, 则$\ln f(x)\sim\ln g(x)(x\to 0)$, 但是$f(x)$与$g(x)$不是等价的无穷小量.

八、 设$\{a_n\}$是Cauchy数列, 则$\{a_n\}$有界. 设$\{a_{n_k}\}\to\lambda$, 则易知$a_n\to\lambda$.

56 四川大学2015真题

一、计算题(72 分)

1. 求 $\lim\limits_{x\to 0}\left(\dfrac{\cos x}{\cos 2x}\right)^{x^{-2}}$.

2. 设 $x_0 = 1, x_1 = 2, x_{n+2} = \dfrac{x_n + x_{n+1}}{2}, n \geqslant 1$, 求极限 $\{x_n\}$ 的极限.

3. 求 $\lim\limits_{(x,y)\to(0,0)} \dfrac{\cos x + \cos y - 2}{x^2 + y^2}$.

4. 设 $f(x)$ 是 $\mathbb{R}$ 上周期为 T 的连续函数, 且 $\int_0^T f(t)\,\mathrm{d}t = a$, 且 $\lim\limits_{x\to+\infty} \dfrac{1}{x}\int_0^x f(t)\,\mathrm{d}t$.

5. 求级数 $\sum\limits_{n=1}^{\infty} \dfrac{n^2+1}{2^n}$ 的和.

6. 求原点到曲线 $\begin{cases} z = x^2 + y^2 \\ x + y + z = 1 \end{cases}$ 的最短距离.

7. 求积分 $\iint\limits_{|x|+|y|\leqslant 1} (x^2 - y^2)\,\mathrm{d}x\,\mathrm{d}y$.

8. 求积分 $\oint \dfrac{y^2\,\mathrm{d}x - x^2\,\mathrm{d}y}{x^3 + y^3}$, L 为 $x^2 + y^2 = 1$, 取逆时针方向.

9. 求积分 $\iint\limits_{S} x^2\,\mathrm{d}x\,\mathrm{d}y$, 其中 S 是椭球面 $\dfrac{x^2}{4} + \dfrac{y^2}{9} + \dfrac{z^2}{16} = 1$ 在 $z > 0$ 的部分, 取外侧.

二、判断题, 正确的给出证明, 错误的举出反例(16 分)

1. 函数 $f(x)$ 在 $\mathbb{R}$ 上可导, 则 $f'(x) \in C(\mathbb{R})$.

2. 若 $\lim\limits_{(x,y)\to(x_0,y_0)} f(x,y)$ 存在, 则 $\lim\limits_{x\to x_0} f(x,y)$ 和 $\lim\limits_{y\to y_0} f(x,y)$ 都存在.

三、(10 分) 设 $f'(x)$ 在 $[0,+\infty)$ 上有界, $\int_0^{+\infty} f(x)\,\mathrm{d}x$ 收敛, 证明: $\lim\limits_{x\to+\infty} f(x) = 0$.

四、(10 分) 设 $a, b > 0, n \in \mathbb{N}_+$, 证明: $\dfrac{a^n + b^n}{2} \geqslant \left(\dfrac{a+b}{2}\right)^n$.

五、(12 分) 设 $f(x)$ 在 $[0,1]$ 上可导, $f(0) = 0, f(1) = 1$, 证明: 存在 $a, b \in (0,1)$ 使得 $\dfrac{1}{f'(a)} + \dfrac{1}{f'(b)} = 2$.

六、(15 分) 设函数列 $\{f_n(x)\}$ 在 $[a,b]$ 上可导, 且存在常数 M 使得对任意的 n 和 $x \in [a,b]$ 有 $|f_n'(x)| \leqslant M$, 证明: 若对 $\forall x \in [a,b]$, 数列 $\{f_n(x)\}$ 在 $[a,b]$ 上收敛, 则函数列 $\{f_n(x)\}$ 在 $[a,b]$ 上一致收敛.

七、(15 分) 设 $f(x) \in C(0,1)$, 且存在 $(0,1)$ 中两点列 $\{a_n\}, \{b_n\}$ 使得 $\lim\limits_{n\to\infty} f(a_n) = a < b = \lim\limits_{n\to\infty} f(b_n)$, 证明: 对 $\forall c \in (a,b)$, $(0,1)$ 中存在点列 $\{c_n\}$ 使得 $\lim\limits_{n\to\infty} f(c_n) = c$.

参考答案或提示

一、计算题

1. $e^{\frac{3}{2}}$.

2. $x_{n+1} - x_n \to 0, x_{n+1} + \frac{x_n}{2} = x_1 + \frac{x_0}{2} \Rightarrow x_n \to \frac{5}{3}$.

3. $-\frac{1}{2}$.

4. $\frac{a}{T}$.

5. $\frac{x(x^2 - x + 2)}{(1 - x)^3}$.

6. 可转化为求 $d = \sqrt{3 - 4(x + y) + 2xy}$ 在 $x^2 + y^2 + x + y = 1$ 下的最小值. $d_{\min} = \sqrt{9 - 6\sqrt{3}}$.

7. 0(利用对称性).

8. -2π.

9. 48π.

二、判断题

1. 错误. 例如 $f(x) = \begin{cases} x^2 \sin \frac{1}{x}, & x \neq 0, \\ 0, & x = 0. \end{cases}$

2. 错误. 例如 $f(x, y) = \begin{cases} x \sin \frac{1}{y} + y \sin \frac{1}{x}, & xy \neq 0, \\ 0, & \text{其他}. \end{cases}$

三、 $f'(x)$ 有界 $\Rightarrow f(x)$ 在 $[0, +\infty)$ 上一致连续. 由 $|f(x)| = |\frac{1}{\delta} \int_x^{x+\delta} f(x) \, \mathrm{d} t| \leqslant \frac{1}{\delta} \int_x^{x+\delta} |f(x) - f(t)| \, \mathrm{d} t| + |\frac{1}{\delta} \int_x^{x+\delta} f(t) \, \mathrm{d} t|$ 可得结论.

四、 $f(x) = x^n$ 在 $(0, +\infty)$ 上为凸函数.

五、 设 $f(\lambda) = \frac{1}{2}(0 < \lambda < 1)$, 则 $f(\lambda) - f(0) = f'(a)(\lambda - 0), f(1) - f(\lambda) = f'(b)(1 - \lambda)$. 故结论成立.

六、 略.

七、 设 $\{a_{n_k}\} \to a_0, \{b_{n_k}\} \to b_0$, 则 $f(a_0) = a, f(b_0) = b$. 故 $f(c_0) = c, c_0$ 在 a_0 与 b_0 之间. 取 $\{c_n\} \to c_0$ 即可.

57　四川大学2016真题

一、计算题(70分)

1. 求 $\lim\limits_{x \to 0} \dfrac{\tan(\tan x) - \sin(\sin x)}{\tan x - \sin x}$.

2. 求 $\lim\limits_{x \to 0} \dfrac{\ln(1+x)^{\frac{1}{x}} - 1}{x}$.

3. 求 $\lim\limits_{n \to \infty} \int_0^{\frac{\pi}{2}} \sin^n x \, \mathrm{d}x$.

4. 设 $u(x,y)$ 二阶连续叮微, $u_{xx}(x,y) = u_{yy}(x,y)$, $u(x,2x) = x$, $u_x(x,2x) = x^2$, 求 $u_{xx}(x,2x)$, $u_{xy}(x,2x)$.

5. 求 $\oint_L \dfrac{x\,\mathrm{d}y - y\,\mathrm{d}x}{3x^2 + 4y^2}$, 其中 L 为椭圆 $2x^2 + 3y^2 = 1$, 取逆时针方向.

6. 求 $\iint\limits_S |z| \, \mathrm{d}S$, 其中 S 为球面 $x^2 + y^2 + z^2 = 1$ 被柱体 $x^2 + y^2 \leq x$ 所截取的部分.

7. 求 $\iiint\limits_\Omega (x + z)\,\mathrm{d}x\,\mathrm{d}y\,\mathrm{d}z$, 其中 Ω 是由曲面 $z = \sqrt{x^2 + y^2}$ 与 $z = \sqrt{1 - x^2 - y^2}$ 所围成的区域.

二、(10分) 设 $f(x)$ 在 $\mathbb{R}$ 上一致连续, 证明: 存在非负实数 a, b 使得 $|f(x)| \leq a|x| + b, \forall x \in \mathbb{R}$.

三、(10分) 设函数 $f(x)$ 在 $[0,1]$ 上可导, $f(0) = 0$, 且 $|f'(x)| \leq |f(x)|, \forall x \in [0,1]$, 证明: $f(x) \equiv 0, \forall x \in [0,1]$.

四、(10分) 设 $\{a_n\}$ 为递减正数列, 且级数 $\sum\limits_{n=1}^{\infty} a_n \sin nx$ 在 $\mathbb{R}$ 中一致收敛, 证明: $\lim\limits_{n \to \infty} n a_n = 0$.

五、(10分) 设 $f(x)$ 在 $[0,1]$ 上单调递增, $f([0,1]) \subset [0,1]$, 证明: 存在 $a \in [0,1]$ 使得 $f(a) = a$.

六、(10分) 设 $(x,y) \in (0,1) \times (0,+\infty)$, 证明: $yx^y(1-x) < \mathrm{e}^{-1}$.

七、(15分) 证明: 级数 $\sum\limits_{n=1}^{\infty} \dfrac{\sin nx}{n}$ 在 $(0,\pi)$ 上不一致收敛, 但内闭一致收敛.

八、(15分) 设函数 $z = g(y) \in C[A,B]$, 函数 $y = f(x) \in R[a,b]$, 且 $f([a,b]) \subset [A,B]$, 证明: (1) 复合函数 $g(f(x)) \in R[a,b]$; (2) 若将上述条件中 "$z = g(y) \in C[A,B]$" 改为 "$z = g(y) \in R[A,B]$", 其他条件不变, 复合函数 $g(f(x)) \in R[a,b]$ 吗? 证明你的结论.

参考答案或提示

一、求极限

1. 2.

2. $-\frac{1}{2}$.

3. 0.

4. 略.

5. $\frac{\pi}{\sqrt{3}}$.

6. $\frac{\pi}{2}$.

7. $\frac{\pi}{8}$.

二、 设 $|x_1 - x_2| < \delta$ 时, $|f(x_1) - f(x_2)| < 1$. 记 $M = \max\limits_{x \in [a,b]} |f(x)|$. 若 $x = n\delta + c (n \in \mathbb{Z}, 0 \leqslant |c| < \delta)$, 则 $|f(x) - f(0)| < |n| + 1 \Rightarrow |f(x)| < |n| + M + 1 \leqslant \frac{|x|}{\delta} + M + 2$.

三、 反设 $f(x_0) > 0$, $x_1 = \inf\{x < x_0 | f(x) > 0\}$. 易知 $f(x_1) = 0$. $g(x) = \ln f(x)$ 在 (x_1, x_0) 上一致连续(因为 $|g'(x)| \leqslant 1$), 故 $g(x_1^+)$ 存在, 矛盾.

四、 对任何的 $\varepsilon > 0$, n 充分大时, $|a_{n+1} \sin nx + \cdots + a_{2n} \sin 2nx| < \varepsilon$ 对所有的 $x \in \mathbb{R}$ 成立. 令 $x = \frac{\pi}{4n}$, 则 $n a_{2n} \frac{1}{\sqrt{2}} < \varepsilon$, 从而 $(2n) a_{2n} \to 0$, 进一步由 $a_{2n+1} \leqslant a_{2n}$ 知 $(2n+1) a_{2n+1} \to 0$.

五、 否则有区间套 $\{[a_n, b_n]\}$ 使得 $f(a_n) > a_n$, $f(b_n) < b_n$. 设 $a_n, b_n \to a$, 则 $f(a) \geqslant f(a_n) > a_n \Rightarrow f(a) \geqslant a$. 同理, $f(a) \leqslant a$. 故 $f(a) = a$, 矛盾.

六、 固定 $x \in (0, 1)$, 考虑 $g(y) = y x^y (1-x)$ 的最大值.

七、 见教材.

八、 (1) $g(f(x))$ 的不连续点必然是 $f(x)$ 的不连续点, 故由 Lebesgue 定理得到结论. (2) 错误. 设 $f(x) = R[x](x \in [0,1])$, $g(y) = \begin{cases} 0, & x = 0, \\ 1, & x \neq 0, \end{cases}$ 则 $g(f(x)) = D(x)$.

58   四川大学2017真题

一、计算题(70 分)

1. 设 $a \in (0,1)$, 求 $\lim\limits_{n \to \infty}[(n+1)^a - n^a]$.

2. 求 $\lim\limits_{x \to +\infty}[\ln\frac{x+\sqrt{x^2+1}}{x+\sqrt{x^2-1}} \cdot \ln^{-2}(\frac{x+1}{x-1})]$.

3. 设 $f(x) = x^8 \arctan x$, 求 $f^{(n)}(0)$.

4. 求 $\int \max\{1, |x|\}\,\mathrm{d}x$.

5. 设 D 是由曲线 $(\frac{x}{a}+\frac{y}{b})^3 = xy(a, b > 0)$ 在第一象限围成的区域, 求 D 的面积.

6. 求 $\oint_S \frac{x\,\mathrm{d}y - y\,\mathrm{d}x}{3x^2+4y^2}$, 其中 S 是椭圆 $2x^2 + 3y^2 = 1$, 取逆时针方向.

7. 设 $f(x,y,z) = \begin{cases} \sqrt{x^2+y^2}, & 0 \leqslant z \leqslant \sqrt{x^2+y^2}, \\ 0, & z < 0 \text{或} z > \sqrt{x^2+y^2}. \end{cases}$ 求 $\iint\limits_S f(x,y,z)\,\mathrm{d}S$, 其中 S 是球面 $x^2 + y^2 + z^2 = 1$.

二、(12 分)
证明: $f(x) = \frac{|\sin x|}{x}$ 在 $(-1,0)$ 和 $(0,1)$ 上一致连续, 但在 $(-1,0) \cup (0,1)$ 上不一致连续.

三、(10 分)
设 $f(x)$ 在 $\mathbb{R}$ 上有界且二阶可导, 证明: 存在 $x_0 \in \mathbb{R}$ 使得 $f''(x_0) = 0$.

四、(10 分)
设 $f(x) \in R[a,b]$, 证明: $\lim\limits_{\alpha \to +\infty}\int_a^b f(x)\sin\alpha x\,\mathrm{d}x = 0$.

五、(10 分)
证明: $\sum\limits_{n=0}^{\infty} x^n(1-x)$ 在 $[0,1]$ 上收敛但不一致收敛.

六、(12 分)
求 a, b 的值使得椭圆 $\frac{x^2}{a^2}+\frac{y^2}{b^2} = 1$ 包含圆 $(x-1)^2 + y^2 = 1$, 且面积最小.

七、(14 分)
举例说明: 二元函数的二次极限存在与二重极限存在互不蕴含.

八、(12 分)
设函数 $f(x)$ 在 $(0,1)$ 上存在第一类间断点, 证明: $f(x)$ 在 $(0,1)$ 上没有原函数.

参考答案或提示

一、计算题

1. 0(用微分中值定理或Taylor公式).

2. $\frac{1}{8}$.

3. $f^{(n)}(0) = \begin{cases} 0, & 2\mid n\text{或}n \leqslant 8, \\ \frac{(-1)^{\frac{n-9}{2}}n!}{n-8}, & 2\nmid n(n>8). \end{cases}$

4. $\int \max\{1,|x|\}\,\mathrm{d}x = \begin{cases} -\frac{1}{2}x^2 - \frac{1}{2} + C, & x < -1, \\ x + C, & |x| \leqslant 1, \\ \frac{1}{2}x^2 + \frac{1}{2} + C, & x > 1. \end{cases}$

5. $\frac{(ab)^3}{30}$(参数化).

6. $\frac{\pi}{\sqrt{3}}$.

7. $\frac{\pi^2}{4} + \frac{\pi}{2}$.

二、 补充定义可以认为$f(x) \in C[-1,0] \cap C[0,1]$, 所以$f(x)$在这两个区间上一致连续. 但是$f(\frac{1}{n}) - f(-\frac{1}{n}) \to 2$, 故$f(x)$在$(-1,0) \cup (0,1)$上非一致连续.

三、 否则不妨设$f''(x) > 0$. 任取$x_1 \in \mathbb{R}$使得$f'(x_1) \neq 0$. 由$f(x) > f(x_1) + f'(x_1)(x-x_1)$可知$f'(x_1) > 0$时, $\lim\limits_{x \to +\infty} f(x) = +\infty$; $f'(x_1) < 0$时, $\lim\limits_{x \to -\infty} f(x) = +\infty$. 这就与$f(x)$有界矛盾.

四、 $f(x) \in R[a,b] \Rightarrow$对任何的$\varepsilon > 0$, 存在分割$T: a = x_0 < x_1 < \cdots < x_n = b$使得$\sum\limits_{T} \omega_i \Delta x_i < \varepsilon$, 其中$M_i = \sup\limits_{x \in \Delta_i} f(x), m_i = \inf\limits_{x \in \Delta_i} f(x), \omega_i = M_i - m_i$. α充分大时,
$$\left|\int_a^b f(x)\sin\alpha x\,\mathrm{d}x\right| = \left|\sum_{i=1}^n \int_{x_{i-1}}^{x_i} (f(x) - m_i)\sin\alpha x\,\mathrm{d}x + \sum_{i=1}^n \int_{x_{i-1}}^{x_i} m_i \sin\alpha x\,\mathrm{d}x\right| \leqslant$$
$$\sum_T \omega_i \Delta x_i + \frac{\sum\limits_{i=1}^n 2|m_i|}{\alpha} < 2\varepsilon.$$

五、 $S_n(x) = 1 - x^{n+1} \to \begin{cases} 1, & x \in [0,1), \\ 0, & x = 1. \end{cases}$

六、 不妨设$a, b > 0$. 要求$S = \pi ab$在条件$\frac{(1+\cos t)^2}{a^2} + \frac{\sin^2 t}{b^2} \leqslant 1(0 \leqslant t \leqslant 2\pi)$下的最小值. 显然$a, b \geqslant 2$, 且$a = b = 2$时不等式成立. 故$a = b = 2$时, $S_{\min} = 4\pi$.

七、 考虑$x \to 0, y \to 0$时的极限. 设$f(x,y) = \frac{xy}{x^2+y^2}((x,y) \neq (0,0))$, 则二次极限存在, 但二重极限不存在; 设$g(x,y) = x\sin\frac{1}{y} + y\sin\frac{1}{x}(xy \neq 0)$, 则二重极限存在, 但二次极限不存在.

八、 若$F'(x) = f(x)$, $f(x_0^+), f(x_0^-)$存在, 则由导函数极限定理知$f(x_0^+) = F'(x_0^+) = F'_+(x_0) = f(x_0), f(x_0^-) = F'(x_0^-) = F'_-(x_0) = f(x_0)$. 故$x_0$是$f(x)$的连续点.

59   四川大学2018真题

一、计算题(40 分)

1. 设$f(x) = |\ln|x||$, 求$f'(x)$.

2. 求积分$\int_0^{\frac{\pi}{2}} \frac{\mathrm{d}x}{1+\tan x}$.

3. 计算$\oint_L (z + y^2)\,\mathrm{d}s$, 其中$L$为球面$x^2 + y^2 + z^2 = 1$与平面$x + y + z = 0$的交线.

4. 计算$\iint\limits_S (x + y - z)\,\mathrm{d}y\,\mathrm{d}z + (2y + \sin(x + z))\,\mathrm{d}z\,\mathrm{d}x + (3z + \mathrm{e}^{x+y})\,\mathrm{d}x\,\mathrm{d}y$, 其中$S$是曲面$|x - y + z| + |y - z + x| + |z - x + y| = 1$的外表面.

二、(10 分) 设$x_0 = \sqrt{7}, x_1 = \sqrt{7 - \sqrt{7}}, x_{n+2} = \sqrt{7 - \sqrt{7 + x_n}}, n = 0, 1, \ldots,$ 证明数列$\{x_n\}$收敛, 并求其极限.

三、(10 分) 证明: 对任意正整数n, $x + x^2 + \cdots + x^n = 1$在$[0,1]$中存在唯一的根$x_n$, 并求$\lim\limits_{n\to\infty} x_n$.

四、(10 分) 设函数$f(x)$在$[a,b]$上单调递增, 且$f(a) \geqslant a, f(b) \leqslant b$, 证明: 存在$c \in [a,b]$使得$f(c) = c$.

五、(10 分) 设函数$f(x)$在$[a,b]$上可导, 且在所有零点处的导数不为0, 证明: $f(x)$在$[a,b]$上只有有限个零点.

六、(10 分) 设$f(x) = \sum\limits_{n=1}^{\infty} \frac{x^n}{n^2 \ln(1+n)}$, 证明: $f(x)$在$[-1,1]$上连续, 在$[-1,1)$上可导.

七、(12 分) 设$a,b \in \mathbb{R}$, 讨论积分$\int_0^{+\infty} x^a \sin x^b\,\mathrm{d}x$的敛散性(包括条件收敛与绝对收敛).

八、(12 分) 设f_x, f_y在$(0,0)$的附近存在, 且在$(0,0)$处可微, 证明: $f_{xy}(0,0) = f_{yx}(0,0)$.

九、(12 分) 证明: $x^2 + y^2 \leqslant 4\mathrm{e}^{x+y-2}, x, y \geqslant 0$.

十、(24 分) 在$\mathbb{R}$上定义$R(x) = \begin{cases} \frac{1}{p}, & x = \frac{q}{p}(p \in \mathbb{N}_+, q \in \mathbb{Z}, (p,q) = 1), \\ 0, & x \notin \mathbb{Q}, \end{cases}$ 证明:

(1) 对$\forall x_0 \in \mathbb{R}$, $\lim\limits_{x\to x_0} R(x)$存在, 且$R(x)$在无理点处连续, 有理点为$R(x)$的可去间断点; (2) $R(x)$在$\mathbb{R}$上处处不可导; (3) $R(x) \in R[0,1]$.

一、求极限

1. $f'(x) = \begin{cases} \frac{1}{x}, & |x| > \mathrm{e}, \\ \text{不存在}, & |x| = \mathrm{e}, \\ -\frac{1}{x}, & 0 < |x| < \mathrm{e}. \end{cases}$

2. $\frac{\pi}{4}$.

3. $\frac{2}{3}\pi$.

4. 2(用Gauss公式和变量变换).

二、 易知$0 < x_n < 3$. 令$\varliminf\limits_{n\to\infty} x_n = \alpha$, $\varlimsup\limits_{n\to\infty} x_n = \beta$, 则由$\alpha = \sqrt{7 - \sqrt{7 + \beta}}$, $\beta = \sqrt{7 - \sqrt{7 + \alpha}}$可得$\alpha = \beta$. 从而$\alpha = \sqrt{7 - \sqrt{7 + \alpha}} \Rightarrow \alpha = 2$.

三、 设$f_n(x) = x + x^2 + \cdots + x^n - 1$, $f_1(x)$有唯一的根$x_1 = 1$. $f_n(\frac{1}{2}) < 0$, $f_n(1) > 0$, $f_n'(x) > 0 (n > 1)$, 故$f_n(x)$有唯一的根$x_n \in (\frac{1}{2}, 1)$. $1 = x_n + \cdots + x_n^n = x_{n+1} + \cdots + x_{n+1}^{n+1} > x_{n+1} + \cdots + x_{n+1}^n \Rightarrow x_n > x_{n+1} \Rightarrow \{x_n\}$收敛. 设$x_n \to a$. 显然$a \in [\frac{1}{2}, 1)$. 若$a > \frac{1}{2}$, 则由$x_n^{n+1} = 2x_n - 1 \Rightarrow x_n = \sqrt[n+1]{2x_n - 1} \Rightarrow a = 1$, 矛盾.

四、 用区间套定理.

五、 否则有$\{x_n\}$(x_n互不相同)使得$f(x_n) = 0$, 且$x_n \to x_0$. 由于$f'(x_0)$存在, $f'(x_0) = \lim\limits_{n\to\infty} \frac{f(x_n)-f(x_0)}{x_n - x_0} = 0$, 矛盾.

六、 设$u_n(x) = \frac{x^n}{n^2 \ln(1+n)}$, 则$|u_n(x)| \leqslant \frac{1}{n^2}(n > 1)$. 由Dirichlet判别法知$\sum\limits_{n=1}^{\infty} \frac{x^{n-1}}{n} \cdot \frac{1}{\ln(n+1)}$在$(-1,1)$上内闭一致收敛, 由于该幂级数在$x = -1$处收敛, 所以它在$[-1,1)$上内闭一致收敛.

七、 $b = 0$时发散. $b \neq 0$时, 原式$= \frac{\operatorname{sgn}b}{b} \int_0^{+\infty} \frac{\sin t}{t^{1-\frac{1+b}{a}}} \, \mathrm{d}t$. 故$0 \leqslant \frac{1+b}{a} < 1$时, 积分条件收敛; $-1 < \frac{1-a}{b} < 0$时, 积分绝对收敛; 其他情形, 积分发散.

八、 考虑$F(\Delta x, \Delta y) = \frac{f(\Delta x, \Delta y) - f(0, \Delta y) - f(\Delta x, 0) + f(0, 0)}{\Delta x \Delta y}$. 设$\varphi(y) = f(\Delta x, y) - f(0, y)$, 则$F(\Delta x, \Delta y)\Delta x \Delta y = \varphi(\Delta y) - \varphi(0) = \varphi_y(\xi)\Delta y = [f_y(\Delta x, \xi) - f_y(0, \xi)]\Delta y = f_{yx}(0,0)\Delta x \Delta y + o(\Delta x \Delta y) \Rightarrow F(\Delta x, \Delta y) = f_{yx}(0,0) + o(1)$. 同理, $F(\Delta x, \Delta y) = f_{xy}(0,0) + o(1)$. 因此令$\Delta x, \Delta y \to 0$, 得到$f_{yx}(0,0) = f_{xy}(0,0)$.

九、 易知$t > 0$时, $t^2 < 4\mathrm{e}^{t-2}$, 即$\ln\frac{t}{2} < \frac{t}{2} - 1$. 因此, 不妨设$x, y > 0$. 此时$x^2 + y^2 < (x+y)^2 < 4\mathrm{e}^{x+y-2}$.

十、 显然$R(x)$以1为周期. (1) $\lim\limits_{x\to x_0} R(x) = 0$. (2) $R(x)$在有理点处不连续, 所以不可导. 若$x_0 \notin \mathbb{Q}$, 考虑x_0的有理数和无理数逼近可知$R(x)$在x_0处不可导. (3) 对于$\forall \varepsilon > 0$和$[0,1]$的分割T, 使得ω_i大于η的区间必然包含有理点$\frac{q}{p}$满足$\frac{1}{p} > \eta$, 即$p < \frac{1}{\eta}$. 这样的点只有有限多个. 挖去以这些点为中心的小区间$U(\frac{q}{p})$即可得到分割T', 其中$\omega_i > \eta$的小区间长度可以任意小. 因此$R(x) \in R[0,1]$.

60   武汉大学2009真题

一、计算题(40 分)

1. $\lim\limits_{n \to \infty} \left(\frac{1}{1+2} + \frac{1+2}{+} \cdots + \frac{1}{1+2+\cdots+n} \right)$.

2. $\lim\limits_{x \to} \frac{\int_0^x (x-t) \sin t^2 \, \mathrm{d}t}{x \int_0^x \sin t^2 \, \mathrm{d}t}$.

3. 设 $F(x) = \frac{1}{x} \int_0^x \frac{\sin t}{t} \, \mathrm{d}t$, 求 $F^{(4)}(0), F^{(9)}(0)$.

4. 设 $xyz\, \mathrm{e}^{x+y+z} = 1$, 求 z_x, z_y, z_{xx}, z_{xy}.

5. 求 $\iint\limits_D \ln \frac{x^3}{y} \, \mathrm{d}x\, \mathrm{d}y$, 其中 D 是由 $y = x, y = 1, x = 2$ 围成的三角形.

二、(12 分) 设 $\{O_\alpha\}$ 是有界闭区间 $[a,b]$ 的一个开覆盖, (1) 证明: 存在 $\delta > 0$, 对任何的 $x_1, x_2 \in [a,b]$, 只要 $|x_1 - x_2| < \delta$, 就存在 $O \in \{O_\alpha\}$, 使得 $x_1, x_2 \in O$; (2) 举例说明: 开区间的开覆盖可能没有这个性质.

三、(12 分) 设 $f(x)$ 在 $(0,a)$ 上可微, $f(a^-) = +\infty$, 证明: $f'(x)$ 在 $U_-(a)$ 内无上界.

四、(14 分) 设 $D : x^2 + y^2 \leqslant y, x \geqslant 0$, f 连续, $f(x,y) = \sqrt{1 - x^2 - y^2} - \frac{8}{\pi} \iint\limits_D f(x,y) \, \mathrm{d}x\, \mathrm{d}y$, 求 $f(x,y)$.

五、(14 分) 设 $f(x)$ 在 $\{(x,y)|x^2 + y^2 \leqslant 1\}$ 上二阶连续可微, 且满足 $f_{xx} + f_{yy} = (x^2 + y^2)^2$, 求积分 $\iint\limits_{x^2+y^2 \leqslant 1} \left(\frac{x}{\sqrt{x^2+y^2}} f_x + \frac{y}{\sqrt{x^2+y^2}} f_y \right) \mathrm{d}x\, \mathrm{d}y$.

六、(14 分) 设 $\in a_n = +\infty$, 证明: $\lim\limits_{n \to \infty} \frac{1}{n} \sum\limits_{k=1}^n a_k = +\infty$.

七、(14 分) 设二元函数 $f(x,y) = \begin{cases} (x^2 + y^2) \sin \frac{1}{\sqrt{x^2+y^2}}, & x^2 + y^2 \neq 0, \\ 0, & x^2 + y^2 = 0, \end{cases}$ (1)

求 $f_x(0,0), f_y(0,0)$; (2) 证明: $f_x(x,y), f_y(x,y)$ 在 $(0,0)$ 处不连续; (3) 证明: $f(x,y)$ 在 $(0,0)$ 处可微, 并求 $\mathrm{d} f(0,0)$.

八、(15 分) 设 $z(x,y)$ 二阶连续可微, 对微分方程 $\frac{1}{x+y}(z_{xx} + 2z_{xy} + z_{yy}) - \frac{1}{(x+y)^3}(z_x + z_y) = 0$ 作变量代换 $u = xy, v = x - y$, (1) 求代换后的方程; (2) 指出变量代换失效的点集, 说明失效的理由以及代换在失效点集上产生的现象.

九、(15 分) 设 $u_n(x) = \frac{1}{n^3} \ln(1 + n^3 x)$, $n = 1,2,\ldots$, 记 $S(x) = \sum\limits_{n=1}^\infty u_n(x)$, (1) 证明: $\sum\limits_{n=1}^\infty u_n(x)$ 在有界区间 $[0,b]$ 上一致收敛, 在 $(0,+\infty)$ 上不一致收敛; (2) 讨论 $S(x)$ 的可微性.

参考答案或提示

一、计算题

1. 1.

2. $\frac{1}{4}$.

3. $F^{(4)}(0) = \frac{1}{25}$, $F^{(9)}(0) = 0$.

4. $z_x = -\frac{z(1+x)}{x(1+z)}$, $z_y = -\frac{z(1+y)}{y(1+z)}$. 由此可以得到 z_{xx}, z_{xy}.

5. $2 - 2\ln 2$.

二、 (1) 由有限覆盖定理, 存在 n 个邻域 $\{O_i | 1 \le i \le n\}$ 覆盖 $[a,b]$. 设相邻区间的交集的长度最小值为 δ, 则 $|x_1 - x_2| < \delta$ 时, 它们不然同属于某个 O_i. (2) 例如 $(0,1) = \bigcup\limits_{n=2}^{\infty}(\frac{1}{n}, \frac{2}{n})$.

三、 存在 $\{x_n\} \uparrow a^-$ 使得 $f(x_n) \to +\infty$. 任取 $b < a$, 则 n 充分大时, $f'(\xi_n) = \frac{f(x_n)-f(b)}{x_n-b} > \frac{f(x_n)-f(b)}{a-b} \to +\infty$.

四、 $\frac{\pi}{12} - \frac{1}{9}$.

五、 $\int_0^{2\pi} d\theta \int_0^1 r f_r \, dr = \int_0^1 dr \oint_L \frac{\partial f}{\partial r} ds = \int_0^1 dr \iint\limits_{D_r}(f_{xx} + f_{yy}) \, dx \, dy = \frac{\pi}{21}$.

六、 略.

七、 (1) $f_x(0,0) = f_y(0,0) = 0$. (2) 用极坐标. (3) 可微性显然. $df(0,0) = 0$.

八、 (1) $z_{uu} = \frac{z_u}{v^2+4u}$. (2) $\{(x,y) | x+y=0\}$, 因为此时 $\frac{\partial(u,v)}{\partial(x,y)} \ne 0$, 所以没有反函数组.

九、 (1) 若 $x \in [0,b]$, 则 $0 \le u_n(x) \le \frac{1}{n^3}\ln(1+n^3 b) \le \frac{1}{n^2}$ (n 充分大时). 由于 $\sup\limits_{x \in (0,+\infty)} u_n(x) = +\infty$, 故 $\sum\limits_{n=1}^{\infty} u_n(x)$ 在 $(0,+\infty)$ 上非一致收敛. (2) $x \in [a,b] \subset (0,+\infty)$ 时, $0 < u'_n(x) \le \frac{1}{n^2 a}$, 故 $\sum\limits_{n=1}^{\infty} u'_n(x)$ 在 $(0,+\infty)$ 上内闭一致收敛, 从而 $S(x)$ 在 $(0,+\infty)$ 上可微.

61 武汉大学2010真题

一、计算题(50 分)

1. 求 $\lim\limits_{x\to 0}\dfrac{\ln(1+x)^{\frac{1}{x}}-1}{x}$.

2. 求 $\lim\limits_{n\to\infty}\left(\dfrac{2^{1n}}{n+\frac{1}{1}}+\dfrac{2^{2n}}{n+\frac{1}{2}}+\cdots+\dfrac{2^{nn}}{n+\frac{1}{n}}\right)$.

3. 求 $\int\dfrac{\mathrm{d}x}{1+\tan x}$.

4. 求 $F'(\alpha)$, 其中 $F(\alpha)=\int_0^{\alpha^n}\mathrm{d}x\int_{x-2\alpha}^{x+3\alpha}\cos(x^2+y^2+z^2)\,\mathrm{d}y$.

5. 求三重积分 $\iiint\limits_{\Omega}\mathrm{e}^x y^2 z^3\,\mathrm{d}x\,\mathrm{d}y\,\mathrm{d}z$, 其中 Ω 是由曲面 $z=xy, y=x, z=0, x=1$ 所围成.

二、(40 分) 设 $a>0, x_1=\sqrt{a}, x_{n+1}=\sqrt{a+x_n}, n=1,2,\ldots$, 证明 $\{x_n\}$ 收敛并求其极限.

三、(10 分) 设 $f(x)$ 在区间 $[0,2]$ 上可微, $f(2)=\int_0^{\frac{1}{2}}xf(x)\,\mathrm{d}x$, 证明: 存在 $\xi\in(0,2)$ 使得 $f(\xi)+\xi f'(\xi)=0$.

四、(12 分) 设 $v=v(x,y)$ 连续可微, $u(x,y)=xv+y\varphi(v)+\phi(v)$, 其中 φ,ϕ 可微, 且 $x+y\varphi'(v)+\phi'(v)=0$, 证明: $u_{xx}\cdot u_{yy}-u_{xy}^2=0$.

五、(12 分) 求曲面 $x^2+y^2=az$ 和 $z=2a-\sqrt{x^2+y^2}(a>0)$ 所围立体的表面积.

六、(12 分) 证明: 级数 $\sum\limits_{n=1}^{\infty}\dfrac{\ln(1+nx)}{nx^n}$ 在区间 $[1+a,+\infty)(a>0)$ 上一致收敛, 在 $(1,+\infty)$ 内连续.

七、(12 分) 设 $f(y)=\int_0^{+\infty}\mathrm{e}^{-x^2}\cos xy\,\mathrm{d}x$, (1) 求 $f(y)$ 得定义域; (2) 证明: $f(y)$ 有任意阶的连续导数; (3) 求 $f(y)$.

八、(12 分) 证明: $\iint\limits_{S}\dfrac{x\,\mathrm{d}y\,\mathrm{d}z+y\,\mathrm{d}z\,\mathrm{d}x+z\,\mathrm{d}x\,\mathrm{d}y}{\sqrt{(x^2+y^2+z^2)^3}}=2\pi$, 其中 S 为 $1-\dfrac{z}{5}=\dfrac{(x-3)^2}{16}+\dfrac{(y-2)^2}{9}(z\geqslant 0)$ 的上侧,

九、(12 分) (1) 证明: $f(x)=\sqrt{x}$ 在 $(0,+\infty)$ 上一致连续; (2) 讨论 $f(x)=\sqrt{x}$ 在 $(0,+\infty)$ 上是否 Lipschitz 连续, 即存在常数 $L>0$ 使得 $|f(x_1)-f(x_2)|\leqslant L|x_1-x_2|,\forall x_1,x_2\in(0,+\infty)$.

参考答案或提示

一、计算题

1. $-\frac{1}{2}$.

2. $\frac{1}{\ln 2}$.

3. $\frac{1}{2}(x + \ln|\cos x + \sin x|) + C$.

4. $F'(\alpha) = \mathrm{e}^{\alpha} \int_{\mathrm{e}^{\alpha}-2\alpha}^{\mathrm{e}^{\alpha}+3\alpha} \cos(\mathrm{e}^{2\alpha} + y^2 + z^2)\,\mathrm{d}y + \int_0^{\mathrm{e}^{\alpha}} [3\cos(x^2 + (x+3\alpha)^2 + z^2) + 2\cos(x^2 + (x-2\alpha)^2 + z^2)]\,\mathrm{d}x$.

5. $\frac{9!\,\mathrm{e}}{20}(1 - \frac{1}{2!} + \cdots - \frac{1}{8!} + \frac{1}{9!})$.

二、 $\{x_n\}$单调递增, $\sqrt{a} \leqslant x_n < \sqrt{a} + 1 \Rightarrow \{x_n\}$收敛. 易知$x_n \to \frac{1+\sqrt{1+4a}}{2}$.

三、 $f(2) = \frac{1}{2}\eta f(\eta)$. 令$F(x) = xf(x)$, 则$F(2) = F(\eta)$. 由Rolle定理即得结论.

四、 $u_x = v, u_y = \varphi, u_{xx} = v_x, v_y = u_{xy} = u_{yx} = \varphi' v_x, u_{yy} = \varphi' v_y$. 故结论成立.

五、 $\frac{\pi}{6}a^2(5\sqrt{5} - 1) + \sqrt{2}\pi a^2$.

六、 (1) $\frac{\ln(1+nx)}{nx^n} \leqslant \frac{1}{x^{n-1}} \leqslant \frac{1}{(1+a)^{n-1}}$. (2) 级数在$(1, +\infty)$上内闭一致收敛, 故级数连续.

七、 (1) $y \in \mathbb{R}$. (2) $\int_0^{+\infty} \mathrm{e}^{-x^2} x^k \cos(xy + \frac{k\pi}{2})\,\mathrm{d}x$在$\mathbb{R}$上一致收敛. (3) $f' = -\frac{y}{2}f \Rightarrow f(y) = \frac{\sqrt{\pi}}{2}\mathrm{e}^{-\frac{y^2}{4}}$.

八、 2π(转化到$S_\varepsilon : x^2 + y^2 + z^2 = \varepsilon^2 (z \geqslant 0)$上的积分, 其中$\varepsilon > 0$充分小).

九、 (1) $|\sqrt{x_1} - \sqrt{x_2}| \leqslant \sqrt{|x_1 - x_2|}$. (2) 否则$\frac{1}{\sqrt{x_1} + \sqrt{x_2}} \leqslant L$. 令$x_1, x_2 \to 0^+$, 矛盾.

62　武汉大学2011真题

一、计算题(50 分)

1. 求 $\lim\limits_{n\to\infty} \frac{\sqrt[n]{n!}}{n^{\alpha}} (\alpha > 0)$.
2. 求 $\lim\limits_{x\to 0} \frac{1-\cos\sqrt{\tan x - \sin x}}{\sqrt[3]{1+x^3} - \sqrt[3]{1-x^3}}$.
3. 求 $\int \sqrt{1 + \cos x}\, \mathrm{d}x$.
4. 设 $F(x,y) = \int_{y}^{xy}(xz - y)f(x)\,\mathrm{d}z$, $f(x)$ 可微, 求 $F_{xx}(x,y)$.
5. 求二重积分 $\iint\limits_{D}|x - y^2|\,\mathrm{d}x\,\mathrm{d}y$, 其中 D 为 $\{(x,y)| -1 \leqslant x \leqslant 1, 0 \leqslant y \leqslant 1\}$.

二、(12 分) 设 $f(x), g(x) \in C[a,b]$, 在 (a,b) 内可微, 且 $g'(x)$ 在 (a,b) 上无零点, 证明: 存在 $\xi \in (a,b)$ 使得 $\frac{f'(\xi)}{g'(\xi)} = \frac{f(b)-f(\xi)}{g(\xi)-g(a)}$.

三、(14 分) 设数列 $\{a_n\}$ 非负单调递减, $\lim\limits_{n\to\infty} b_n = b$, 证明: $\lim\limits_{n\to\infty} \frac{a_1 b_n + a_2 b_{n-1} + \cdots + a_n b_1}{a_1 + a_2 + \cdots + a_n} = b$.

四、(14 分) 设 $f(x)$ 为 $[-\pi, \pi]$ 上的凸函数, $f'(x)$ 有界, 证明: (1) $a_{2n} = \frac{1}{\pi}\int_{-\pi}^{\pi} f(x)\cos 2nx\,\mathrm{d}x \geqslant 0$; (2) $a_{2n+1} = \frac{1}{\pi}\int_{-\pi}^{\pi} f(x)\cos(2n+1)x\,\mathrm{d}x \leqslant 0$.

五、(16 分) 设 $\{u_n(x)\}$ 在 $\mathbb{R}$ 上一致连续, (1) 若 $\sum\limits_{n=1}^{\infty} u_n(x)$ 在 $\mathbb{R}$ 上一致收敛于 $S(x)$, 则 $S(x)$ 在 $\mathbb{R}$ 上一致连续; (2) 若若 $\sum\limits_{n=1}^{\infty} u_n(x)$ 在 $\mathbb{R}$ 上逐点收敛于 $S(x)$, 上述结论还成立吗?

六、(14 分) 设 $f(x,y)$ 在 $[a,b]\times(c,d]$ 上定义, 且在 $y = c$ 附近无界, (1) 叙述含参量反常积分 $\int_{c}^{d} f(x,y)\,\mathrm{d}y$ 一致收敛的定义与 Cauchy 准则; (2) 若 $\int_{c}^{d}|f(x,y)|\,\mathrm{d}y$ 在区间 $[a,b]$ 上一致收敛, 且 $g(x,y) \in C[a,b]\times[c,d]$, 证明: $\int_{c}^{d} f(x,y)g(x,y)\,\mathrm{d}y$ 在 $[a,b]$ 上一致收敛.

七、(16 分) 设 $f(u)$ 二阶连续可微, $g(x,y,z) = f(\frac{x}{z}) + f(\frac{y}{z}) \pm z(f(\frac{z}{x} + \frac{z}{y}))$, (1) 求 $x^2 g_{xx} + y^2 g_{yy} - z^2 g_{zz}$; (2) 计算三重积分 $\iiint\limits_{\Omega}(x^2 g_{xx} + y^2 g_{y^2} - z^2 g_{zz})\,\mathrm{d}x\,\mathrm{d}y\,\mathrm{d}z$, 其中 Ω 由平面 $z = a_i x, z = b_i y$ 和曲面 $xyz = c_i(i = 1, 2)$ 围成, 其中 $0 < a_1 < a_2, 0 < b_1 < b_2, 0 < c_1 < c_2$.

八、(14 分) 设 $u(x,y)$ 在 $D = \{(x,y)|x^2 + y^2 \leqslant 1\}$ 上连续, $\Delta u = \cos\pi(x^2 + y^2)$, 证明: $\iint\limits_{D}(xu_x + yu_y)\,\mathrm{d}x\,\mathrm{d}y = \frac{1}{\pi}$.

参考答案或提示

一、计算题

1. $\lim\limits_{n\to\infty}\dfrac{\sqrt[n]{n!}}{n^\alpha}=\begin{cases}+\infty, & \alpha<1,\\[4pt]\frac{1}{e}, & \alpha=1,\\[4pt]0, & \alpha>1.\end{cases}$

2. $\dfrac{3}{8}$.

3. $\displaystyle\int\sqrt{1+\cos x}\,\mathrm{d}x=\begin{cases}2\sqrt{2}\sin\frac{x}{2}+C, & x\in[(4k-1)\pi,(4k+1)\pi],\\[4pt]-2\sqrt{2}\sin\frac{x}{2}+4\sqrt{2}+C, & x\in[(4k+1)\pi,(4k+3)\pi].\end{cases}$

4. $F_{xx}(x,y)=y(2xf+(x^2-1)y^2f')$.

5. $\dfrac{6}{5}$.

二、

令 $F(x)=(f(x)-f(b))(g(x)-g(a))$.

三、

不妨设 $b=0$(否则用 b_n-b 替代 b_n). 设 $|b_n|<\varepsilon(n>N)$,$|b_n|\leqslant M(\forall n\in\mathbb{N}_+)$,则 $\left|\dfrac{a_1b_n+a_2b_{n-1}+\cdots+a_nb_1}{a_1+a_2+\cdots+a_n}\right|\leqslant\varepsilon+\dfrac{N}{n-N+1}M<2\varepsilon(n$ 充分大时).

四、

$a_{2n}=-\dfrac{1}{\pi}\displaystyle\int_{-\pi}^{\pi}f'(x)\dfrac{\sin 2nx}{2n}\,\mathrm{d}x=\dfrac{1}{\pi}\int_{-\pi}^{\pi}[f'(\pi)-f'(x)]\dfrac{\sin 2nx}{2n}\,\mathrm{d}x=\dfrac{f'(\pi)-f'(-\pi)}{\pi}\int_{-\pi}^{\xi}\dfrac{\sin 2nx}{2n}\,\mathrm{d}x\geqslant 0$(利用积分第二中值定理). 同理可以证明 $a_{2n+1}\leqslant 0$.

五、

(1) $S_N(x)-S(x)|<\varepsilon$,$S_N(x)$ 一致连续 $\Rightarrow S(x)$ 一致连续($|S(x_1)-S(x_2)|\leqslant|S_N(x_1)-S_N(x_2)|+|S_N(x_1)-S(x_1)|+|S_N(x_2)-S(x_2)|<3\varepsilon$). (2) 否. 例如 $S_n(x)=\begin{cases}-1, & x<-\frac{1}{n},\\[4pt]nx, & |x|\leqslant\frac{1}{n},\\[4pt]1, & x>\frac{1}{n},\end{cases}$ 则 $\{S_n(x)\}\to\operatorname{sgn}x$.

六、

(1) 略. (2) 设 $|g(x,y)|\leqslant M$,则 $\left|\displaystyle\int_{\eta}^{\eta'}f(x,y)g(x,y)\,\mathrm{d}y\right|\leqslant M\int_{\eta}^{\eta'}|f(x,y)|\,\mathrm{d}y(c<\eta<\eta')$.

七、

(1) $-\dfrac{2y}{z}f_2'-\dfrac{2x}{z}f_1'$. (2) $\dfrac{2(c_2-c_2)}{3}\left\{\left[f\left(\frac{1}{a_2}\right)-f\left(\frac{1}{a_1}\right)\right]\ln\dfrac{b_2}{b_1}+\left[f\left(\frac{1}{b_2}\right)-f\left(\frac{1}{b_1}\right)\right]\ln\dfrac{a_2}{a_1}\right\}$(作变量变换).

八、

$\displaystyle\int_0^{2\pi}\mathrm{d}\theta\int_0^1 r^2f_r\,\mathrm{d}r=\int_0^1 r\,\mathrm{d}r\oint_L\dfrac{\partial u}{\partial r}\,\mathrm{d}s=\int_0^1 r\,\mathrm{d}r\iint_{D_r}\cos\pi(x^2+y^2)\,\mathrm{d}x\,\mathrm{d}y=\dfrac{1}{\pi}$,其中 $D_r:x^2+y^2\leqslant r^2$.

63　武汉大学2012真题

一、计算题(40 分)

1. 求 $\lim\limits_{n\to\infty}(1-\frac{1}{1+3})(1-\frac{1}{1+3+5})\cdots(1-\frac{1}{1+3+\cdots+(2n+1)})$.

2. 求 $\lim\limits_{x\to 0}\frac{1}{x^4}\int_0^x(x-t)\sin(t^2)\,\mathrm{d}\,t$.

3. 设 $F(x)=\frac{1}{x}\int_0^x\cos(t^2)\,\mathrm{d}\,t$, 求 $F^{(8)}(0)$, $F^{(10)}(0)$.

4. 设 $z=f(xy,x+y)$, 其中 f 二阶连续可微, 求 z_{xx}, z_{xy}.

5. 求 $\iint\limits_{D}\ln\frac{y}{x^2}\,\mathrm{d}\,x\,\mathrm{d}\,y$, 其中 D 是由 $y=x,y=1,x=2$ 围成的三角形.

二、(12 分) 设 $\{a_n\}$ 单调递增, $\lim\limits_{n\to\infty}a_n=a>0$, 求 $\lim\limits_{n\to\infty}\sqrt[n]{\sum\limits_{k=1}^n a_k^n}$.

三、(12 分) 设 $f(x)$ 在有限区间 (a,b) 上可微且无界, 证明: $f'(x)$ 在 (a,b) 上无界.

四、(14 分) 设 $f(x),g(x)\in C(a,b)$, 且具有相同的单调性, 证明: $(b-a)\int_a^b f(x)g(x)\,\mathrm{d}\,x\geqslant\int_a^b f(x)\,\mathrm{d}\,x\cdot\int_a^b g(x)\,\mathrm{d}\,x$.

五、(14 分) 设 $f(x,y)=\begin{cases}\frac{x^2y}{x^2+y^2}, & x^2+y^2\neq 0,\\ 0, & x^2+y^2=0,\end{cases}$ 讨论 $f(x,y)$ 在 $(0,0)$ 处偏导数的存在性, 偏导函数在 $(0,0)$ 处的连续性以及 $f(x,y)$ 在 $(0,0)$ 处的可微性.

六、(14 分) 设 $\frac{xz}{y}=u,\sqrt{x^2+y^2}+\sqrt{y^2+z^2}=v,\sqrt{x^2+y^2}-\sqrt{y^2+z^2}=w$ 是三个分别以 u,v,w 为参数的单参数曲面族, 证明: 过同一点的三个曲面族的三个曲面两两正交.

七、(14 分) 设 $f:\mathbb{R}\to\mathbb{R}$ 连续可微, $f'(x_0)\neq 0$, 证明: 坐标变换 $\begin{cases}u=f(x)\\ v=xf(x)-y\end{cases}$

在 (x_0,y_0) 附近局部可逆, 且其逆具有形式 $\begin{cases}x=g(u),\\ y=ug(u)-v.\end{cases}$

八、(15 分) 设 $\Omega\subset\mathbb{R}^3$ 是有界区域, 其边界 $\partial\Omega$ 是光滑曲面, 函数在 $\overline{\Omega}$ 上连续, 在 Ω 内二阶连续可微, 且满足 $\begin{cases}\Delta u=u_{xx}+u_{yy}+u_{zz}=\lambda u, & (x,y,z)\in\Omega,\\ u(x,y,z)=0, & (x,y,z)\in\partial\Omega,\end{cases}$ 其

中 λ 为常数, 证明: $\iiint\limits_{\Omega}|\nabla u|^2\,\mathrm{d}\,x\,\mathrm{d}\,y\,\mathrm{d}\,z+\lambda\iiint\limits_{\Omega}u^2\,\mathrm{d}\,x\,\mathrm{d}\,y\,\mathrm{d}\,z=0$.

九、(15 分) 设 $S(x)=\int_1^{+\infty}\frac{\ln(1+y^3x)}{y^3}\,\mathrm{d}\,y$, (1) 求 $S(x)$ 的定义域; (2) 证明: $S(x)$ 在有界区间 $[0,b]$ 上一致收敛, 在 $(0,+\infty)$ 上不一致收敛; (3) 讨论 $S(x)$ 的可微性.

参考答案或提示

一、计算题

1. $\frac{1}{2}$.

2. $\frac{1}{12}$.

3. $F^{(8)}(0) = \frac{8!}{9 \cdot 4!}$, $F^{(10)}(0) = 0$.

4. $z_x = yf_1 + f_2$, $z_{xx} = y^2 f_{11} + 2yf_{12} + f_{22}$, $z_{xy} = f_1 + xyf_{11} + (x+y)f_{12} + f_{22}$.

5. $2\ln 2 - \frac{7}{4}$.

二、 a(用夹逼准则)

三、 任取$x_0 \in (a, b)$, $|f'(x)| \leqslant M \Rightarrow |f(x)| \leqslant |f(x_0)| + M(b-a)$ $(x \in (a, b))$.

四、 由$(f(x) - f(y))(g(x) - g(y)) \geqslant 0$, 作二重积分即得结论.

五、 (1) $f_x(0,0) = f_y(0,0) = 0$. (2) 不连续(用极坐标). (3) 不可微(考虑路径$y = kx$或用极坐标).

六、 法向量两两正交.

七、 设$P_0 = (x_0, y_0)$. $\frac{\partial(u,v)}{\partial(x,y)}|_{P_0} = f'(x_0) \neq 0$. $x_v(P_0) = 0$, 故在$U(P_0)$有$x = g(u)$, 且$u = f(g(u))$, $v = g(u)f(g(u)) - y \Rightarrow y = ug(u) - v$.

八、 由Gauss公式, $0 = \iint\limits_{\partial\Omega} u(v_x \, dy\, dz + u_y \, dz\, dx + u_z \, dx\, dy) = \iiint\limits_{\Omega}[(u_x^2 + u_y^2 + u_z^2) + u(u_{xx} + u_{yy} + u_{zz})]\, dx\, dy\, dz = \iiint\limits_{\Omega}(|\nabla u|^2 + \lambda u^2)\, dx\, dy\, dz$.

九、 设$u(x,y) = \frac{\ln(1 + y^3 x)}{y^3}$. (1) $x \geqslant 0$. (2) $x \in [0, b]$时, $0 \leqslant u(x, y) \leqslant \frac{\ln(1 + y^3 b)}{y^3} \leqslant \frac{1}{y^2}$($y$充分大). $\int_n^{2n} u(e^{n^2}, y)\, dy \geqslant \frac{\ln(1 + n^3 e^{n^2})}{8n^2} \geqslant \frac{1}{8}$, $\int_1^{+\infty} u(x, y)\, dy$在$(0, +\infty)$上非一致收敛. (3) $\int_1^{+\infty} \frac{1}{1 + y^3 x}\, dy$在$(0, +\infty)$上内闭一致收敛.

64   武汉大学2013真题

一、计算题(40 分)

1. 求 $\lim\limits_{x\to 0}\frac{\sqrt[n]{1+x}-1}{\ln(1+x)}$, 其中$n$为正整数.

2. 求$\int\frac{x\ln(x+\sqrt{1+x^2})}{(1+x^2)^2}\,\mathrm{d}x$.

3. 求$\int_0^{\frac{\pi}{2}}\sqrt{1-\sin 2x}\,\mathrm{d}x$.

4. 设$y=\arcsin x$, 求$y^{(n)}(0)$.

5. 设$S_n=\frac{1}{n^2}\sum\limits_{k=1}^{n}\sqrt{(nx+k)(nx+k-1)}$, 其中$x>0$, 求$\lim\limits_{n\to\infty}S_n$.

二、(12 分) 设$x_1=\sqrt{a},x_{n+1}=\sqrt{ax_n}(a>0)$, 证明$\{x_n\}$收敛, 并求其极限.

三、(12 分) 证明: 反常积分$\int_0^{+\infty}\frac{\mathrm{d}x}{(1+x)^2(1+x^\alpha)}$与$\alpha$无关, 并求其值.

四、(12 分) 设函数$f(x)\in C[0,2], f(0)=f(2)$, 证明: 存在$\xi\in[0,1]$使得$f(\xi)=f(\xi+1)$.

五、(14 分) 设函数$z=z(x,y)$二阶连续可微, 满足偏微分方程$\frac{1}{(x+y)^2}(z_{xx}+2z_{xy}+z_{yy})-\frac{1}{(x+y)^3}(z_x+z_y)=0$, 令$u=xy,v=x-y$, 证明: $z_{uu}-\frac{1}{v^2+4u}z_u=0$.

六、(14 分) 设D为$\{(x,y)|0\leqslant x,y\leqslant 1$, (1) 计算积分$A=\iint\limits_{D}|xy-\frac{1}{4}|\,\mathrm{d}x\,\mathrm{d}y$, (2) 设$z=f(x,y)$在$D$上连续, 满足$\iint\limits_{D}f(x,y)\,\mathrm{d}x\,\mathrm{d}y=0,\iint\limits_{D}xyf(x,y)\,\mathrm{d}x\,\mathrm{d}y=1$, 证明: 存在$(x_0,y_0)\in D$使得$|f(x_0,y_0)|\geqslant\frac{1}{4}$.

七、(15 分) 求曲面$\frac{x^2}{a^2}+\frac{y^2}{b^2}+\frac{z^2}{c^2}=1$的切平面$\pi$, 使得它在第一卦限的部分与三个坐标平面所围成的四面体的体积最小, 并求出这个最小的体积.

八、(15 分) 设$f(y)=\int_0^{+\infty}x\,\mathrm{e}^{-x^2}\cos xy\,\mathrm{d}x,y\in\mathbb{R}$, (1) 证明: $f(y)$有任意阶的连续导数; (2) 求$f(y)$的Maclaurin级数.

九、(15 分) 求第一类曲面积分$I=\iint\limits_{\Sigma}(x^2+y^2+z^2)^{-\frac{3}{2}}(\frac{x^2}{a^4}+\frac{y^2}{b^4}+\frac{z^2}{c^4})^{-\frac{1}{2}}\,\mathrm{d}S$, 其中$\Sigma$为椭球面$\frac{x^2}{a^2}+\frac{y^2}{b^2}+\frac{z^2}{c^2}=1(a,b,c>0)$.

参考答案或提示

一、计算题

1. $\frac{1}{n}$.

2. $-\frac{1}{2}\frac{\ln(x+\sqrt{1+x^2})}{1+x^2} + \frac{x}{2\sqrt{1+x^2}} + C$.

3. $2(\sqrt{2}-1)$.

4. $y^{(n)}(0) = \begin{cases} 0, 2 \mid n, \\ [(n-2)!!]^2, & 2 \nmid n. \end{cases}$

5. $x + \frac{1}{2}$(用夹逼准则).

二、 $\frac{x_{n+1}}{a} = \sqrt{\frac{x_n}{a}} = \cdots = \sqrt[2^n]{\frac{x_1}{a}} \to 1 \Rightarrow x_n \to a$.

三、 $\frac{1}{2}$(作变换 $x \to \frac{1}{x}$).

四、 设 $g(x) = f(x+1) - f(x)$, 则 $g(0)g(1) \leqslant 0$.

五、 略.

六、 (1) $\frac{3}{32} + \frac{\ln 2}{8}$. (2) 否则, $1 = |\iint\limits_{D}(xy - \frac{1}{4})f(x,y)\,\mathrm{d}x\,\mathrm{d}y| < A \cdot \frac{1}{A} = 1$.

七、 过 (x_0, y_0, z_0) 的切平面: $\frac{xx_0}{a^2} + \frac{yy_0}{b^2} + \frac{zz_0}{c^2} = 1$. $V = \frac{a^2b^2c^2}{6x_0y_0z_0} \Rightarrow V_{\min} = \frac{\sqrt{3}}{2}abc, (x_0, y_0, z_0) = (\frac{a}{\sqrt{3}}, \frac{b}{\sqrt{3}}, \frac{c}{\sqrt{3}})$.

八、 (1) $f^{(k)}(y) = \int_0^{+\infty} x^{k+1}\mathrm{e}^{-x^2}\cos(xy + \frac{n\pi}{2})\,\mathrm{d}x$. (2) $f(y) = \sum_{n=0}^{\infty} \frac{(-1)^n n!}{2(2n)!}y^{2n}$.

九、 4π(用广义极坐标).

65 武汉大学2014真题

一、计算题(60 分)

1. 求 $\int_0^1 (x\ln x)^n \,\mathrm{d}x$.

2. 求 $\lim\limits_{x\to 1^-}(1-x)^3 \sum\limits_{n=1}^{\infty} n^2 x^n$.

3. 求 $\lim\limits_{x\to\infty} n[(1+\frac{1}{n})^n - \mathrm{e}]$.

4. 求 $\int \frac{1+\sin x}{1-\cos x}\mathrm{e}^{-x}\,\mathrm{d}x$.

5. 求 $\int_C xy\,\mathrm{d}s$, 其中 C 是 $x^2+y^2+z^2=9$ 与 $x+y+z=0$ 的交线.

二、(12 分) 设 $f(x)\in C^2[-1,1]$, $f(0)=0$, 证明: 存在 $\xi\in[-1,1]$ 使得 $f''(\xi)=3\int_{-1}^1 f(x)\,\mathrm{d}x$.

三、(12 分) 设 $x_n = f(\frac{1}{n^2})+f(\frac{2}{n^2})+\cdots+f(\frac{n}{n^2})$, $f(x)$ 在零点附近可微, $f(0)=0, f'(0)=1$, 证明 $\{x_n\}$ 收敛, 并求其极限.

四、(12 分) 设 z 是关于 x,y 的函数, 用 $\begin{cases} u=x+2y \\ v=x+ay \end{cases}$ 将 $2z_{xx}+z_{xy}-z_{yy}=0$ 变换为 $z_{uv}=0$, 求 a.

五、(14 分) 椭圆 $3x^2+y^2=1$ 绕 y 轴旋转得到 S, (u,v,w) 是曲面 S 上的法向量的方向余弦, Σ 为 S 的上半部分, 取上侧, 计算 $\iint_{\Sigma} z(xu+yv+2wz)\,\mathrm{d}S$.

六、(20 分) 设 $I=\int_0^{+\infty} \frac{1-\mathrm{e}^{-ax}}{x\,\mathrm{e}^x}\,\mathrm{d}x\,(a>-1)$, (1) 证明: I 在 $a>-1$ 上收敛; (2) 计算 I 的值.

七、(20 分) 已知函数项级数 $\sum\limits_{n=1}^{\infty} \frac{n^{n+2}}{(1+nx)^n}$, 证明: 级数在 $(1,+\infty)$ 上收敛; (2) 级数在 $(1,+\infty)$ 上非一致收敛, 但在 $(1,+\infty)$ 上连续.

参考答案或提示

一、计算题

1. $-\dfrac{n!}{(n+1)^{n+1}}$(令 $\ln x = -t$, 用 Γ 函数).

2. 2.

3. $-\dfrac{e}{2}$.

4. $-e^{-x}\cot\dfrac{x}{2} + C$.

5. -9π(利用对称性).

二、 令 $F(x) = \int_0^x f(t)\,\mathrm{d}t$, 则 $F(1) = F(0) + F'(0) + \frac{1}{2}F''(0) + \frac{1}{6}F'''(\xi_1)$, $F(-1) = F(0) - F'(0) + \frac{1}{2}F''(0) - \frac{1}{6}F'''(\xi_2) \Rightarrow F(1) - F(-1) = \dfrac{F'''(\xi_1) + F'''(\xi_2)}{6}$. 由导函数介值性得到结论.

三、 $x_n = \sum\limits_{k=1}^{n}\left(f'(0)\dfrac{k}{n^2} + O(\frac{1}{n^2})\right) \to \dfrac{1}{2}$.

四、 $a = -1$(舍去 $a = 2$).

五、 $\dfrac{\pi}{2\sqrt{3}}$.

六、 (1) 注意 $x = 0$ 不是瑕点. $\alpha \geqslant 0$ 时, $\left|\dfrac{1-e^{-\alpha x}}{xe^x}\right| \leqslant \dfrac{1}{e^x}(x \geqslant 1)$; $-1 < \alpha < 0$ 时, $\dfrac{e^{-\alpha x}-1}{xe^x} \leqslant \dfrac{1}{e^{(\alpha+1)x}}(x \leqslant 1)$. (2) $I'(\alpha) = \dfrac{1}{\alpha+1}$(验证内闭一致收敛), $I(0) = 0 \Rightarrow I = \ln(\alpha + 1)$.

七、 (1) 由根值法得到结论. (2) 若一致收敛, 则让 $x \to 1^+$ 得 $\sum\limits_{n=1}^{\infty}\dfrac{n^{n+1}}{(1+n)^n}$ 收敛, 矛盾(因为 $\dfrac{n^{n+1}}{(1+n)^n} \to +\infty$). 若 $x \in [a,b] \subset (1, +\infty)$, 则 $\dfrac{n^{n+1}}{(1+nx)^n} \leqslant \dfrac{n^{n+1}}{(1+na)^n}$, 故由 M 判别法知级数在 $(1, +\infty)$ 上内闭一致收敛, 从而级数连续.

66　武汉大学2015真题

一、计算题(40 分)

1. 求 $\lim\limits_{x\to1}\dfrac{(x^n-1)(x^{n-1}-1)\cdots(x^{n-k+1}-1)}{(x-1)(x-2)\cdots(x^k-1)}$.

2. 求 $\lim\limits_{x\to0}\dfrac{\sqrt[n]{\cos\alpha x}-\sqrt[m]{\cos\beta x}}{\sin^2 x}$.

3. 求 $\lim\limits_{n\to\infty}\sum\limits_{k=1}^{n}\left(\sqrt{1+\dfrac{k^2}{n^3}}-1\right)$.

4. 设 $0<x_n\le x_{n+1}+\dfrac{1}{n^2}$, 讨论极限 $\lim\limits_{n\to\infty}x_n$ 的存在性.

二、(20 分) 给定曲面 $F((x-a)(z-c)^{-1},(y-b)(z-c)^{-1})=0\,(a,b,c$ 为常数), 其中 $u=F(s,t)$ 二阶连续可微, 梯度处处不为0, 证明: (1) 曲面的切平面过一定点; (2) 函数 $z=F(x,y)$ 满足 $z_{xx}z_{yy}-z_{xy}^2=0$.

三、(20 分) 设 $a_n>0,\lim\limits_{n\to\infty}n\left(\dfrac{a_n}{a_{n+1}}-1\right)=\lambda>0$, 证明: $\sum\limits_{n=1}^{\infty}(-1)^{n-1}a_n$ 收敛.

四、(15 分) 求极限 $\lim\limits_{t\to+\infty}\left\{\mathrm{e}^{-t}\int_0^t\int_0^t\dfrac{\mathrm{e}^x-\mathrm{e}^y}{x-y}\,\mathrm{d}x\,\mathrm{d}y\right\}$, 或证明此极限不存在.

五、(15 分) 求积分 $\iint\limits_{D}|\cos(x+y)|\,\mathrm{d}x\,\mathrm{d}y$, 其中 $D:0\le x,y\le\pi$.

六、(15 分) 设 $0<\alpha<1$, 求积分 $\int_0^1 f(t^\alpha)\,\mathrm{d}t$ 的上确界, 其中连续函数 f 满足 $\int_0^1|f(t)|\,\mathrm{d}t\le1$.

七、(25 分) 设 $f(t)=\int_1^{+\infty}\dfrac{\cos xt}{1+x^2}\,\mathrm{d}x$, 证明: (1) 积分在 $\mathbb{R}$ 上一致收敛; (2) $\lim\limits_{t\to\infty}f(t)=0$; (3) $\int_0^\pi f(t)\sin t\,\mathrm{d}t\le0$; (4) 存在 $\xi\in[0,\pi]$ 使得 $f(\xi)=0$.

参考答案或提示

一、计算题

1. C_n^k(利用 $\frac{x^k-1}{x-1} \to k(x \to 1)$).

2. $\frac{\beta^2}{2m} - \frac{\alpha^2}{2n}$.

3. $\frac{1}{6}$.

4. $x_n - x_{n+1} \leqslant \frac{1}{n(n-1)}(n > 1) \Rightarrow \{x_n - \frac{1}{n-1}\}(n > 1)$单调递增. 若$\{x_n\}$有上界, 则$\{x_n - \frac{1}{n-1}\}$收敛, 从而$\{x_n\}$收敛; 若$\{x_n\}$无上界, 则$\{x_n - \frac{1}{n-1}\} \to +\infty$, 从而$\{x_n\} \to +\infty$.

二、 (1) 过点(a,b,c). (2) $z_x(x-a) + z_y(y-b) = z-c \Rightarrow z_{xx}(x-a) + z_{yx}(y-b) = 0, z_{xy}(x-a) + z_{yy}(y-b) = 0$. $x \neq a, y \neq b$时, 等式成立. 对于其他的点, 由连续性得到等式.

三、 n充分大时, $\frac{a_n}{a_{n+1}} - 1 > 0$, 即$\{a_n\}$单调递减. 取$\lambda_0 \subset (0,1)$且$\lambda_0 < \lambda$, 则$n > N$时, $\frac{a_n}{a_{n+1}} > 1 + \frac{\lambda_0}{n} \geqslant (1 + \frac{1}{n})^{\lambda_0} \Rightarrow \frac{a_{n+1}}{a_{N+1}} < (\frac{N+1}{n+1})^{\lambda_0} \to 0 \Rightarrow a_n \to 0$(用到Bernoulli不等式). 由Leibniz判别法知级数收敛.

四、 由L'Hospital法则, 原式$= \lim\limits_{t \to +\infty} \frac{2\int_0^t \frac{e^t - e^x}{t-x}dx}{e^t} = \lim\limits_{t \to +\infty} \int_0^t \frac{2(1-e^{-u})}{u}du = +\infty$(因为$\int_1^{+\infty} \frac{1}{u} = +\infty, \int_0^1 \frac{1-e^{-u}}{u}du$有限, $\int_1^{+\infty} \frac{e^{-u}}{u}du$收敛).

五、 2π(利用对称性, 再分区积分).

六、 $|\int_0^1 f(t^\alpha)dt| = |\int_0^1 f(u)\frac{1}{\alpha}u^{\frac{1}{\alpha}-1}du| \leqslant \frac{1}{\alpha}|\int_0^1 |f(u)|du| \leqslant \frac{1}{\alpha}$. 令$f(t) = nt^{n-1}$可知$\int_0^1 f(t^\alpha)dt \to \frac{1}{\alpha}$. 故上确界为$\frac{1}{\alpha}$.

七、 (1) M判别法. (2) $f(t) = \int_t^{+\infty} \frac{t\cos u}{t^2+u^2}du = \frac{t\sin u}{t^2+u^2}|_t^{+\infty} + \int_t^{+\infty} \frac{2ut\sin u}{(t^2+u^2)^2}du = -\frac{\sin t}{2t} + \int_t^{+\infty} \frac{2ut\sin u}{(t^2+u^2)^2}du \Rightarrow |f(t)| \leqslant \frac{1}{2t} + \int_t^{+\infty} \frac{2ut}{(t^2+u^2)^2}du = \frac{1}{2t} + \int_t^{+\infty} \frac{2ut}{(t^2+u^2)^2}du = \frac{1}{t} \to 0$. (3) 同理可证$\lim\limits_{t \to -\infty} f(t) = 0$. 利用熟知的结果可知$f(t)$在$\mathbb{R}$上一致连续. (4) 设$\alpha > 1$, $\int_\alpha^{+\infty}dx\int_0^\pi \frac{\cos xt\sin t}{1+x^2}dt = \int_\alpha^{+\infty} \frac{\cos \pi x + 1}{1-x^4}dx < 0$. 令$\alpha \to 1^+$可知不等式成立. (5) 否则由(4)可知$f(x) < 0(x \in [0,\pi])$, 但$f(0) = \frac{\pi}{4}$, 矛盾.

132

67　武汉大学2017真题

一、计算题(60 分)

1. 求 $\lim\limits_{x\to 0} \dfrac{\sqrt[n]{\cos\alpha x} - \sqrt[m]{\cos\beta x}}{\sin^2 x}$.

2. 求 $\lim\limits_{n\to\infty} \sum\limits_{k=1}^{n} (\mathrm{e}^{\frac{k^2}{n^3}} - 1)$.

3. 设 $a > 0$, $x_1 = \sqrt{a}$, $x_{n+1} = \sqrt{ax_n}$, $n = 1, 2, \ldots$, 求 $\lim\limits_{n\to\infty} x_n$.

4. 计算 $\iint\limits_{D} |x^2 + y^2 - 2y|\,\mathrm{d}x\,\mathrm{d}y$, 其中 $D : x^2 + y^2 \leqslant 4$.

5. 求 $\iint\limits_{\Sigma} \dfrac{x\,\mathrm{d}y\,\mathrm{d}z + y\,\mathrm{d}z\,\mathrm{d}x + z\,\mathrm{d}x\,\mathrm{d}y}{\sqrt{(x^2+y^2+z^2)^3}}$, 其中 Σ 是 $1 - z = \dfrac{(x-1)^2}{4} + \dfrac{(y-1)^2}{9}$ 的上半部分的上侧.

二、(15 分) 已知 $y = f(x, t)$, 其中 t 是由方程 $F(x, y, t) = 0$ 确定的隐函数, 求 $\dfrac{\mathrm{d}y}{\mathrm{d}t}$.

三、(15 分) 已知 $f(x)$ 在 $[0, +\infty)$ 上有非负的二阶导数, (1) 证明: $\dfrac{f(x)-f(x-h)}{h} \leqslant f'(x) \leqslant \dfrac{f(x+h)-f(x)}{h}$, $0 < h < x$; (2) $f(x)$ 满足什么条件时有 $\lim\limits_{x\to +\infty} f'(x) = 0$.

四、(15 分) 设 $f(x) \in C^2[0,1]$, $f(0) = f(1) = 0$, $\min\limits_{x\in[0,1]} f(x) = -\dfrac{1}{8}$, 证明: $\max\limits_{x\in[0,1]} f''(x) \geqslant 1$.

五、(15 分) 设 $u(x, y)$ 在开区域 D 内二阶连续可微, 证明: $u_{xx} + u_{yy} = 0$ 在 D 内处处成立当且仅当对任意圆盘 $B \subset D$ 有 $\oint_{\partial B} \dfrac{\partial u}{\partial \boldsymbol{n}}\,\mathrm{d}s = 0$.

六、(15 分) 设 $f(x) \in C(\mathbb{R})$, 恒有 $f(x + 1) = f(x + \pi)$, 但 $f(x)$ 没有最小正周期. 证明: $f(x)$ 恒为常数.

七、(15 分) 设 $f(x) \in C[0,1]$, 且不为常数, 证明: $f(x)$ 在 $[0,1]$ 内有非极值点.

参考答案或提示

一、计算题

1. $\frac{\beta^2}{2m} - \frac{\alpha^2}{2n}$.

2. $\frac{1}{3}$.

3. a.

4. $\int_0^\pi d\theta \int_0^{2\sin\theta} r(2r\sin\theta - r^2)\,dr + \int_0^\pi d\theta \int_{2\sin\theta}^2 r(r^2 - 2r\sin\theta)\,dr + \int_\pi^{2\pi} d\theta \int_0^2 r(r^2 - 2r\sin\theta)\,dr = 9\pi + \frac{64}{3}$.

5. 2π.

二、 $f_1 - f_2\frac{F_x}{F_z}$.

三、 (1) $f'(x)$单调递增, 由微分中值定理即得结论. (2)

四、 设$M = \max\limits_{x\in[0,1]} f(x_0) = \min\limits_{x\in[0,1]} f(x)$, 则$x_0 \in (0,1)$, $f'(x_0) = 0$. $f(0) = f(x_0) + f''(\xi_1)\frac{x_0^2}{2}$, $f(1) = f(x_0) + f''(\xi_1)\frac{(1-x_0)^2}{2}$. 若$M < 1$, 则$x_0 > \frac{1}{2}$, $1 - x_0 > \frac{1}{2}$, 矛盾.

五、 必要性由Green公式得到. 充分性: 反设结论不成立, 则由保号性和Green公式得到矛盾.

六、 $f(x) = f(x + \pi - 1)$, 故$f(x)$为周期函数. 设$T_0 = \inf\{T > 0 | f(x+T) = f(x), \forall x \in \mathbb{R}\}$. 设$\{T_n\} \to T_0$, 其中$T_n$为$f(x)$的正周期. $f(x + T_n) = f(x) \to f(x + T_0)$. 由假设, $T_0 = 0$. 由此可知$f(x)$的周期点在$\mathbb{R}$中稠密, 从而$f(x) = \lim\limits_{m\to\infty} f(T_m) = f(0)$.

七、 让极值点对应有理端点的开区间, 则可知$f(x)$在$[0,1]$内的极值点至多可数, 从而结论成立.

134

68 武汉大学2018真题

一、计算题(30 分)

1. 求 $\lim\limits_{n\to\infty}\sum\limits_{k=n^2}^{(n+1)^2}\dfrac{1}{\sqrt{k}}$.

2. 求 $\lim\limits_{n\to\infty}\dfrac{\int_0^\pi \sin^n x\cos^6 x\,\mathrm{d}x}{\int_0^\pi \sin^n x\,\mathrm{d}x}$.

3. 设 $x_{n+1}=\ln(1+x_n), x_1>0$, 求 $\lim\limits_{n\to\infty}nx_n$.

二、(15 分) 设 $f(x),f_1(x)\in C[a,b],f_{n+1}(x)=f(x)+\int_0^x \sin(f_n(t))\,\mathrm{d}t$, 证明: $\{f_n(x)\}$ 在 $[a,b]$ 上一致收敛.

三、(15 分) 设 $f(x)=\begin{cases} \mathrm{e}^{-\frac{1}{x^2}}, & x\neq 0, \\ 0, & x=0, \end{cases}$ 证明: $f(x)$ 在 $x=0$ 处存在任意阶导数.

四、(15 分) 设 $(x_1,x_2,x_3)\in\mathbb{R}^3, u=\dfrac{1}{\sqrt{x_1^2+x_2^2+x_3^2}}$, 计算 $\iint\limits_{S}\dfrac{\partial^2 u}{\partial x_j}\,\mathrm{d}S, 1\leqslant i,j\leqslant 3$, 其中 $S: x_1^2+x_2^2+x_3^2=R^3$.

五、(15 分) 讨论解方程的Newton切线法: (1) 推导Newton切线法的迭代公式; (2) 在适当条件下证明Newton迭代法收敛.

六、(15 分) 已知 $f(x)$ 在 $[0,1]$ 上可导, $f'(x)\in E[0,1]$, $\lim\limits_{n\to\infty}\left(nA-\sum\limits_{k=1}^{n}f(\frac{k}{n})\right)=B$ 存在, 求 A,B 的值.

七、(15 分) 设 $u_i=u_i(x_1,x_2),i=1,2$, 且关于每个变量是周期为1的二阶连续可微函数, 求 $\iint\limits_{0\leqslant x_1,x_2\leqslant 1}\det(\delta_{ij}+\frac{\partial u_i}{\partial x_j})\,\mathrm{d}x_1\,\mathrm{d}x_2$, 其中 $\det(\delta_{ij}+\frac{\partial u_i}{\partial x_j})$ 是映射 $(x_1,x_2)\mapsto (x_1+u_1,x_2+u_2)$ 的Jacobi行列式.

八、(30 分) 设 $f(x)\in R[a,b]$, $\varphi(x)$ 是周期为 $T>0$ 的连续函数, (1) 证明: 存在阶梯函数 $g_\varepsilon(x)$ 使得 $\int_a^b |f(x)-g_\varepsilon(x)|\,\mathrm{d}x<\frac{\varepsilon}{2}$; (2) 计算 $\lim\limits_{n\to\infty}\int_a^b \varphi(nx)\,\mathrm{d}x$; (3) 证明: $\lim\limits_{n\to\infty}\int_a^b f(x)\varphi(nx)\,\mathrm{d}x=\frac{1}{T}\int_0^T \varphi(x)\,\mathrm{d}x\int_a^b f(x)\,\mathrm{d}x$; (4) 计算 $\lim\limits_{n\to\infty}\frac{1}{n}\int_0^T \frac{\varphi(nx)}{x}\,\mathrm{d}x$, 其中 $\lim\limits_{x\to 0^+}\frac{\varphi(x)}{x}$ 存在.

参考答案或提示

一、计算题

1. 2.

2. 0(设$a_n = \int_0^\pi \sin^n \mathrm{d}\,x$, 则$\frac{a_{n+2}}{a_n} \to 1$).

3. $\{x_n\} \downarrow 0$, 由Stolz公式知$nx_n \to 2$.

二、 设$|f(x)|, |f_1(x)| \leqslant M$, 则$|f_{n+1}(x) - f_n(x)| \leqslant \int_a^x |f_n(t) - f_{n-1}(t)| \mathrm{d}\,t, |f_2(x) - f_1(x)| \leqslant 2M + (x - a) \Rightarrow |f_{n+1}(x) - f_n(x)| \leqslant M \frac{2(x-a)^{n-1}}{(n-1)!} + \frac{(x-a)^n}{n!} (n > 1)$. 由于$\sum\limits_{n=1}^\infty \frac{(x-a)^n}{n!}$在$[a, b]$上一致收敛, 故由Cauchy收敛准则知结论成立.

三、 $f^{(n)}(x) = \mathrm{e}^{-\frac{1}{x^2}} P_{3n}(\frac{1}{x})(x \neq 0)$, 其中$P_k(t)$是$k$次多项式. 由导函数极限定理知$f^{(n)}(0) = 0$.

四、 $\iint\limits_S u_{x_1 x_1} \mathrm{d}\,S = \iint\limits_S (2x_1^2 - x_2^2 - x_3^2)(x_1^2 + x_2^2 + x_3^2)^{-\frac{5}{2}} \mathrm{d}\,S = R^{-5} \iint\limits_S (2x_1^2 - x_2^2 - x_3^2) \mathrm{d}\,S = 0, \iint\limits_S u_{x_1 x_2} \mathrm{d}\,S = \iint\limits_S 3x_1 x_2 (x_1^2 + x_2^2 + x_3^2)^{-\frac{5}{2}} \mathrm{d}\,S = R^{-5} \iint\limits_S 3x_1 x_2 \mathrm{d}\,S = 0$(由对称性).

五、 (1) 设$f(x)$在$[a, b]$上连续, 在(a, b)内可导, $f(a)f(b) < 0, f'(x) \neq 0, x_{n+1} = x_n - \frac{f(x_n)}{f'(x_n)}$. (2) 设$\varphi(x) = x - \frac{f(x)}{f'(x)}$. 若$|\varphi'(x)| = |\frac{f''(x)f(x)}{f'^2(x)}| \leqslant L < 1$, 则$\{x_n\}$收敛.

六、 $\frac{B}{n} \to 0 \Rightarrow A = \int_0^1 f(x) \mathrm{d}\,x. \; nA - \sum\limits_{k=1}^n f(\frac{k}{n}) = n \sum\limits_{k=1}^n \int_{\frac{k-1}{n}}^{\frac{k}{n}} [f(x) - f(\frac{k}{n})] \mathrm{d}\,x = n \sum\limits_{k=1}^n f'(\xi_k)(x - \frac{k}{n}) \mathrm{d}\,x = n \sum\limits_{k=1}^n \int_{\frac{k-1}{n}}^{\frac{k}{n}} (f'(\xi_k) - m_k)(x - \frac{k}{n}) \mathrm{d}\,x + n \sum\limits_{k=1}^n \int_{\frac{k-1}{n}}^{\frac{k}{n}} m_k(x - \frac{k}{n}) \mathrm{d}\,x \to -\frac{1}{2} \int_0^1 f'(t) \mathrm{d}\,t = \frac{f(0)-f(1)}{2} = B$(估计第一个和式, 利用$f'(x) \in R[0, 1]$可知该和式趋于0), 其中$m_k = \inf\limits_{x \in \Delta_k} f'(x)$.

七、 注意到周期性, 以及$\frac{\partial(u_1 \frac{\partial u_2}{\partial x_2} - u_2 \frac{\partial u_1}{\partial x_2})}{\partial x_1} + \frac{\partial(u_2 \frac{\partial u_1}{\partial x_1} - u_1 \frac{\partial u_2}{\partial x_1})}{\partial x_2} = 2 \frac{\partial(u_1, u_2)}{\partial(x_1, x_2)}$. 原式$= \iint\limits_{0 \leqslant x_1, x_2 \leqslant 1} (1 + \frac{\partial(u_1, u_2)}{\partial(x_1, x_2)} + \frac{\partial u_1}{\partial x_2} + \frac{\partial u_2}{\partial x_1}) \mathrm{d}\,x_1 \mathrm{d}\,x_2 = 1$.

八、 (1) 设$\sum\limits_{k=1}^n \omega_i \Delta x_i < \varepsilon$, 令$g(x) = m_k, x \in [\frac{k-1}{n}, \frac{k}{n})(1 \leqslant k \leqslant n), g(1) = m_n$即可. (2) $\int_a^b \varphi(nx) \mathrm{d} = \frac{1}{n} \int_{na}^{nb} \varphi(t) \mathrm{d}\,t = \frac{1}{n}[k_n \int_0^T \varphi(t) \mathrm{d}\,t + \int_{na+k_nT}^{nb} \varphi(t) \mathrm{d}\,t] \to \frac{b-a}{T} \int_0^T \varphi(t) \mathrm{d}\,t$, 其中$nb - na = k_n T + l_n, 0 \leqslant l_n < T$. (3) 由(1), 可归结于$f(x)$为常值函数的情形, 从而由(2)得到结论. (4) $\frac{1}{\ln n} \int_0^T \frac{\varphi(nx)}{x} \mathrm{d}\,x = \frac{1}{\ln n} \int_0^T \varphi(t)(\frac{1}{t} + \frac{1}{T+t} + \cdots + \frac{1}{(n-1)T+t}) \mathrm{d}\,t$. 由夹逼准则知$\frac{1}{\ln n}(\frac{1}{T+t} + \cdots + \frac{1}{(n-1)T+t}) \to \frac{1}{T}$在$[0, T]$上一致成立. 故$\lim\limits_{n \to \infty} \frac{1}{\ln n} \int_0^T \frac{\varphi(nx)}{x} \mathrm{d}\,x = \frac{1}{T} \int_0^T \varphi(t) \mathrm{d}\,t$.

69　厦门大学2009真题

一、选择题(30 分)

1. 设$\{a_n\}$为单调数列, 若存在收敛子列$\{a_{n_j}\}$, 则有:

A. $\lim\limits_{n\to\infty} a_n = \lim\limits_{j\to\infty} a_{n_j}$;

B. $\{a_n\}$不一定收敛;

C. $\{a_n\}$不一定有界;

D. 当且仅当假设$\{a_n\}$有界, A才成立.

2. 设$f(x) \in C(\mathbb{R})$, 则有:

A. 当I为开区间时, $f(I)$为开区间;

B. 当I为闭区间时, $f(I)$为闭区间;

C. 当$f(I)$为开区间时, I为开区间;

D. 以上都不一定成立.

3. 设$f(x)$在$U^\circ(x_0)$内可导, 则有:

A. 若$\lim\limits_{x\to x_0} f(x) = A$存在, 则$f'(x_0) = A$;

B. 若$f(x)$在x_0处连续, 则$\lim\limits_{x\to x_0} f'(x) = A$;

C. 若$f'(x_0) = A$存在, 则$\lim\limits_{x\to x_0} f'(x) = A$;

D. 以上都不一定成立.

4. 设$f(x) \in R[a,b]$, 则有:

A. $f(x) \in C[a,b]$;

B. $f(x)$在$[a,b]$上至多有有限个间断点;

C. $f(x)$在$[a,b]$上可能无界;

D. $f(x)$在$[a,b]$上的连续点稠密.

5. 设$\sum\limits_{n=1}^{\infty} u_n$为正项级数, 则有:

A. 若$\lim\limits_{n\to\infty} u_n = 0$, 则$\sum\limits_{n=1}^{\infty} u_n$收敛;

B. 若$\sum\limits_{n=1}^{\infty} u_n$收敛, 则$\lim\limits_{n\to\infty} \frac{u_{n+1}}{u_n} < 1$;

C. 若$\sum\limits_{n=1}^{\infty} u_n$收敛, 则$\lim\limits_{n\to\infty} \sqrt[n]{u_n} < 1$;

D. 以上都不一定成立.

二、解答题(120 分)

1. (20分)设 $\sigma > 0, a_0 = a > 0, a_{n+1} = \frac{1}{2}(a_n + \frac{\sigma}{a_n}), n \in \mathbb{N}$, 证明数列 $\{a_n\}$ 收敛, 并求其极限.

2. (25分)设函数 $f(x) \in C[a, +\infty), g(x)$ 在区间 $[a, +\infty)$ 上一致连续, 并且 $\lim\limits_{x \to \infty} (f(x) - g(x)) = 0$, 证明: $f(x)$ 在 $[a, +\infty)$ 上一致连续.

3. (25分)设 $f(x) \in C^2(\mathbb{R}), f(0) = f'(0) = 0$, 定义 $g(x) = \begin{cases} \frac{f(x)}{x}, & x \neq 0, \\ 0, & x = 0, \end{cases}$ 证明: $g(x) \in C^1(\mathbb{R})$.

4. (25分) 求积分 $\iint\limits_{S} xy^2 \, \mathrm{d}y \, \mathrm{d}z + yz^2 \, \mathrm{d}z \, \mathrm{d}x + zx^2 \, \mathrm{d}x \, \mathrm{d}y$, 其中 S 为圆柱面 $x^2 + y^2 = 1, |z| \leqslant 1$ 的外侧.

5. (25分) 证明: (1) 级数 $\sum\limits_{n=1}^{\infty} \frac{\sin^n x}{2^n}$ 在 $\mathbb{R}$ 上一致收敛; (2) $\exists \varepsilon \in (0, \frac{\pi}{2})$ 使得 $\sum\limits_{n=1}^{\infty} \frac{n \cos \varepsilon \sin^{n-1} \varepsilon}{2^n} = \frac{2}{\pi}$.

参考答案或提示

一、选择题 1. A. 2. D. 3. D. 4. D. 5. D.

二、解答题

1. $a_n \geqslant \sigma, \{a_n\}$ 单调递减 $\to a_n \to \sigma$.

2. 略.

3. $g'(x) = \begin{cases} \dfrac{xf'(x)-f(x)}{x^2}, & x \neq 0 \\ \dfrac{1}{2}f''(0), & x = 0 \end{cases} \Rightarrow \lim\limits_{x \to 0} g'(x) = \lim\limits_{f''(x)} 2x = \dfrac{1}{2}f''(0)$(最后一步用极限的定义), 故结论成立.

4. $I = \dfrac{\pi}{6}$(补充两个平面用Gauss 公式, 三重积分用柱面坐标计算).

5. (1) 用M判别法. (2) $\sum\limits_{n=1}^{\infty} \dfrac{n\cos x \sin^{n-1} x}{2^n} = \left(\dfrac{\sin x}{2-\sin x}\right)' = \dfrac{\cos x}{(2-\sin x)^2}$(由$M$判别法知左边级数在$\mathbb{R}$上一致收敛). 令$x = \dfrac{\pi}{6}$, 值为$\dfrac{4}{9}\sqrt{3}$; 令$x = \dfrac{\pi}{2}$, 值为$0$. 由介值定理知结论成立.

70　厦门大学2010真题

一、选择题(30 分)

1. 设函数$f(x)$二阶可导, 并且满足方程$f''(x) = 3[f'(x)]^2 + 2\mathrm{e}^x f(x) = 0$, 设$x_0$为$f(x)$的驻点且满足$f(x_0) < 0$, 则$f(x)$在$x_0$处:

A. 取极大值;

B. 取极小值;

C. 不取极值;

D. 不能确定.

2. 函数$f(x) = \ln x - \frac{x}{\mathrm{e}} + k(k > 0)$在区间$(0, +\infty)$内的零点个数为:

A. 0

B. 1

C. 2

D. 不能确定.

3. 已知当$x \to 0$时, 函数$\mathrm{e}^{\tan x} - \mathrm{e}^x$与$x^n$为同阶无穷小量, 则$n$为:

A. 1

B. 2

C. 3

D. 4.

4. 下列命题正确的是:

A. 若$f(x) \in R[a, b]$, 且有原函数$F(x)$, 则$\int_a^b f(x)\,\mathrm{d}x = F(b) - F(a)$;

B. 若$f(x) \in R[a, b]$, 则$\int_a^x f(t)\,\mathrm{d}t$在$[a, b]$上可导;

C. 若$f^2(x) \in R[a, b]$, 则不一定有$|f(x)| \in R[a, b]$;

D. 若$|f(x)| \in R[a, b]$, 则$f(x) \in R[a, b]$.

5. 设$a > 0$, $f(x)$在$(-a, a)$内满足$f''(x) > 0$, $|f(x)| \leqslant x^2$, $I = \int_{-a}^a f(x)\,\mathrm{d}x$, 则有:

A. $I = 0$

B. $I > 0$

C. $I < 0$

141

D. 不确定.

二、解答题(120 分)

1. (20分)设 $f(x) = a_1 \sin x + a_2 \sin 2x + \cdots + a_n \sin nx$, $|f(x)| \leqslant |\sin x|$, $a_i \in \mathbb{R}(1 \leqslant i \leqslant n)$, 证明: $|a_1 + 2a_2 + \cdots + na_n| \leqslant 1$.

2. (20分)设函数 $f(x)$ 在 $\mathbb{R}$ 上一致连续, $\eta > 0$, 在 $\mathbb{R}$ 上定义 $g(x) = \sup\limits_{y,z \in (x-\eta, x+\eta)} \{|f(y) - f(z)|\}$, 证明: $g(x)$ 在 $\mathbb{R}$ 上一致连续.

3. (20分)设函数 $\varphi \in C[0,a]$, f 在 $\mathbb{R}$ 上二阶可导, 且 $f''(x) \geqslant 0$, 证明: $f(\frac{1}{a}\int_0^a \varphi(t)\,\mathrm{d}\,t) \leqslant \frac{1}{a}\int_0^a f[\varphi(t)]\,\mathrm{d}\,t$.

4. (20分)设 $f_0(x) \in C[0,a]$, $f_n(x) = \int_0^x f_{n-1}(t)\,\mathrm{d}\,t, n = 1,2,\ldots$, 证明: $\{f_n(x)\}$ 在 $[0,a]$ 上一致收敛于 0.

5. (20分)求函数 $f(x,y) = ax^2 + 2bxy + cy^2$ 在 $x^2 + y^2 \leqslant 1$ 上的最大值和最小值.

6. (20分)设函数 $z = z(x,y)$ 由方程 $F(x + \frac{z}{y}, y + \frac{z}{x}) = 0$ 确定, 其中 F 连续可微, 证明: $xz_x + yz_y = z - xy$.

参考答案或提示

一、选择题 1. B.   2. C.   3. C.   4. A.   5. B.

二、解答题

1. 注意 $\frac{\sin kx}{\sin x} \to k(x \to 0)$, 由 $\lim\limits_{x \to 0} |\frac{f(x)}{\sin x}| \leqslant 1$ 即得结论.

2. 对任何的 $\varepsilon > 0$, 存在 $\delta \in (0, \eta)$ 使得 $|x_1 - x_2| < \delta$ 时, $|f(x_1) - f(x_2)| < \varepsilon$. 设 $0 < x_2 - x_1 < \delta$, 则 $(x_2 - \eta, x_1 + \eta) = A = U(x_1, \eta) \cap U(x_2, \eta)$. 存在 $y, z \in U(x_1, \eta)$ 使得 $g(x_1) < |f(y) - f(z)| + \varepsilon$. 若 $y, z \in A$, 则 $g(x_1) - g(x_2) \leqslant g(x_1) - |f(y) - f(z)| < \varepsilon$; 若 $y, z \in (x_1 - \eta, x_2 - \eta]$, 则 $|f(y) - f(z)| < \varepsilon$, 从而 $g(x_1) - g(x_2) < 2\varepsilon$; 若 $y \in (x_1 - \eta, x_2 - \eta], z \in A$, 则 $g(x_1) - g(x_2) < |f(y) - f(z)| + \varepsilon - |f(x_3) - f(z)| \leqslant |f(y) - f(x_3)| + \varepsilon < 2\varepsilon$, 其中 $x_3 \in A$ 充分接近 $x_2 - \eta$. 总之, $g(x_1) - g(x_2) < 2\varepsilon$. 同理, $g(x_2) - g(x_1) < 2\varepsilon$. 因此 $|g(x_1) - g(x_2)| < 2\varepsilon$.

3. $f''(x) \geqslant 0 \Rightarrow f(x)$ 为凸函数 $\Rightarrow f(\frac{1}{a} \sum\limits_T \varphi(\xi_i) \Delta t_i) \leqslant \frac{1}{a} \sum\limits_T f(\varphi(\xi_i)) \Delta t_i$, 让 $\|T\| \to 0$ 即得结论.

4. 设 $|f_0(x)| \leqslant M$, 则 $|f_n(x)| \leqslant \frac{Mx^n}{n!} \leqslant \frac{Ma^n}{n!} \to 0$.

5. (1) 若 $b^2 - ac = 0$, 则当 $a > 0$ 时, $f_{\min} = 0$, $f_{\max} = a + c$; 当 $a < 0$ 时, $f_{\max} = 0$, $f_{\min} = a + c$; 当 $a = 0$ 时, $b = 0$, 故 $f_{\max} = |c|$, $f_{\min} = -|c|$. 若 $b^2 - ac \neq 0$, $f_{\max} = \max\{\frac{a+c}{2} + \sqrt{(\frac{a-c}{2})^2 + b^2}, 0\}$, $f_{\min} = \min\{\frac{a+c}{2} - \sqrt{(\frac{a-c}{2})^2 + b^2}, 0\}$.

6. 略.

71 厦门大学2011真题

一、选择题(30 分)

1. 设函数$y = f(x)$在$U(x_0)$内二阶连续可微, 且满足$f'(x_0) = 0, f''(x_0) < 0$, 则:

A. $f(x)$在x_0处取极大值;

B. $f(x)$在x_0处取极小值;

C. $(x_0, f(x_0))$为曲线$y = f(x)$的拐点;

D. $f(x)$在某个$V(x_0)$内单调递减.

2. 函数$f(x) = \ln x - x$在区间$(0, +\infty)$内零点的个数为:

A. 0

B. 1

C. 2

D. 不能确定.

3. 已知当$x \to 0$时, 函数$e^{\sin x} - e^x$与x^n为同阶无穷小量, 则n为:

A. 1

B. 2

C. 3

D. 4.

4. 下列命题正确的是:

A. 若$f(x) \in R[a, b]$, 且有原函数$F(x)$, 则$[\int_a^x f(t) \, \mathrm{d} t]' = f(x)$;

B. 若$f(x) \in R[a, b]$, 则$|f(x) \in R[a, b]$;

C. 若$f^2(x) \in R[a, b]$, 则$|f(x)| \in R[a, b]$;

D. 若$|f(x)| \in R[a, b]$, 则$f(x) \in R[a, b]$.

5. 设$f(x)$在$(-1, 1)$内满足$f''(x) > 0, |f(x)| \leqslant x^4, I = \int_{-1}^1 f(x) \, \mathrm{d} x$, 则有:

A. $I = 0$　　B. $I > 0$　　C. $I < 0$　　D. 不确定.

二、解答题(120 分)

1. (10分)设$f(x)$在$[0, 1]$上二阶可导, 且有$f(0) = f(1) = 0, \min_{x \in [0,1]} f(x) = -1$, 证明: 存在$\xi \in (0, 1)$使得$f''(\xi) \geqslant 8$.

2. (10分)设函数 $f(x) \in C[0,1]$, 证明: $\lim\limits_{\lambda \to +\infty} \int_0^\lambda f(\frac{x}{\lambda}) \frac{1}{1+x^2} \, \mathrm{d}x = \frac{\pi}{2} f(0)$.

3. (15分)设 $f(x) \in C[0,1]$, 证明: 对 $\forall t > 0$ 有 $[\int_0^1 \frac{f(x)}{t^2+x^2} \, \mathrm{d}x]^2 \leqslant \frac{\pi}{2t} \int_0^1 \frac{f^2(x)}{t^2+x^2} \, \mathrm{d}x$.

4. (15分)设 $0 < \lambda < 1$, $\lim\limits_{n \to \infty} a_n = a$, 证明: $\lim\limits_{n \to \infty} (\lambda^n a_0 + \lambda^{n-1} a_1 + \cdots + \lambda a_{n-1} + a_n) = \frac{a}{1-\lambda}$.

5. (20分)设 $f_n(x) = \mathrm{e}^{-nx^2} \cos x$, $x \in [-1,1]$, $n \in \mathbb{N}_+$, 证明: (1) $\{f_n(x)\}$ 在 $[-1,1]$ 上不一致收敛; (2) $\lim\limits_{n \to \infty} \int_{-1}^1 f_n(x) \, \mathrm{d}x = \int_{-1}^1 \lim\limits_{n \to \infty} f_n(x) \, \mathrm{d}x$.

6. (10分)证明: 有限闭区间上的连续函数能取到最小值.

7. (15分)设 $f(x)$ 在点 a 处可微, $f(a) \neq 0$, 求极限 $\lim\limits_{n \to \infty} [\frac{f(a+\frac{1}{n})}{f(a)}]^n$.

8. (15分)计算 $\iint\limits_{[0,\pi] \times [0,1]} y \sin(xy) \, \mathrm{d}x \, \mathrm{d}y$.

9. (10分)计算 $\lim\limits_{n \to \infty} \sum\limits_{k=n^2}^{(n+1)^2} \frac{1}{\sqrt{k}}$.

参考答案或提示

一、选择题 1. A. 2. A. 3. C. 4. B. 5. B.

二、解答题

1. 设 $f(x_0) = \min\limits_{x \in [0,1]} f(x)$, 则 $f(x_0) = -1$, $f'(x_0) = 0$. $f(0) = f(x_0) + f''(\xi_1)\frac{x_0^2}{2}$, $f(1) = f(x_0) + f''(\xi_2)\frac{(1-x_0)^2}{2}$ $\Rightarrow \frac{f''(\xi_1) + f''(\xi_2)}{2} = \frac{1}{x_0^2} + \frac{1}{(1-x_0)^2} \geqslant \frac{1}{2}(\frac{1}{x_0} + \frac{1}{1-x_0})^2 \geqslant 8$. 由导函数介值性得到结论.

2. 只要证明: $\int_0^1 (f(t) - f(0))\frac{\lambda}{1+\lambda^2 t^2} \, \mathrm{d}\, t \to 0$. 利用 $\int_0^1 = \int_0^\delta + \int_\delta^1$ (其中 $\delta > 0$ 充分小) 即可.

3. 利用 Cauchy-Schwarz 不等式.

4. 注意 $\lim\limits_{n \to \infty} (\lambda^n + \cdots + \lambda + 1) = \frac{1}{1-\lambda}$. 不妨设 $a = 0$ (否则用 $b_n = a_n - a$ 替代 a_n 即可). 设 $|a_n| \leqslant M$. 对任何的 $\varepsilon > 0$, 设 $|a_n| < \varepsilon(n > N_1)$, $\lambda^n < \varepsilon(n > N_2)$, 则当 $n > N_1 + N_2$ 时, $|\lambda^n a_0 + \lambda^{n-1} a_1 + \cdots + \lambda a_{n-1} + a_n| \leqslant M(\lambda^n + \cdots + \lambda^{n-N_1}) + \varepsilon(\lambda^{n-N_1-1} + \cdots + 1) < [M(N_1 + 1) + \frac{1}{1-\lambda}]\varepsilon$.

5. (1) $f_n(x) \to f(x) = \begin{cases} 0, & x \neq 0, \\ 1, & x = 0. \end{cases}$ 若 $\{f_n(x)\}$ 在 $[-1,1]$ 上一致收敛, 则 $f(x) \in C[-1,1]$, 矛盾. (2) 对任何的 $\varepsilon > 0$, $|\int_{-1}^1 f_n(x) \, \mathrm{d}\, x| = 2|\int_0^1 f_n(x) \, \mathrm{d}\, x| \leqslant 2(|\int_0^\varepsilon f_n(x) \, \mathrm{d}\, x| + |\int_\varepsilon^1 f_n(x) \, \mathrm{d}\, x|) \leqslant 2(\varepsilon + |\int_\varepsilon^1 f_n(x) \, \mathrm{d}\, x|) \to 2\varepsilon$, 让 $\varepsilon \to 0^+$ 即得结论.

6. 用有限覆盖定理证明有界性. 设 $\inf\limits_{x \in [a,b]} f(x) = m$. 若 $f(x)$ 取不到值 m, 则有 $\{x_n\} \subset [a,b]$ 使得 $f(x_n) \to m$. 不妨设 $x_n \to \xi$, 则 $f(x_n) \to f(\xi) = m$, 矛盾.

7. $\mathrm{e}^{\frac{f'(a)}{f(a)}}$.

8. 1.

9. 2 (用夹逼准则).

72 厦门大学2012真题

一、(**20 分**) 设$\{x_n\}$为有界正数列, 求$\lim\limits_{n\to\infty}\dfrac{x_n}{x_1+x_2+\cdots+x_n}$.

二、(**20 分**) 设$g(x)$满足$\lim\limits_{x\to+\infty}g(x)=u_0$, $f(u)$在$u=u_0$处连续, 证明: $\lim\limits_{x\to\infty}f(g(x))=f(u_0)$.

三、(**15 分**) 设函数$f(x)$在$\mathbb{R}$上不恒为零, 存在任意阶导数, 并且对$\forall x\in\mathbb{R}$都有$|f^{(n)}(x)-f^{(n-1)}(x)|\leqslant\dfrac{1}{n^2}$, $n=1,2,\ldots$, 证明: $\lim\limits_{n\to\infty}f^{(n)}(x)=C\,\mathrm{e}^x$, 其中$C$为常数.

四、(**15 分**) 设函数$z=z(x,y)$二阶连续可微, 满足方程$yz_{yy}+2z_y=\dfrac{2}{x}$, 证明: 上述方程在变换$u=\dfrac{x}{y},v=x,w=xz-y$下变为$w_{uu}=0$.

五、(**20 分**) 函数$f(x)$和$g(x)$在$[a,+\infty)$上可导, 且满足$|f'(x)|\leqslant g'(x)$, 证明: $x\geqslant a$时有$|f(x)-f(a)|\leqslant|g(x)-g(a)|$.

六、(**15 分**) 设$\{a_n\}$为正数列, $s_n=\dfrac{\sum\limits_{k=1}^{n}a_k}{n},r_n=\dfrac{\sum\limits_{k=1}^{n}a_k^{-1}}{n}$, 且$\{s_n\},\{r_n\}$都收敛, 证明: 这两个数列极限之积不小于1.

七、(**15 分**) 设D是$\mathbb{R}^2$中的闭圆盘, f是定义在D上的实函数, 证明: 若$\iint\limits_{D}f^2(x,y)\,\mathrm{d}x\,\mathrm{d}y=0$, 则$f$在$D$中连续点上取值为0.

八、(**15 分**) 设$\{na_n\}$收敛, 级数$\sum\limits_{n=1}^{\infty}n(a_n-a_{n-1})$收敛, 证明: $\sum\limits_{n=1}^{\infty}a_n$收敛.

九、(**15 分**) 证明等式: $\iiint\limits_{\Omega}\cos(ax+by+cz)\,\mathrm{d}x\,\mathrm{d}y\,\mathrm{d}z=\pi\int_{-1}^{1}(1-u^2)\cos(ku)\,\mathrm{d}u$, 其中$\Omega:x^2+y^2+z^2\leqslant 1$为单位球, a,b,c为常数, $\sqrt{a^2+b^2+c^2}=k$.

一、 若 $\sum\limits_{n=1}^{\infty} x_n + +\infty$, 则由$\{x_n\}$有界可知极限为0; 若 $\sum\limits_{n=1}^{\infty} x_n$收敛, 则$x_n \to 0$, 从而极限也为0.

二、 略.

三、 由M判别法知 $\sum\limits_{n=1}^{\infty} (f^{(n)}(x) - f^{(n-1)}(x))$在$\mathbb{R}$上一致收敛, 即$\{f^{(n)}(x)\}$在$\mathbb{R}$上一致收敛. 设$\{f^{(n)}(x)\} \rightrightarrows F(x)$, 则$F'(x) = F(x)$, 故结论成立.

四、 略.

五、 $-g'(x) \leqslant f'(x) \leqslant g'(x)(x \geqslant a) \Rightarrow -\int_a^x g'(t)\,\mathrm{d}t \leqslant \int_a^x f'(t)\,\mathrm{d}t \leqslant \int_a^x g'(t)\,\mathrm{d}t \leqslant |f(x) - f(a)| \leqslant (g(x) - g(a)(x \geqslant a)$.

六、 由平均不等式可知$s_n r_n \geqslant 1$, 故结论成立.

七、 反设结论不对, 则由保号性推出矛盾.

八、 $\sum\limits_{n=1}^{\infty} [(na_n - (n-1)a_{n-1}) - a_{n-1}]$收敛, $\sum\limits_{n=1}^{\infty} [(na_n - (n-1)a_{n-1}) \Leftrightarrow \{na_n\}$收敛, 因此 $\sum\limits_{n=1}^{\infty} a_{n-1}$收敛, 从而结论成立.

九、 若$a = b = c = 0$, 结论显然成立. 若a, b, c不全为0, 令$ax + by + cz = ku$. 将$\alpha_1 = (\frac{a}{k}, \frac{b}{k}, \frac{c}{k})$扩充为单位正交向量组$\alpha_1, \alpha_2 = (a', b', c'), \alpha_3 = (a'', b'', c'')$. 令$a'x + b'y + c'z = v, a''x + b''y + c''z = w$, 则$\iiint\limits_{\Omega} \cos(ax + by + cz)\,\mathrm{d}x\,\mathrm{d}y\,\mathrm{d}z = \iiint\limits_{\Omega'} \cos(ku)\,\mathrm{d}u\,\mathrm{d}v\,\mathrm{d}w = \int_{-1}^{1} \cos(ku)\,\mathrm{d}u \iint\limits_{D_{vw}} \mathrm{d}v\,\mathrm{d}w = \pi \int_{-1}^{1} (1 - u^2) \cos(ku)\,\mathrm{d}u$, 其中$\Omega' : u^2 + v^2 + w^2 \leqslant 1, D_{vw} : v^2 + w^2 \leqslant 1 - u^2$.

73 厦门大学2013真题

一、(**15 分**) 设数列$\{a_n\}$单调递增, $\lim\limits_{n\to\infty} a_n = a$, 证明: $\lim\limits_{n\to\infty} (a_1^n + a_2^n + \cdots + a_n^n)^{\frac{1}{n}} = a$.

二、(**15 分**) 设函数$f(x)$在$[a,b]$上单调, $f(a) > a$, $f(b) < b$, 证明: 存在$x_0 \in [a,b]$, 使得$f(x_0) = x_0$.

三、(**15 分**) 设函数$f(x) \in C[a,b]$, $\int_0^1 f(x)\,\mathrm{d}x = \int_0^1 xf(x)\,\mathrm{d}x = 0$, $\int_0^1 x^2 f(x)\,\mathrm{d}x = 1$, 证明: 存在$x_0 \in [0,1]$使得$|f(x_0)| \geqslant 12$.

四、(**15 分**) 设函数$u = u(x,y)$在$\mathbb{R}^2$上二阶连续可微, 证明: $\Delta u = u_{xx} + u_{yy} = 0 \Leftrightarrow$ 对任何的光滑封闭曲线C有$\oint_C \frac{\partial u}{\partial \boldsymbol{n}}\,\mathrm{d}s = 0$, 其中$\boldsymbol{n}$为$C$的单位外法向量.

五、(**15 分**) 设函数$f(x)$在区间$[a,b]$上可导, $f(\frac{a+b}{2}) = 0$, $|f'(x)| \leqslant M$, 证明: $\left| \int_a^b f(x)\,\mathrm{d}x \right| \leqslant \frac{M}{2}(b-a)^2$.

六、(**20 分**) 设$\{f_n\}$为闭区间$[a,b]$上的函数列, 满足: (1) 对任意的$z \in [a,b]$, $\{f_n(z)\}$有界; (2) 对$\forall \varepsilon > 0$, $\exists \delta > 0$, 使得当$-y| < \delta$ 时, $|f_n(x) - f_n(y)| < \varepsilon$对所有的$n \in \mathbb{N}_+$成立, 证明: 存在子列$\{f_{n_k}\}$在$[a,b]$上一致收敛.

七、(**20 分**) 设f在$\mathbb{R}$上非负连续, 且$\lim\limits_{x\to\infty} f(x) = 0$, (1) 证明: $f(x)$在$\mathbb{R}$上取到最大值; (2) f在$\mathbb{R}$上能否取到最小值? 要求说明理由.

八、(**20 分**) 设f在$[0,+\infty)$上可微且有界, 证明: 存在$\{x_n\} \subset [0,+\infty)$使得$x_n \to +\infty$, 且$f'(x_n) \to 0$.

九、(**15 分**) 计算二重积分$\iint\limits_D z\,\mathrm{d}x\,\mathrm{d}y$, 其中$D$是三角形$\{(x,y,z)|x+y+z = 1, x,y,z \geqslant 0\}$.

参考答案或提示

一、 由 $a_n^n \leqslant a_1^n + a_2^n + \cdots + a_n^n \leqslant na_n^n$ 即得结论.

二、 反设结论不对, 则可得由区间套 $\{[a_n, b_n], f(a_n) < a_n, f(b_n) > b_n$. 由区间套定理知 $\{a_n\} \uparrow x_0, \{b_n\} \downarrow x_0$. 不妨设 $f(x)$ 单调递增. $f(x_0) \geqslant f(a_n) > a_n \Rightarrow f(x_0) \geqslant x_0$, 同理可知 $f(x_0) \leqslant x_0$, 因此 $f(x_0) = x_0$, 矛盾.

三、 由第一积分中值定理, $\int_0^1 (x - \frac{1}{2})^2 f(x)\, \mathrm{d}x = 1 \Rightarrow f(x_0) \int_0^1 (x - \frac{1}{2})^2\, \mathrm{d}x = 1 \Rightarrow f(x_0) = 12, x_0 \in (0, 1)$.

四、 必要性: 由Green公式得到结论. 充分性: 反设结论不成立, 则由保号性和Green公式推出矛盾.

五、 设 $x_0 = \frac{a+b}{2}$. $f(x) = f(x_0) + f'(\xi)(x - x_0) \Rightarrow |f(x)| \leqslant M|x - x_0|$. 因此, $\left| \int_a^b f(x)\, \mathrm{d}x \right| \leqslant M \int_a^b |x - x_0|\, \mathrm{d}x = \frac{M}{2}(b - a)^2$.

六、 参见他处解答.

七、 (1) 若 $f(x) \equiv 0$, 结论显然成立. 设 $f(x_0) > 0, |f(x)| < f(x_0)(|x| > G)(G > 0$ 充分大), 则 $f(x)$ 在 $[-G, G]$ 上的最大值即为 $f(x)$ 在 $\mathbb{R}$ 上的最大值. (2) 否. 例如: $f(x) = \mathrm{e}^{-x^2}$.

八、 $\{f(n)\}$ 有收敛子列 $\{f(n_k)\}$. 设 $f(n_k) - f(n_{k-1}) = f'(x_k)(n_k - n_{k-1}), x_k \in (n_{k-1}, n_k)$. 显然有 $\{x_k\} \uparrow +\infty$, 且 $|f'(x_k)| \leqslant |f(n_k) - f(n_{k-1})| \to 0$.

九、 $\frac{1}{6}$.

74 厦门大学2016真题

一、(20 分) 设 $f(x)$ 在 $[0, +\infty)$ 上单调递减，$\lim\limits_{x \to +\infty} f(x) = 0$，证明：$\sum\limits_{n=1}^{\infty} f(n)$ 收敛的充要条件是 $\int_0^{+\infty} f(x) \, \mathrm{d}x$ 收敛.

二、(20 分) 设 $f \in C^1[0, +\infty)$，$f(0) = 1$，$f'(x) = \frac{1}{x^2 + f^2(x)}$，证明：$\lim\limits_{x \to +\infty} f(x)$ 存在，且 $\lim\limits_{x \to +\infty} f(x) \leqslant 1 + \frac{\pi}{2}$.

三、(15 分) 设 $\lim\limits_{n \to \infty} \frac{a_n}{n} = 0$，证明：$\lim\limits_{n \to \infty} \frac{\max\{a_1, a_2, \ldots, a_n\}}{n} = 0$.

四、(20 分) 设 $f(x)$ 有界，在 $\mathbb{R}$ 上连续，$T > 0$，证明：存在数列 $\{x_n\}$ 使得 $\lim\limits_{n \to \infty} x_n = +\infty$，$\lim\limits_{n \to \infty} [f(x_n + T) - f(x_n)] = 0$.

五、(20 分) 设函数 f 在区间 $[a, b]$ 上二阶可导，且对任何的 $x \in (a, b)$ 有 $f''(x) > 0$，证明：对 $\forall x_1, x_2 \in (a, b)$，$x_1 \neq x_2$ 有 $f\left(\frac{x_1 + x_2}{2}\right) < \frac{f(x_1) + f(x_2)}{2}$.

六、(15 分) 设 $f(x) \in R[a, b]$，$\int_a^x f(t) \, \mathrm{d}t \geqslant 0$，$\int_a^b f(x) \, \mathrm{d}x = 0$，证明：$\int_a^b x f(x) \, \mathrm{d}x \leqslant 0$.

七、(20 分) 设 B 为单位球 $x^2 + y^2 + z^2 \leqslant 1$，$\partial$ 为其球面. 设 f 为 k 次齐次函数，即 $f(ax, ay, az) = a^k f(x, y, z)$，证明：$\iint\limits_{\partial B} f(x, y, z) \, \mathrm{d}S = \frac{1}{k} \iiint\limits_{B} \Delta f \, \mathrm{d}x \, \mathrm{d}y \, \mathrm{d}z$，其中 $\Delta f = f_{xx} + f_{yy} + f_{zz}$.

八、(20 分) 设有一张长方形纸片，要在上面涂色，纸片内部涂色的面积为 $A \, \mathrm{cm}^2$，边缘有空隙，上下边宽度之和为 $r \, \mathrm{cm}$，左右宽度为 $h \, \mathrm{cm}$，即在纸片上涂成矩形状，求纸片的长和宽各为多少时，纸片面积最小.

参考答案或提示

一、 显然 $f(x) \geqslant 0$. 只要证明级数与积分有上界即可. 由 $\sum\limits_{k=1}^{n} f(k) \leqslant \int_{0}^{n} f(x) \,\mathrm{d}x \leqslant \sum\limits_{k=0}^{n-1} f(k)$ 即得结论.

二、 $f'(x) > 0 \Rightarrow f(x) \uparrow \Rightarrow f(x) \geqslant f(0) = 1 \Rightarrow f'(x) \leqslant \frac{1}{1+x^2} \leqslant f(x) - f(0) = \int_{0}^{x} f'(t) \,\mathrm{d}t \Rightarrow f(x) \leqslant 1 + \frac{\pi}{2}$. 因此, $\lim\limits_{x \to +\infty} f(x)$ 存在, 且 $\lim\limits_{x \to +\infty} f(x) \leqslant 1 + \frac{\pi}{2}$.

三、 对 $\forall \varepsilon > 0$, 设 $|a_n| < n\varepsilon (n > N)$. $|\max\{a_1, \ldots, a_n\}| \leqslant \max\{|a_1|, \ldots, |a_N|, n\varepsilon\}$, 从而结论成立.

四、 设 $g(x) = f(x+T) - f(x)$. 若 $g(x)$ 在 $\mathbb{R}$ 上无穷次变号, 则结论显然成立. 否则不妨设 $g(x) > 0 (x > G)$. 若存在 ε_0 使得 x 充分大时, $g(x) > \varepsilon_0$, 则 $f(x+nT) - f(x) > n\varepsilon$, 与 $f(x)$ 有界矛盾. 因此有 $\{x_n\} \uparrow +\infty$ 使得 $0 < g(x_n) < \frac{1}{n}$, 即 $g(x_n) \to 0$.

五、 $f''(x) > 0 \Rightarrow f'(x)$ 严格单调递增. 令 $x_0 = \frac{x_1 + x_2}{2}$. 不妨设 $x_1 < x_2$, 则 $f(x_0) - f(x_1) = f'(\xi_1)(x_0 - x_1), f(x_2) - f(x_0) = f'(\xi_2)(x_2 - x_0)$, 其中 $\xi_1 \in (x_1, x_0), \xi_2 \in (x_0, x_2)$.

六、 只要证明: $\int_{a}^{b} (b-x) f(x) \,\mathrm{d}x \geqslant 0$. $\int_{a}^{b} (b-x) f(x) \,\mathrm{d}x = \int_{a}^{b} \mathrm{d}x \int_{x}^{b} f(x) \,\mathrm{d}t = \int_{a}^{b} \mathrm{d}t \int_{a}^{t} f(x) \,\mathrm{d}x \geqslant 0$.

七、 在 $f(ax, ay, az) = a^k f(x, y, z)$ 的两边对 a 求偏导得到 $x f_x + y f_y + z f_z = kf$. $\iint\limits_{\partial B} f \,\mathrm{d}S = \frac{1}{k} \iint\limits_{\partial B} (x f_x + y f_y + z f_z) \,\mathrm{d}S = \frac{1}{k} \iint\limits_{\partial B} \frac{\partial f}{\partial n} \,\mathrm{d}S = \frac{1}{k} \iiint\limits_{\Omega} \Delta f \,\mathrm{d}x \,\mathrm{d}\mathrm{d}y \,\mathrm{d}z$, 其中 n 为球面 $x^2 + y^2 + z^2 = 1$ 上的外法向量.

八、 要求 $S = xy$ 在条件 $(x-r)(y-2h) = A$ 下的最小值. 令 $y - 2h = u$, 则 $S = (\frac{A}{u} + r)(u + 2h)$. $x = r + \sqrt{\frac{Ar}{2h}}, y = 2h + \sqrt{\frac{2Ah}{r}}$ 时, $S_{\min} = A + 2rh + 2\sqrt{2rAh}$.

75   浙江大学2009真题

一、计算题(40 分)

1. $\int \frac{\mathrm{d}x}{a^2\cos^2 x + b^2\sin^2 x}(ab \neq 0)$.

2. $\lim\limits_{n\to\infty} \frac{\int_0^x e^{\frac{t^2}{2}}\cos t\,\mathrm{d}t - x}{(e^x-1)^2(1-\cos^2 x)\arctan x}$.

3. $\int_0^{+\infty} \frac{\ln x}{1+x^2}\,\mathrm{d}x$.

4. $\iint\limits_{D}(x+y)\operatorname{sgn}(x-y)\,\mathrm{d}x\,\mathrm{d}y$, 其中 $D - [0,1] \times [0,1]$.

二、(15 分) 如果 $f(x)$ 在 x_0 的某邻域内可导, 且 $\lim\limits_{x\to x_0}\frac{f(x)}{x-x_0} = \frac{1}{2}$, 证明: $f(x)$ 在点 x_0 处取极小值.

三、(15 分) 设 $f(x,y,z)$ 表示从原点 $O(0,0,0)$ 到椭球面 $\Sigma : \frac{x^2}{a^2} + \frac{y^2}{b^2} + \frac{z^2}{c^2} = 1(a,b,c > 0)$ 上点 $P(x,y,z)$ 处的切平面的距离, 求第一类曲面积分 $\iint\limits_{\Sigma} \frac{\mathrm{d}S}{f(x,y,z)}$.

四、(20 分) 设 $f(x) \in C[a,b]$, 且 $\min\limits_{x\in[a,b]} f(x) = 1$, 证明: $\lim\limits_{n\to\infty} \sqrt[n]{\int_a^b \frac{\mathrm{d}x}{f^n(x)}} = 1$.

五、(20 分) 设对任意的 $a > 0, f(x) \in R[0,a]$, 且 $\lim\limits_{x\to+\infty} f(x) = C$, 证明: $\lim\limits_{t\to 0^+} t\int_0^{+\infty} e^{-tx} f(x)\,\mathrm{d}x = C$.

六、(20 分) 证明: 函数 $f(x) = \frac{|\sin x|}{x}$ 在 $(0,1)$ 与 $(-1,0)$ 上均一致连续, 但在 $(-1,0) \cup (0,1)$ 中不一致连续.

七、(20 分) 设 $f(x)$ 在 $[a,b]$ 上可导, $f'(x)$ 在 $[a,b]$ 上单调递减, 且 $f'(b) > 0$, 证明: $\left|\int_a^b \cos f(x)\,\mathrm{d}x\right| \leqslant \frac{2}{f'(b)}$.

参考答案或提示

一、计算题

1. $\frac{1}{ab}\arctan\frac{b\tan x}{a} + C$.

2. $-\frac{1}{60}$.

3. $0(x \to \frac{1}{x})$.

4. 0(利用对称性).

二、 $\lim\limits_{x\to x_0}\frac{f(x)}{x-x_0} = \frac{1}{2} \Rightarrow x > x_0$时, $f'(x) > 0$; $x < 0$ 时, $f'(x) < 0$. 因此x_0是极小值点.

三、 $\frac{4\pi}{3}abc(\frac{1}{a^2} + \frac{1}{b^2} + \frac{1}{c^2})$(用广义极坐标求二重积分).

四、 由熟知的结果, 极限为$\max\limits_{x\in[a,b]}\frac{1}{|f|} = 1$.

五、 只要证明: $\iota\int_0^{+\infty}\mathrm{e}^{-tx}(f(x)-C)\,\mathrm{d}x \to 0$(利用$\int_0^{+\infty} = \int_0^A + \int_A^{+\infty}$, 其中$A > 0$充分大).

六、 在$(0,1)$上$f(0^+) = 1$, 在$(-1,0)$上$f(0^-) = -1$, 故在这两个区间上$f(x)$都一致连续. 但是由$f(\frac{1}{n\pi+\frac{\pi}{2}}) - f(-\frac{1}{n\pi+\frac{\pi}{2}}) = (2n+1)\pi \to +\infty(n \in \mathbb{N}_+)$, 故$f(x)$在$(-1,0)$ $\cup (0,1)$上非一致连续.

七、 设$x = g(u)$是$u = f(x)$的反函数. 由积分第二中值定理, $|\int_a^b\cos f(x)\,\mathrm{d}x| = |\int_{f(a)}^{f(b)}\frac{\cos u}{f'(g(u))}\,\mathrm{d}u| = |\frac{1}{f'(b)}\int_\eta^{f(b)}\cos u\,\mathrm{d}u| \leqslant \frac{2}{f'(b)}$.

76　浙江大学2010真题

一、计算题(60 分)

1. $\lim\limits_{n \to \infty} \sum\limits_{k=n^2}^{(n+1)^2} \frac{1}{\sqrt{k}}$.

2. $\iint\limits_{[0,\pi] \times [0,1]} y \sin(xy) \, \mathrm{d}x \, \mathrm{d}y$.

3. $\lim\limits_{x \to 0} \frac{\mathrm{e}^x \sin x - x(1+x)}{\sin^3 x}$.

4. $\iint\limits_{\Sigma} z \, \mathrm{d}x \, \mathrm{d}y$, 其中$\Sigma$ 是三角形$\{(x,y,z) | x + y + z = 1, x, y, z \geqslant 0\}$, 其法方向与$(1,1,1)$方向相同.

5. $\int_0^{2\pi} \sqrt{1 + \sin x} \, \mathrm{d}x$.

6. $\int_0^1 \frac{\ln(1+x)}{1+x^2} \, \mathrm{d}x$.

二、(15 分) 设$a_n = \sin a_{n-1}, n \geqslant 2$, 且$a_1 > 0$, 计算$\lim\limits_{n \to \infty} \sqrt{\frac{n}{3}} a_n$.

三、(15 分) 设函数$f(x) \in C(\mathbb{R})$, n为级数, 证明: 若$\lim\limits_{x \to +\infty} \frac{f(x)}{x^n} = \lim\limits_{x \to -\infty} \frac{f(x)}{x^n} = 1$, 则方程$f(x) + x^n = 0$有实根.

四、(20 分) 证明: $\int_0^{+\infty} \frac{\sin xy}{y} \, \mathrm{d}y$在$[\delta, +\infty)(\delta > 0)$上一致收敛.

五、(20 分) 设$f(x)$连续, 证明Poisson公式: $\iint\limits_{x^2+y^2+z^2=1} f(ax + by + cz) \, \mathrm{d}S = 2\pi \int_{-1}^1 f(\sqrt{a^2 + b^2 + c^2} \, t) \, \mathrm{d}t$.

六、(20 分) 设数列$\{a_n\}, \{b_n\}$满足: (1) $\lim\limits_{n \to \infty} |b_n| = +\infty$, (2) $\left\{ \frac{1}{|b_n|} \sum\limits_{i=1}^{n-1} |b_{i+1} - b_i| \right\}$有界, 证明: 若$\lim\limits_{n \to \infty} \frac{a_{n+1} - a_n}{b_{n+1} - b_n}$存在, 则$\lim\limits_{n \to \infty} \frac{a_n}{b_n}$也存在.

参考答案或提示

一、计算题

1. 2(夹逼准则).

2. 1.

3. $\frac{1}{3}$.

4. $\frac{1}{6}$(补充平面, 用Gauss公式).

5. $4\sqrt{2}$.

6. $\frac{\pi}{8}\ln 2$(令$x = \tan\theta$, 再作变换$\theta \to \frac{\pi}{4} - \theta$).

二、 $a_2 = 0 \Rightarrow a_n = 0$; $0 < a_2 \leqslant 1$时, $0 < a_n \leqslant a_{n-1} \leqslant 1 \Rightarrow a_n \to 0$;
$-1 \leqslant a_n < 0$时, $-1 \leqslant a_{n-1} \leqslant a_n < 0 \Rightarrow a_n \to 0$. 由Stolz公式可得$na_n^2 \to 3$. 因
此$\sqrt{\frac{n}{3}}a_n \to \begin{cases} 1, & 0 < a_2 \leqslant 1, \\ 0, & a_2 = 0, \\ -1, & -1 \leqslant a_2 < 0. \end{cases}$

三、 设$g(x) = f(x) + x^n$, 则由$g(x) = x^n(\frac{f(x)}{x^n} + 1)$可知$g(+\infty) = +\infty, g(-\infty) = -\infty$. 故由介值性可知$g(x) = 0$有实根.

四、 $x \in [\delta, +\infty)$ 时, $|\int_0^A \sin xy \, \mathrm{d}y| \leqslant \frac{2}{\delta}, \frac{1}{y} \downarrow 0$, 故由Dirichlet判别法知积分在$[\delta, +\infty)$上一致收敛. 或者由 $\sup\limits_{x \in [\delta, +\infty)} |\int_A^{+\infty} \frac{\sin xy}{y} \, \mathrm{d}y| = \sup\limits_{x \in [\delta, +\infty)} |\int_{Ax}^{+\infty} \frac{\sin u}{u} \, \mathrm{d}u|$

五、 将$\boldsymbol{n} = (\frac{a}{\sqrt{a^2+b^2+c^2}}, \frac{b}{\sqrt{a^2+b^2+c^2}}, \frac{c}{\sqrt{a^2+b^2+c^2}})$扩充为$\mathbb{R}^3$中的单位正交向量组$\boldsymbol{n}$, $(a_1, b_1, c_1), (a_2, b_2, c_2)$. 令$ax + by + cz = u\sqrt{a^2 + b^2 + c^2}, a_2x + b_2y + c_2z = v, a_3x + b_3y + c_3z = w$, 则 $\iint\limits_{x^2+y^2+z^2=1} f(ax+by+cz) \, \mathrm{d}S = \iint\limits_{u^2+v^2+w^2=1} f(u\sqrt{a^2 + b^2 + c^2}) \, \mathrm{d}S =$
$2\pi \int_0^1 f(\sqrt{1 - r^2}\sqrt{a^2 + b^2 + c^2}) \frac{r}{\sqrt{1-r^2}} \, \mathrm{d}r + 2\pi \int_0^1 f(-\sqrt{1 - r^2}\sqrt{a^2 + b^2 + c^2}) \frac{r}{\sqrt{1-r^2}} \, \mathrm{d}r$
$= 2\pi \int_{-1}^1 f(t\sqrt{a^2 + b^2 + c^2}) \, \mathrm{d}t.$

六、 设$c_n = \frac{a_{n+1}-b_{n+1}}{a_n-b_n} \to c$. 不妨设$c = 0$(否则用$a_n - cb_n$替代$a_n$). 设$|c_n| < \varepsilon(n > N), \frac{1}{|b_{n+1}|}\sum\limits_{i=1}^n |b_{i+1} - b_i| \leqslant M$. $a_{n+1} = a_{N+1} + \sum\limits_{i=N+1}^n c_i(b_{i+1} - b_i) \Rightarrow |\frac{a_{n+1}}{b_{n+1}}| \leqslant \varepsilon(1 + M)(n$充分大$)$.

77　浙江大学2011真题

一、计算题(15 分)

1. $\lim\limits_{x\to 0}\frac{\tan x-\sin x}{\sin x^3}$.
2. $\iint\limits_{[0,2]\times[0,2]}[x+y]\,\mathrm{d}x\,\mathrm{d}y$, 其中$[\alpha]$表示$\alpha$的整数部分.
3. 设$F(x)=\int_x^{x^2}\frac{\sin xy}{y}\,\mathrm{d}y$, $x>0$, 求$F'(x)$.
4. $\iint\limits_{\Sigma}y(x-z)\,\mathrm{d}y\,\mathrm{d}z+x^2\,\mathrm{d}z\,\mathrm{d}x+(y^2+xz)\,\mathrm{d}x\,\mathrm{d}y$, 其中$\Sigma$是立方体$0\leqslant x,y,z\leqslant a$的表面, 取外侧.
5. $\int_0^1\frac{\ln x}{1-x}\,\mathrm{d}x$.
6. $\int_0^1\frac{\arctan x}{x\sqrt{1-x^2}}\,\mathrm{d}x$.

二、(15 分) 设函数$f(x,y)=\begin{cases}\frac{xy}{\sqrt{x^2+y^2}}, & (x,y)\neq(0,0),\\ 0, & (x,y)=(0,0),\end{cases}$ 证明: $f(x,y)\in C(\mathbb{R}^2)$, $f_x(x,y),f_y(x,y)$有界, $f(x,y)$在原点$(0,0)$处不可微.

三、(15 分) 设$f(x)\in C[a,a+1]$且取正值, 记$A_n=\sqrt[n]{\int_a^{a+1}f^n(x)\,\mathrm{d}x}$, $M=\max\limits_{x\in[a,a+]}f(x)$, 证明: $\{A_n\}$单调递增, 且$\lim\limits_{n\to\infty}A_n=M$.

四、(15 分) 设$\operatorname{sh}x\cdot\operatorname{sh}y=1$, 其中$\operatorname{sh}x=\frac{e^x-e^{-x}}{2}$, 计算$\int_0^{+\infty}y(x)\,\mathrm{d}x$.

五、(15 分) 讨论级数$\sum\limits_{n=1}^{\infty}\frac{(-1)^n}{(1+x^2)^n}$在$\mathbb{R}$上的收敛性和一致收敛性.

六、(15 分) 设a_1,b_1为任意的实数, $a_n=\int_0^1\max\{b_{n-1},x\}\,\mathrm{d}x$, $b_n=\int_0^1\min\{a_{n-1},x\}\,\mathrm{d}x$, $n\geqslant 2$, 证明: $\lim\limits_{n\to\infty}a_n=2-\sqrt{2}$, $\lim\limits_{n\to\infty}b_n=\sqrt{2}-1$.

七、(15 分) 设$a_1\in(0,1)$, $a_{n+1}=a_n(1-a_n)$, $n\geqslant 1$, 证明: $\lim\limits_{n\to\infty}na_n=1$.

参考答案或提示

一、计算题

1. $\frac{1}{2}$.

2. 6.

3. $\frac{3\sin x^3 - 2\sin x^2}{x}$.

4. a^4.

5. $-\frac{\pi}{6}$(要验证逐项积分的合理性).

6. $\frac{\pi}{2}\ln 2$ (令 $I(\alpha) = \int_0^1 \frac{\arctan \alpha x}{x\sqrt{1-x^2}}\,\mathrm{d}x$, 在积分号下求导).

二、 由极坐标法得到 $(0,0)$ 处的连续性, 其他点处的连续性显然. $f_x(x,y) = $
$$\begin{cases} \frac{y^3}{(x^2+y^2)^{\frac{3}{2}}}, & x^2+y^2 \neq 0, \\ 0, & x^2+y^2 = 0, \end{cases} \quad |f_x| \leqslant 1. \text{ 同理可得} f_y(x,y) = \begin{cases} \frac{x^3}{(x^2+y^2)^{\frac{3}{2}}}, & x^2+y^2 \neq 0, \\ 0, & x^2+y^2 = 0, \end{cases}$$
$|f_x| \leqslant 1$. $\lim\limits_{(x,y)\to(0,0)} \frac{f(x,y)-f(0,0)-f_x(0,0)x-f_y(0,0)y}{\sqrt{x^2+y^2}} = \lim\limits_{(x,y)\to(0,0)} \frac{xy}{x^2+y^2}$ 不存在(考虑路径 $y = kx$).

三、 由 Hölder 不等式有 $\left(\int_a^{a+1} f^n(x)\right)^{\frac{n}{n+1}} \left(\int_a^{a+1} 1\,\mathrm{d}x\right)^{\frac{1}{n+1}} \geqslant \int_a^{a+1} f^n(x)\,\mathrm{d}x$, 故 $A_n \leqslant A_{n+1}$. 显然 $A_n \leqslant M$, 因此 $\varlimsup\limits_{n\to\infty} A_n \leqslant M$. 对任何的 $\varepsilon \in (0,M)$, 设 $f(x) > M - \varepsilon\,(x \in U(x_0, \delta) \subset [a, a+1])$, 则 $A_n > \sqrt[n]{\int_{x_0-\delta}^{x_0+\delta}(M-\varepsilon)^n\,\mathrm{d}x} = \sqrt[n]{2\delta}(M-\varepsilon)$. 因此 $\varliminf\limits_{n\to\infty} A_n \geqslant M - \varepsilon$. 让 $\varepsilon \to 0^+$ 即得 $\varliminf\limits_{n\to\infty} A_n \geqslant M$. 综上即得结论.

四、 $\mathrm{e}^y = \frac{\mathrm{e}^x+1}{\mathrm{e}^x-1}\,(x > 0)$. $\int_0^{+\infty} y(x)\,\mathrm{d}x = \int_0^{+\infty} \ln\frac{\mathrm{e}^x+1}{\mathrm{e}^x-1}\,\mathrm{d}x = \int_0^1 \frac{1}{t}\ln\frac{1+t}{1-t}\,\mathrm{d}t = \int_0^1 \frac{2}{t}\sum\limits_{n=1}^{\infty} \frac{t^{2n-1}}{2n-1}\,\mathrm{d}t = \sum\limits_{n=1}^{\infty} \frac{2}{(2n-1)^2} = \frac{\pi^2}{4}$.

五、 由 Leibniz 判别法知级数的收敛域为 $x \neq 0$. 级数在收敛域上非一致收敛, 否则级数在 $x = 0$ 处收敛矛盾. 级数在收敛域上内闭一致收敛.

六、 写出 a_2, b_2, a_3, b_3 的表达式, 可知 $0 < a_3, b_3 < 1$, 因此 $a_n = \frac{1}{2}(b_{n-1}^2 + 1)$, $b_n = a_{n-1} - \frac{1}{2}a_{n-1}^2\,(n > 3)$. 若 $a_4 \geqslant a_3$, 则 $b_4 \geqslant b_3$, 从而 $\{a_n\}, \{b_n\}$ 单调递增. 同理, 若 $a_4 \leqslant a_3$, 则 $b_4 \leqslant b_3$, 从而 $\{a_n\}, \{b_n\}$ 单调递减. 由于 $0 \leqslant a_n, b_n \leqslant 1$, $\{a_n\}, \{b_n\}$ 收敛. 设 $a_n \to a, b_n \to b$, 则 $a = \frac{1}{2}(b^2 + 1)$, $b = a - \frac{1}{2}a^2$, 因此 $2a - 1 = (a - \frac{1}{2}a^2)$. $(1 - \frac{1}{2}a)^2 + (\frac{1}{a} - 1)^2 = 1$. 令 $1 - \frac{1}{2}a = \sin t$, $\frac{1}{a} - 1 = \cos t\,(0 < t < \frac{\pi}{2})$, 则 $(1 - \sin t)(1 + \cos t) = \frac{1}{2}$, 故 $t = \frac{\pi}{4}$, 所以 $a = 2 - \sqrt{2}$, $b = \sqrt{2} - 1$.

七、 $a_n \in (0,1)$, $a_{n+1} - a_n < 0 \Rightarrow a_n \to 0$. 由 Stolz 公式知 $na_n \to 1$.

78　浙江大学2012真题

一、(**15 分**) 设 n 为正整数, $f_n(x) = \int_{-1}^{1} (1-t^2)^n \cos xt \, dt$, $x \in \mathbb{R}$, 证明: $x^2 f_n(x) = 2n(2n-1)f_{n-1}(x) - 4n(n-1)f_{n-2}(x)$, $n \geq 2$.

二、(**15 分**) 设 $f(x) \in C[0,1]$, 且对任意的 $x, y \in [0,1]$ 有 $f\left(\frac{x+y}{2}\right) \leqslant \frac{f(x)+f(y)}{2}$, 证明: $\int_0^1 f(x) \, dx \geqslant f\left(\frac{1}{2}\right)$.

三、(**20 分**) 设 $\lambda \in (-1, 1)$, 求 $f(\lambda) = \int_0^{\pi} \ln(1 + \lambda \cos x) \, dx$.

四、(**20 分**) 设函数 $f : \mathbb{R}^+ \to \mathbb{R}, a_i \in \mathbb{R} (i = 0, 1, \dots)$, 且对充分大的 x 有 $f(x) = a_0 + \frac{a_1}{x} + \cdots + \frac{a_n}{x^n} + \cdots$, 证明: $\sum_{n=1}^{\infty} f(n)$ 收敛的充要条件是 $a_0 = a_1 = 0$.

五、(**20 分**) 证明: 函数 $f(x)$ 在有界区间 A 上一致连续的充要条件是对 A 中的任意 Cauchy 数列 $\{x_n\}$, $\{f(x_n)\}$ 为 Cauchy 数列.

六、(**30 分**) 设 $f(x) \in C^1(U(0))$, $f'(0) = 0$, $f''(0) = 1$, 求 $\lim\limits_{x \to 0} \frac{f(x) - f(\ln(1+x))}{x^3}$.

七、(**30 分**) 设 $\lambda > -4$, 数列 $\{x_n\}$ 满足 $x_1 = \frac{\lambda}{2}$, $x_{n+1} = x_1 + \frac{x_n^2}{2}$, $n \geq 1$, 讨论数列 $\{x_n\}$ 的收敛性.

参考答案或提示

一、 $f_n(0) = \frac{2(2n)!!}{(2n+1)!!}$；$x \neq 0$时，由分部积分得到递推式.

二、 f为凸函数 $\Rightarrow \int_0^1 f(x)\,\mathrm{d}x \geqslant f(\int_0^1 x\,\mathrm{d}x) = f(\frac{1}{2})$.

三、 $f'(\lambda) = \pi \frac{-\lambda}{(1+\sqrt{1-\lambda^2})\sqrt{1-\lambda^2}}$，$f(0) = 0 \Rightarrow f(\lambda) = \pi\ln(1+\sqrt{1-\lambda^2})$.

四、 设$n \geqslant N$时，$f(n) = \sum\limits_{i=0}^{\infty} \frac{a_i}{n^i}$. 设$|\frac{a_i}{N^i}| \leqslant M$，则 $\sum\limits_{n=N+1}^{\infty} \sum\limits_{i=2}^{\infty} \frac{|a_i|}{n^i} \leqslant M \sum\limits_{n=N+1}^{\infty} \sum\limits_{i=2}^{\infty} (\frac{N}{n})^i = M \sum\limits_{n=N+1}^{\infty} \frac{(\frac{N}{n})^2}{1-\frac{N}{n}} \leqslant M \sum\limits_{n=N+1}^{\infty} \frac{(\frac{N}{n})^2}{1-\frac{N}{N+1}} = MN^2(N+1) \sum\limits_{n=N+1}^{\infty} \frac{1}{n^2}$. 因此 $\sum\limits_{n=1}^{\infty} f(n)$收敛等价于 $\sum\limits_{n=N+1}^{\infty} (a_0 + \frac{a_1}{n})$收敛，即$a_0 = a_1 = 0$.

五、 必要性显然. 充分性：首先由归结原理易证$f(x)$连续. 若$f(x)$在A上非一致连续，则存在$\varepsilon_0 > 0$，$x_n, x_n' \in A$满足$|x_n - x_n'| \leqslant \frac{1}{n}$，$|f(x_n) - f(x_n')| \geqslant \varepsilon_0$. 不妨设$x_n \to x_0$，则$x_n' \to x_0$，故$f(x_n) - f(x_n') \to 0$，矛盾.

六、 原式 $= \lim\limits_{x \to 0} \frac{f'(\xi)(x-\ln(1+x))}{x^3} = \lim\limits_{x \to 0} \frac{f'(x) \cdot \frac{1}{2}x^2}{x^3} = \frac{1}{2}f''(0) = \frac{1}{2}$，其中$\xi \in (\ln(1+x), x)$.

七、 若$a_n \to a$，则$a = x_1 + \frac{a^2}{2} \Rightarrow \lambda \leqslant 1$. 若$\lambda = 0$，则$x_n = 0$；若$\lambda \in (0, 1]$，则$0 < x_n \leqslant 1$，且$\{x_n\}$单调递增，故$\{x_n\}$收敛. 若$\lambda \in (-4, 0)$，则$x_n \in (-\sqrt{-\lambda}, 0)$(用归纳法证明). 因此$\{x_{2n-1}\}$单调递增，$\{x_{2n}\}$单调递减. 因此$\{x_n\}$收敛.

79 浙江大学2013真题

一、计算题(40 分)

1. $\lim\limits_{x\to 0} \frac{\sin x - \arctan x}{\tan x - \arcsin x}$.

2. $\int_0^\pi \frac{\cos 4\theta}{1+\cos\theta}\,\mathrm{d}\theta$.

3. $\iint\limits_{D} xy[1+x^2+y^2]\,\mathrm{d}x\,\mathrm{d}y$, 其中$D$为区域$x^2+y^2 \leq \sqrt{3}, x,y \geq 0$, $[\,\cdot\,]$表示取整.

4. 设$S_n = \frac{1}{\sqrt{n}}(1+\frac{1}{\sqrt{2}}+\cdots+\frac{1}{\sqrt{n}})$, 求$\lim\limits_{n\to\infty} S_n$.

二、(10 分) 论证是否存在定义于$\mathbb{R}$上的连续函数使得$f(f(x)) = \mathrm{e}^{-x}$.

三、(15 分) 讨论函数项级数$\sum\limits_{n=1}^{\infty} \frac{\sqrt{n+1}-\sqrt{n}}{n^x}$的收敛性与一致收敛性.

四、(15 分) 设$f(x), g(x), \varphi(x) \in C[a,b]$, 且$g(x)$单调递增, $\varphi(x) \geq 0$, 同事对于任意的$x \in [a,b]$有$f(x) \leq g(x) + \int_a^x \varphi(t)f(t)\,\mathrm{d}t$, 证明: 对于任意的$x \in [a,b]$有$f(x) \leq g(x)\,\mathrm{e}^{\int_a^x \varphi(s)\,\mathrm{d}s}$.

五、(15 分) (1) $\lim\limits_{n\to\infty}\int_0^{\frac{\pi}{2}} \sin^n x\,\mathrm{d}x = 0$; (2) $\lim\limits_{n\to\infty}\int_0^{\frac{\pi}{2}} \sin x^n\,\mathrm{d}x = 0$.

六、(20 分) (1) 构造在闭区间$[-1,1]$上处处可微的函数, 使得它的导函数在$[-1,1]$上无界; (2) 设函数$f(x)$在(a,b)内可导, 证明: 存在$(\alpha,\beta) \subset (a,b)$, 使得$f'(x)$在$(\alpha,\beta)$内有界.

七、(15 分) 设二元函数$f(x,y)$的两个混合偏导$f_{xy}(x,y), f_{yx}(x,y)$在$(0,0)$附近存在, 且$f_{xy}(x,y)$在$(0,0)$处连续, 证明: $f_{xy}(0,0) = f_{yx}(0,0)$.

八、(20 分) 已知对于实数$n \geq 2$有公式$\sum\limits_{p\leq n} \frac{\ln p}{p} = \ln n + O(1)$, 其中$p$过不超过$n$的素数, 证明: $\sum\limits_{p\leq n} \frac{1}{p} = C + \ln\ln n + O(\frac{1}{\ln n})$, C为某个与n无关的常数.

参考答案或提示

一、计算题

1. 1(用Taylor公式).

2. $(\frac{17}{\sqrt{2}} - 12)\pi$.

3. $\frac{5}{8}$.

4. 2(积分法或夹逼法).

二、 若存在, 则 $f : \mathbb{R} \to f(\mathbb{R})$ 是双射, 故 $f(x)$ 严格单调, 从而 $f(f(x))$ 单调递增, 矛盾.

三、 原级数收敛等价于 $\sum\limits_{n=1}^{\infty} \frac{1}{n^{x+\frac{1}{2}}}$ 收敛, 即收敛域为 $x > \frac{1}{2}$. 级数非一致收敛, 否则 $\sum\limits_{n=1}^{\infty} \frac{1}{n}$ 收敛.

四、 令 $F(x) = \int_a^x \varphi(t)f(t)\,\mathrm{d}t$, 则 $F'(x) \leqslant \varphi(x)(g(x) + F(x)) \Rightarrow (\mathrm{e}^{-\int_a^x \varphi(s)\,\mathrm{d}s} F(x))'$ $\leqslant \mathrm{e}^{-\int_a^x \varphi(s)\,\mathrm{d}s} \varphi(x)g(x)$. 积分得 $\mathrm{e}^{-\int_a^x \varphi(s)\,\mathrm{d}s} F(x) \leqslant -g(x)(\mathrm{e}^{-\int_a^x f(s)\,\mathrm{d}s} - 1)$, 因此 $F(x)$ $\leqslant (\int_a^x f(s)\,\mathrm{d}s - 1)g(x)$. 故结论成立.

五、 (1) 利用 $\int_0^{\frac{\pi}{2}} = \int_0^{\frac{\pi}{2}-\varepsilon} + \int_{\frac{\pi}{2}-\varepsilon}^{\frac{\pi}{2}}$, 其中 $\varepsilon > 0$ 充分小. (2) $|\int_0^1 \sin x^n \,\mathrm{d}x| \leqslant \int_0^1 x^n \,\mathrm{d}x = \frac{1}{n+1}$, $|\int_1^{\frac{\pi}{2}} \sin x^n \,\mathrm{d}x| = |\frac{1}{n} \int_1^{(\frac{\pi}{2})^n} \frac{\sin t}{t^{1-\frac{1}{n}}} \,\mathrm{d}t| = |\frac{1}{n} \int_1^{\xi} \sin t \,\mathrm{d}t| \leqslant \frac{2}{n}$(用第二积分中值定理).

六、 (1) $f(x) = \begin{cases} x^{\frac{4}{3}} \sin \frac{1}{x}, & x \neq 0, \\ 0, & x = 0. \end{cases}$ (2) 令 $f_n(x) = n[f(x+\frac{1}{n}) - f(x)]$, 则 $\lim\limits_{n\to\infty} f_n(x)$ $= f'(x)$. 只要证明连续函数列 $\{f_n(x)\}$ 局部一致有界. 否则有区间套 $\{D_k\}$ 使得 $|f_{n_k}(x)| > k (x \in D_k)$, $x_0 \in \cap D_k$, 从而 $f_{n_k}(x_0) > k$, 这就与 $f'(x_0)$ 存在矛盾.

七、 略.

八、 令 $A(n) = \sum\limits_{p \leqslant n} \frac{\ln p}{p}$, 则 $\sum\limits_{p \leqslant n} \frac{1}{p} = \frac{A(n)}{\ln n} + \int_2^n \frac{A(x)}{x \ln^2 x} \,\mathrm{d}x$, 利用已知公式即得结论(用到Riemann-Stieljes积分).

80   浙江大学2014真题

一、计算题(40 分)

1. 求 $\lim\limits_{x \to 1} \dfrac{e^{\frac{x-1}{2}} - \sqrt{x}}{\ln^2(2x-1)}$.

2. 求 $\int \dfrac{t^2}{(1-t)^{2013}} \,\mathrm{d}\,t$.

3. 求 $\iint\limits_{\mathbb{R}^2} e^{-(x^2+xy+y^2)} \,\mathrm{d}\,x \,\mathrm{d}\,y$.

4. 求 $\iint\limits_{S} x^3 \,\mathrm{d}\,y\,\mathrm{d}\,z + y^3 \,\mathrm{d}\,z\,\mathrm{d}\,x + z^3 \,\mathrm{d}\,x\,\mathrm{d}\,y$, 其中 S 为 $x^2 + y^2 + z^2 = 1$ 上半球面下侧.

二、(20 分)
(1) 用区间套定理证明有限覆盖定理; (2) 用有限覆盖定理证明: 对 $f(x) \in C[a,b]$, $f(x) > 0$, 存在常数 $c > 0$ 使得 $f(x) \geqslant c, x \in [a,b]$.

三、(15 分)
设 $f(x,y) = \begin{cases} \dfrac{xy}{(x^2+y^2)^\alpha}, & (x,y) \neq (0,0), \\ 0, & (x,y) = (0,0), \end{cases}$ 求 α 使得 f 在原点处满足条件: (1) 连续; (2) 可微; (3) 方向导数存在.

四、(15 分)
证明 $\sum\limits_{n=1}^{\infty} \dfrac{\ln(1+n^2x^2)}{n^3}$ 在 $[0,1]$ 上一致收敛, 并分析其连续性、可积性和可微性.

五、(15 分)
设 $f(x)$ 可微, 则 $f'(x) \in R[a,b]$ 的充要条件是: 存在可积函数 $g(x)$ 使得 $f(x) = f(a) + \int_a^x g(t) \,\mathrm{d}\,t$.

六、(15 分)
设空间区域 Ω 的体积为 V, $X_0 \in \Omega$, $0 < \alpha < 3$, 证明: $\int\limits_{\Omega} |X - X_0|^{\alpha-3} \,\mathrm{d}\,X \leqslant CV^{\frac{\alpha}{3}}$, 其中 C 与 α 无关.

七、(15 分)
设 $f(x)$ 在 $[0,1]$ 上单调, 证明: $\lim\limits_{y \to +\infty} \int_0^1 f(x)\dfrac{\sin xy}{x} \,\mathrm{d}\,x = \dfrac{\pi}{2}f(0^+)$.

八、(15 分)
设 $f(x)$ 在 $[a, +\infty)$ 上一致连续, 且对任意 $\xi > 0$, 数列 $\{f(n\xi)\}$ 收敛, 证明: $\lim\limits_{x \to +\infty} f(x)$ 存在.

一、计算题

1. $\frac{1}{16}$.

2. $\frac{1}{2012(1-t)^{2012}} - \frac{2}{2011(1-t)^{2011}} + \frac{1}{2010(1-t)^{2010}} + C$.

3. $\frac{\pi}{\sqrt{3}}$.

4. $-\frac{6}{5}\pi$.

二、 (1) 用反证法. (2) 局部有 $f(x) > c_x > 0$.

三、 (1) $\alpha < 1$. (2) $\alpha < 1$. (3) $\alpha \leqslant \frac{1}{2}$.

四、 由 $\sum\limits_{n=1}^{\infty} \frac{\ln(1+n^2)}{n^3}$ 收敛得到连续性和可积性. 由 $\frac{2n^2x}{(1+n^2x^2)n^3} \leqslant \frac{1}{n^2}$ 得到可微性.

五、 必要性: 令 $g(t) = f'(t)$. 充分性: x 是 $g(t)$ 的连续点时, $f'(x) = g(x)$. $g(t) \in R[a,b] \Rightarrow f'(x) = g(x)$, a.e. 从而 $f'(x) \in R[a,b]$.

六、 设 $\Omega \subset \mathbb{R}^3$, 则原式 $= \int_0^{2\pi} \mathrm{d}\theta \int_0^{\pi} \mathrm{d}\varphi \int_0^{R(\theta,\varphi)} r^{\alpha-3} r^2 \sin\varphi \,\mathrm{d}r = \frac{1}{\alpha} \int_0^{2\pi} \mathrm{d}\theta \int_0^{\pi} R(\theta,\varphi)^{\alpha}$ $\sin\varphi \,\mathrm{d}\varphi$. 由 Hölder 不等式即得结论. 对于 $\Omega \subset \mathbb{R}^n (n > 3)$, 用 n 维球坐标同样可得结论.

七、 不妨设 $f(x)$ 单调递增, 则 $\int_\delta^1 [f(x)-f(0^+)] \frac{\sin xy}{x} \,\mathrm{d}x = [f(1)-f(0^+)] \int_\xi^1 \frac{\sin xy}{x} \,\mathrm{d}x$ $(\delta > 0)$ 充分小. $\int_0^\delta [f(x) - f(0^+)] \frac{\sin xy}{x} \,\mathrm{d}x| = [f(\delta) - f(0^+)] \int_{\eta y}^{\delta y} \frac{\sin t}{t} \,\mathrm{d}t$ (注意存在 $L > 0$ 使得对任何的 $b > a \geqslant 0$ 有 $|\int_a^b \frac{\sin t}{t} \,\mathrm{d}t| \leqslant L$).

八、 对任何的 $\varepsilon > 0$, 存在 $\delta > 0$ 使得 $x_1, x_2 \in [a, +\infty)$ 满足 $|x_1 - x_2| < \delta$ 时, $|f(x_1) - f(x_2)| < \varepsilon$. 由于 $\lim\limits_{k\to\infty} f(k\delta)$ 存在, n, m 充分大时, $|f(n\delta) - f(m\delta)| < \varepsilon$. 设 $x = n\delta + x_0, y = y\delta + y_0, 0 \leqslant x_0, y_0 < \delta$, $|f(x) - f(y)| \leqslant |f(x) - f(n\delta)| + |f(y) - f(m\delta)| + |f(n\delta) - f(m\delta)| < 3\varepsilon$ (x, y 充分大).

81　浙江大学2015真题

一、计算题(40 分)

1. 求 $\lim\limits_{n\to\infty} \dfrac{(n^2+1)(n^2+2)\cdots(n^2+n)}{(n^2-1)(n^2-2)\cdots(n^2-n)}$.

2. $\lim\limits_{x\to 0^+}\left[\dfrac{1}{x^5}\int_0^x e^{-t^2}\,\mathrm{d}t + \dfrac{1}{3x^2} - \dfrac{1}{x^4}\right]$.

3. 设 $I(r) = \oint_L \dfrac{y\,\mathrm{d}x - x\,\mathrm{d}y}{x^2+y^2}$, 其中 L 为 $x^2 + xy + y^2 = r^2$, 取正向, 求 $\lim\limits_{r\to\infty} I(r)$.

4. 求 $\int_{e^{2n\pi}}^0 \sin\ln\dfrac{1}{x}\,\mathrm{d}x$.

二、(15 分) 考察Riemann函数的连续性、可微性和可积性.

三、(15 分) 设 f 在区域 $D \subset \mathbb{R}^n$ 上连续可微, 且偏导数有界, (1) 若 D 为凸区域, 证明: f 一致连续; (2) 考察 D 不是凸区域的情形.

四、(15 分) 设 $\{f_n\}$ 是 $\mathbb{R}$ 上的函数列, 且对任意的 $x\in\mathbb{R}$, $\{f_n(x)\}$ 有界, 证明: 存在开区间 (a,b) 使得 $\{f_n(x)\}$ 在该区间上一致有界.

五、(15 分) 证明: (1) $\Gamma(s) \in C^\infty(0, +\infty)$; (2) $\Gamma(s), \ln\Gamma(s)$ 是严格凸函数.

六、(20 分) 设 f 在 $\mathbb{R}$ 上二阶可微, $f, f', f'' \geqslant 0$, 且存在 $c>0$ 使得 $f''(x) \leqslant cf(x)$, 证明: (1) $\lim\limits_{x\to -\infty} f'(x) = 0$; (2) 存在常数 a 使得 $f'(x) \leqslant af(x)$, 并求出 a.

七、(15 分) 证明Fejer定理.

八、(15 分) 设 $f \in R[A,B]$, $0 < f < 1$, 对于任意的 $\varepsilon > 0$, 构造函数 g 使得: (1) g 是阶梯函数, 取值为 0 或 1; (2) 对于 $\forall [a,b] \subset [A.B]$, $\left|\int_a^b [f(x) - g(x)]\,\mathrm{d}x\right| < \varepsilon$.

参考答案或提示

一、 e(利用$\ln(1+x) = x + O(x^2)(x \to 0)$).

二、 $\frac{1}{10}$.

三、 -2π(转化为$x^2 + y^2 = \varepsilon^2(\varepsilon > 0)$上的积分).

四、 $-\frac{1}{2}e^{2n\pi}$.

五、 $\lim\limits_{x \to x_0} R(x) = 0(\forall x_0 \in [0,1])$, $R(x)$在无理点以及$x = 0,1$处连续. 设$x_0 \notin \mathbb{Q}$, $|\frac{p_n}{q_n} - x_0| < \frac{1}{q_n^2}(\{q_n\} \uparrow +\infty)$, $|\frac{R(\frac{p_n}{q_n}) - R(x_0)}{\frac{p_n}{q_n} - x_0}| > q_n$. 因此$R(x)$在任何点处不可微. $\int_0^1 R(x)\,\mathrm{d}x = 0$.

六、 (1) 设$|f_{x_i}| \leqslant L(1 \leqslant i \leqslant n)$, 则$|f(P_1) - f(P_2)| = |\nabla f(Q) \cdot \overrightarrow{P_1P_2}| \leqslant L \cdot \overline{P_1P_2}$.
(2) 结论未必成立. 反例请自行构造.

七、 参见2013年第六题.

八、 (1) $\Gamma^{(n)}(s) = \int_0^{+\infty} x^{s-1} \ln^n x\, e^{-x}\,\mathrm{d}x$在$(0, +\infty)$上内闭一致收敛(设$s \in [a,b] \subset (0, +\infty)$, 则$|\int_0^1 x^{s-1} \ln^n x\, e^{-x}\,\mathrm{d}x| \leqslant \int_0^1 x^{a-1}|\ln x|^n e^{-x}\,\mathrm{d}x$, $\int_1^{+\infty} x^{s-1} \ln^n x\, e^{-x}\,\mathrm{d}x \leqslant \int_1^{+\infty} x^{b-1} \ln^n x\, e^{-x}\,\mathrm{d}x$). (2) 显然$\Gamma''(s) > 0$, 由Cauchy-Schwarz不等式可知$\Gamma''(s)\Gamma(s) > (G'(s))^2$.

九、 $f(x), f'(x) \uparrow, f(x), f'(x) \geqslant 0 \Rightarrow \lim\limits_{x \to -\infty} f(x), \lim\limits_{x \to -\infty} f'(x)$都存在, 从而$\lim\limits_{x \to -\infty} f'(x) = 0$. 令$F(x) = f'(x) - \sqrt{c}f(x)$, 则$F'(x) \leqslant -\sqrt{c}F(x)$, 从而$F(x)e^{\sqrt{c}x}$单调递减. 由于$F(x) \leqslant f'(x) \Rightarrow F(-\infty) \leqslant 0(x \to -\infty)$, 故$F(x)e^{\sqrt{c}x} \leqslant 0$, 即$F(x) \leqslant 0$, 所以$f'(x) \leqslant \sqrt{c}f(x)$.

十、 Fejer定理: 设$f(x) \in C[-\pi, \pi]$, $f(x) \sim \frac{a_0}{2} + \sum\limits_{n=1}^{\infty}(a_n \cos nx + b_n \sin nx)$, $S_n(x) = \frac{a_0}{2} + \sum\limits_{k=1}^{n}(a_k \cos kx + b_k \sin kx)$, 则$\sigma_n = \frac{S_0 + S_1 + \cdots + S_{n-1}}{n} \rightrightarrows f(x), x \in [-\pi, \pi]$. 易得$\sigma_n = \frac{1}{2\pi}\int_{-\pi}^{\pi} f(x+t)\frac{1}{n}\frac{\sin^2 \frac{nt}{2}}{\sin^2 \frac{t}{2}}\,\mathrm{d}t$. 只需证明: $\frac{1}{2\pi}\int_{-\pi}^{\pi}[f(x+t) - f(x)]\frac{1}{n}\frac{\sin^2 \frac{nt}{2}}{\sin^2 \frac{t}{2}}\,\mathrm{d}t \rightrightarrows 0$. 利用$\int_{-\pi}^{\pi} = \int_{|t| \leqslant \delta} + \int_{\delta \leqslant t \leqslant \pi}$即可.

十一、 参见第二届全国大学生数学竞赛第七题.

82 浙江大学2016真题

一、计算题（40 分）

1. $\lim\limits_{n\to\infty}\dfrac{\sqrt[n]{(n+1)(n+2)\cdots(n+n)}}{n}$.

2. $\int_0^{\frac{\pi}{2}}\dfrac{\sin(2n+1)x}{\sin x}\,\mathrm{d}x\,(n\in\mathbb{N})$.

3. $\lim\limits_{x\to 0}\dfrac{\mathrm{e}^x\sin x-x(1+x)}{(\cos x-1)\ln(1-2x)}$.

4. $\iint\limits_{D}x(1+y\,\mathrm{e}^{x^2+y^2})\,\mathrm{d}x\,\mathrm{d}y$, 区域$D$表示由$y=x^3, x=-1, y=1$所围成的区域.

二、（20 分）
(1) 设A,B为数集, $E=A\cup B$, 证明: $\sup E=\max\{\sup A,\sup B\}$;

(2) 已知数列$x_n>0$, $\varlimsup\limits_{n\to\infty}x_n\cdot\varlimsup\dfrac{1}{x_n}=1$, 证明: $\{x_n\}$收敛.

三、（15 分）用有限覆盖定理证明: 有界数列必有收敛的子列.

四、（15 分）设函数$f(x)$在(a,b)上定义, 对于(a,b)上的任意收敛点列$\{x_n\}$, $\{f(x_n)\}$收敛, 证明: $f(x)$在(a,b)上一致连续.

五、（15 分）设非负函数$f(x,y)\in C[a,b]\times[c,+\infty)$, $I(x)=\int_c^{+\infty}f(x,y)\,\mathrm{d}y\in C[a,b]$, 证明: $I(x)$在$[a,b]$上一致收敛.

六、（15 分）求函数$f(x)=x^3, x\in(-\pi,\pi)$的Fourier展开式, 并求级数$\sum\limits_{n=1}^{\infty}\dfrac{1}{n^6}$的和.

七、（15 分）设$f(x)\in C^1[a,b]$, $A=\dfrac{1}{b-a}\int_a^b f(x)\,\mathrm{d}x$, 证明: $\int_a^b(f(x)-A)^2\,\mathrm{d}x\leqslant(b-a)^2\int_a^b[f''(x)]^2\,\mathrm{d}x$.

八、（15 分）设$\varphi(x)$是连续函数, $\{f_n(t)\}$是$[a,b]$上的连续函数列, $K(x,t)$连续, 定义$f_0(x)=\varphi(x), f_n(x)=\varphi(x)+\lambda\int_a^b K(x,t)f_{n-1}(t)\,\mathrm{d}t$, 证明: λ足够小时, 函数列$\{f_n(x)\}$收敛于一个连续函数.

参考答案或提示

一、计算题

1. $\frac{4}{e}$.

2. $I_n = I_{n-1}(n > 1 \Rightarrow I_n = \frac{\pi}{2})$.

3. $\frac{1}{3}$.

4. $-\frac{2}{5}$(利用奇偶性).

二、 (1) 略. (2) $\varlimsup\limits_{n\to\infty} \frac{1}{x_n} > 0(x_n > 0) \Rightarrow \varlimsup\limits_{n\to\infty} \frac{1}{x_n} = \frac{1}{\varliminf\limits_{n\to\infty} x_n}$. 因此 $\varlimsup\limits_{n\to\infty} x_n = \varliminf\limits_{n\to\infty} x_n = a$, 从而任何的 $U(a,\varepsilon)$ 外最多包含 $\{x_n\}$ 中有限多项, 即 $x_n \to a$.

三、 设 $\{x_n\} \subset [a,b]$, 若 $[a,b]$ 中的每一个点都有邻域至多包含 $\{x_n\}$ 中有限多项, 则由有限覆盖定理 $[a,b]$ 只包含 $\{x_n\}$ 中有限多项, 矛盾.

四、 由归结原理知 $f(x) \in C(a,b)$, 且 $f(a^+), f(b^-)$ 存在, 因此补充定义可以认为 $f(x) \in C[a,b]$, 从而 $f(x)$ 在 (a,b) 上一致连续.

五、 转化为证明函数列形式的Dini定理. 用有限覆盖定理.

六、 $x^3 = \frac{\pi^2}{2}x - 12 \sum\limits_{n=1}^{\infty} \frac{(-1)^{n-1}}{n^3} \sin nx(|x| < \pi)$. 逐项积分得 $\frac{1}{120}x^6 = \frac{\pi^2}{24}x^4 - \frac{7\pi^4}{120} - 12 \sum\limits_{n=1}^{\infty} \frac{(-1)^{n-1}}{n^6}(1 - \cos nx)$. 令 $x = \pi$ 得 $\sum\limits_{n=1}^{\infty} \frac{1}{n^6} = \frac{\pi^6}{945}$.

七、 令 $A = f(\xi)(\xi \in (a,b)$, 由Cauchy-Schwarz不等式得 $(f(x)-A)^2 \leqslant (\int_a^b |f'(t)| \, \mathrm{d}\,t)^2 \leqslant (b-a)\int_a^b |f'(t)|^2 \, \mathrm{d}\,t$.

八、 令 $|\varphi(x)| \leqslant L(x \in [a,b]), |K(x,t)| \leqslant M((x,t) \in [a,b] \times [a,b])$, 则 $|f_n(x) - f_{n-1}(x)| \leqslant M\lambda \int_a^b |f_{n-1}(t) - f_{n-2}(t)| \, \mathrm{d}\,t \Rightarrow |f_n(x) - f_{n-1}(x)| \leqslant (M\lambda)^n L(b-a)$. 因此 $|\lambda| < \frac{1}{M}$ 时, $\{f_n(x)\}$ 在 $[a,b]$ 上一致收敛.

83 浙江大学2017真题

一、计算题(40 分)

1. $\lim\limits_{x\to 0}\frac{1-\cos^{\sin x}}{x^3}$.

2. $\int \sqrt{1+\sin x}\,\mathrm{d}x$.

3. $\iint\limits_{x^2+4y^2\leqslant 1}(x^2+y^2)\,\mathrm{d}x\,\mathrm{d}y$.

4. 将$f(x)=\frac{\pi}{2}-x$在$(0,\pi)$上展开成余弦级数.

二、(15 分) 用ε-N语言证明: $\lim\limits_{n\to\infty}((-1)^n+\frac{1}{n})$不存在.

三、(15 分) 求$f(x,y)=x^2+y^2-xy$在区域$|x|+|y|\leqslant 1$上的最大值与最小值.

四、(15 分) (1) 叙述有限覆盖定理; (2) 利用有限覆盖定理证明确界原理.

五、(15 分) 设$f(x)$在$(1,+\infty)$上单调, $\int_1^{\infty}f(x)\,\mathrm{d}x$收敛, 证明: $\lim\limits_{x\to\infty}f(x)=0$, 并且$f(x)=o(\frac{1}{x})(x\to+\infty)$.

六、(15 分) 设对任意的$n\in\mathbb{N}$和任意的$x\in\mathbb{R}$有$|f(x)-\sum\limits_{k=0}^{n}\frac{(-1)^k}{(2k)!}|x|^k|\leqslant \frac{1}{(2n+2)!}|x|^{n+1}$, 求$f(x)$的解析表达式, 并证明$f(x)$在$\mathbb{R}$上一致连续.

七、(15 分) 求含参量积分$\int_0^1\frac{1}{x^{\alpha}}\sin\frac{1}{x}\,\mathrm{d}x$的一致收敛区间.

八、(15 分) 设$f(x)\in C^1(\mathbb{R})$, $f(0)=0$, 并且$|f'(x)|\leqslant|f(x)|$对任意的$x\in\mathbb{R}$成立. 证明: $f(x)\equiv 0$.

九、(15 分) 设有界数列$\{x_n\}$满足: $\varliminf\limits_{n\to\infty}x_n=A<B=\varlimsup\limits_{n\to\infty}x_n$, $\lim\limits_{n\to\infty}(x_{n+1}-x_n)=0$, 证明: $\{x_n\}$的聚点全体恰好构成$[A,B]$.

参考答案或提示

一、计算题

1. $\frac{1}{2}$.

2. 原式 $= \begin{cases} -\sqrt{2}\cos(\frac{x}{2}+\frac{\pi}{4})+C_k, x \in [4k\pi-\frac{\pi}{2}, 4k\pi+\frac{3\pi}{2}], \\ \sqrt{2}\cos(\frac{x}{2}+\frac{\pi}{4})+D_k, x \in [4k\pi+\frac{3\pi}{2}, 4k\pi+\frac{7\pi}{2}] \end{cases}$, 其中 $2 \mid k$ 时, $D_k = C_k + 2\sqrt{2}; 2 \nmid k$ 时, $C_k = D_k + 2\sqrt{2}$.

3. $\frac{5}{32}\pi^2$.

4. $\frac{\pi}{2} - x = \sum\limits_{n=1}^{\infty} \frac{4}{\pi} \frac{\cos(2n-1)x}{(2n-1)^2}, x \in (0, \pi)$.

二、略.

三、
内部稳定点为 $(0,0)$, $f(0,0) = 0$. 边界上最大值为1, 最小值为 $\frac{3}{4}$. 因此 $f_{max} = 1$, $f_{min} = 0$.

四、
(1) 略. (2) 上确界存在定理: 设非空数集 A 有上界, 则 S 有上确界. 设 M 是 A 的上界, 任取 $L < x \in A$. 若 A 没有上确界, 则对任何的 $x \in [L, M]$, 取邻域如下: 若 x 是上界, 则取 $U(x)$ 全由 A 的上界组成. 因为 x 不是上确界, 所以存在左邻域不包含 A 中元. 若 x 不是上界, 则取 $U(x)$ 中元由上界的元组成. 若 x 的右邻域总有 A 的上界元, 则 x 作为上界元的聚点也是上界. 由有限覆盖定理, 存在有限个邻域覆盖 $[L, M]$. 由于相邻的邻域有交集, 因此这些邻域要么全由非上界元组成, 要么全由上界元组成, 矛盾.

五、
设 $f(x)$ 单调递减, 则 $f(x) \geqslant 0$. 否则 $f(x_0) < 0 (x_0 > 1)$, $\int_{x_0}^{+\infty} f(x)\,dx$ 收敛 $\Rightarrow \int_{x_0}^{+\infty} f(x_0)$ 收敛, 矛盾. 对任何的 $\varepsilon > 0$, x 充分大时, $\frac{x}{2}f(x) \leqslant \int_{\frac{x}{2}}^{x} f(t)\,dt < \varepsilon$. 即 $xf(x) \to 0 (x \to +\infty)$.

六、
$f(x) = \cos\sqrt{|x|}$. $|f(x_1) - f(x_2)| \leqslant |\sqrt{|x_1|} - \sqrt{|x_2|}| \leqslant \sqrt{|x_1 - x_2|}$.

七、
$\int_1^{+\infty} t^{\alpha-2}\sin t\,dt$ 在 $\alpha < 2$ 中内闭一致收敛, 但不一致收敛.

八、
设 $f(x_0) > 0, x_1 = \inf\{0 < x < x_0 | f(x) > 0\}$. 由保号性和确界性可知 $f(x_1) = 0$. $|f'(x)| \leqslant |f(x)| \Rightarrow \ln f(x)$ 在 (x_1, x_0) 上一致连续, 从而 $\ln f(x_1^+)$ 存在, 矛盾. 若存在 $f(x_0) < 0$, 可类似推出矛盾. 因此 $f(x) \equiv 0$.

九、
若设 $l \in (A, B)$ 不是 $\{x_n\}$ 的聚点, 则存在 $U^\circ(l, \varepsilon)$ 不包含 $\{x_n\}$ 中的元. 设 $|x_{n+1} - x_n| < \varepsilon, x_n \neq l (n > N)$, 则 $x_n < l - \varepsilon$ 或者 $x_n > l + \varepsilon (n > N)$, 这就与 A 或 B 的假设矛盾. 因此结论成立.

84 浙江大学2018真题

一、计算题(40 分)

1. $\lim\limits_{n\to\infty}\sum\limits_{k=1}^{n-1}(1+\frac{k}{n})\sin\frac{k\pi}{n^2}$.

2. $\lim\limits_{x\to 0}\frac{\ln(1+x+x^2)+\arcsin 3x-5x^3}{\sin 2x+\tan^2 x-(e^x-1)^5}$.

3. $\iint\limits_{\Sigma}\frac{Rx\,\mathrm{d}y\,\mathrm{d}z+(z+R)^2\,\mathrm{d}x\,\mathrm{d}y}{\sqrt{x^2+y^2+z^2}}$, 其中$\Sigma$为下半球面$x^2+y^2+z^2=R^2(z\leqslant 0)$的下侧, $R>0$为常数.

二、(10 分)
(1) 用极限定义叙述 $\lim\limits_{x\to +\infty}f(x)\neq +\infty$; (2) 证明: $\lim\limits_{x\to +\infty}\frac{x\sin x}{\sqrt{x+1}}\neq +\infty$.

三、(10 分)
证明有界闭集上的有限覆盖定理.

四、(15 分)
设函数列$\{f_n(x)\}$在(a,b)上一致连续, 并且一致收敛于$f(x)$, 证明: $f(x)$在(a,b)上一致连续.

五、(15 分)
是否存在函数$f(x)$(证明或举出反例)使得: (1) $f(x)\in C[0,1]$, 在$(0,1)$内可导, $f(x)$在$(0,1)$内有无数个零点, 且不存在$x\in(0,1)$使得$f(x)=f'(x)=0$; (2) 假如$f(0),f(1)$都不等于0, 上述的$f(x)$存在吗?

六、(15 分)
设$f(y)\in C[0,1]$, $K(x,y)=\begin{cases} y(1-x), & y<x, \\ x(1-y), & y\geqslant x, \end{cases}$ 令$u(x)=\int_0^1 K(x,y)f(y)\,\mathrm{d}y$, 问$u(x)\in C[0,1]$吗? 并求$u''(x)$.

七、(15 分)
设级数$\sum\limits_{n=1}^{\infty}na_n$收敛, 定义$x_n=\sum\limits_{k=1}^{\infty}ka_{n+k}$, $n=1,2,\ldots$, (1) 问x_n是否有意义; (2) 证明: $\lim\limits_{n\to\infty}x_n=0$.

八、(15 分)
设函数集合$S=\{f(x)\,|\,\sup\limits_{x\in\mathbb{R}}|x^k f^{(l)}(x)|<+\infty, k,l\in\mathbb{N}\}$, 若$f(x)\in S$, 证明: $\hat{f}(x)\in S$, 其中$\hat{f}(x)=\int_{-\infty}^{+\infty}f(t)e^{-\mathrm{i}xt}\,\mathrm{d}t$, $f(x)=\int_{-\infty}^{+\infty}\hat{f}(t)e^{\mathrm{i}xt}\,\mathrm{d}t$.

九、(15 分)
设$f(x)\in C^1(0,+\infty)$, 且存在$L>0$使得对$\forall x,y\in(0,+\infty)$都有$|f(x)-f(y)|\leqslant L|x-y|$, 证明: $(f'(x))^2\leqslant L^2(1+f^2(x))$.

参考答案或提示

一、计算题

1. $\frac{5}{6}\pi$(利用$\sin x$的Taylor公式).

2. 2.

3. $-\frac{\pi}{2}R^3$.

二、 (1) 存在$M_0 > 0$, 对任何的$G > 0$, 有$x_0 > G$使得$f(x_0) \leqslant M_0$. (2) $f(2n\pi) = 0$.

三、 设$K \subset \Delta = \prod\limits_{i=1}^{n}[a_i, b_i]$, $\mathcal{U} = \{U_\alpha\}$是$K$的任一开覆盖. 若$K$不能被$\mathcal{U}$中有限个开集覆盖, 则存在闭集套$\{\Delta^{(n)}\}$使得$\Delta^{(n)}\}$都不能被$\mathcal{U}$中有限个开集覆盖. 由闭集套定理, $\bigcap \Delta^{(n)} = P_0 \in K$. 从而$P_0$不能被$\mathcal{U}$中有限个开集覆盖(因为对于充分大的$n$, $P_0 \in U \Rightarrow \Delta^{(n)} \subset U$, 其中$U \in \mathcal{U}$), 矛盾.

四、 对$\forall \varepsilon > 0$, $N \in \mathbb{N}_+$充分大时, $|f_N(x) - f(x)| < \varepsilon$对任何的$x \in (a, b)$成立. 由于$f_N(x)$在$(a, b)$上一致连续, 存在$\delta > 0$使得$x_1, x_2 \in (a, b)$满足$|x_1 - x_2| < \delta$时, $|f_N(x_1) - f_N(x_2)| < \varepsilon$, 从而$|f(x_1) - f(x_2)| < 2\varepsilon$. 因此$f(x)$在$(a, b)$上一致连续.

五、 (1) 存在, 例如$f(x) = \begin{cases} x\sin\frac{1}{x}, & x \neq 0, \\ 0, & x = 0. \end{cases}$ (2) 设$x_n \to x_0(x_n \neq x_0)$, $f(x_n) = 0$, 则$f(x_0) = 0(x_0 \in (0, 1))$, $0 = \frac{f(x_n) - f(x_0)}{x_n - x_0} \to f'(x_0) \Rightarrow f'(x_0) = 0$. 这样的$f(x)$不存在.

六、 $K(x, y) \in C(\mathbb{R}^2)$(只需验证$(x_0, y_0)(x_0 = y_0)$时的连续性, 其他点处的连续性显然). $u(x) = \int_0^x y(1-x)f(y)\,\mathrm{d}y + \int_x^1 x(1-y)f(y)\,\mathrm{d}y(x \in [0, 1])$. $u_{xx} = -f(x)$.

七、 (1) 令$\sigma_n = \sum\limits_{k=1}^{n}ka_k$, $S_n = \sum\limits_{k=1}^{n}a_k$. 由Abel变换得$\sum\limits_{k=l}^{m}a_k = \sum\limits_{k=l}^{m}\frac{1}{k}(\sigma_k - \sigma_{k-1}) = \frac{\sigma_n}{n} - \frac{\sigma_l}{l-1} - \sum\limits_{k=l}^{m-1}\sigma_k(\frac{1}{k+1} - \frac{1}{k})$. 由$\{\sigma_n\}$收敛可知$\sum\limits_{k=l}^{m}a_k \to 0(l, m \to \infty)$, 因此由Cauchy准则知$\sum\limits_{n=1}^{\infty}a_n$收敛. n固定时, $\sum\limits_{k=l}^{m}ka_{n+k} = \sum\limits_{k=l}^{m}(n+k)a_{n+k} - n\sum\limits_{k=l}^{m}a_k \to 0$. 所以$x_n$有意义. (2) 设$R_n = \sum\limits_{k \geqslant n+1}ka_k$, $R_n' = \sum\limits_{k \geqslant n+1}a_k$, 则$x_n = R_n - nR_n'$.

八、 $\int_{-\infty}^{+\infty}f'(t)\mathrm{e}^{-\mathrm{i}xt}\,\mathrm{d}t = (\mathrm{i}t)\hat{f}(x) \Rightarrow \int_{-\infty}^{+\infty}f^{(k)}(t)\mathrm{e}^{-\mathrm{i}xt}\,\mathrm{d}t = (\mathrm{i}t)^k\hat{f}(x)$, $\int_{-\infty}^{+\infty}(-\mathrm{i}t)f(t)\mathrm{e}^{-\mathrm{i}xt}\,\mathrm{d}t = \hat{f}'(x) \Rightarrow \int_{-\infty}^{+\infty}(-\mathrm{i}t)^lf(t)\mathrm{e}^{-\mathrm{i}xt}\,\mathrm{d}t = \hat{f}^{(l)}(x)$. 因此$\frac{1}{\mathrm{i}^k}\int_{-\infty}^{+\infty}\frac{\mathrm{d}^k}{\mathrm{d}x^k}[(-\mathrm{i}t)^lf(t)]\,\mathrm{d}t = x^k\frac{\mathrm{d}^l\hat{f}(x)}{\mathrm{d}x}$.

九、 显然$|f'(x)| \leqslant L$. 只要证明: $|f'(x)| \leqslant L(1 + f^2(x))$. 由$|\arctan f(x) - \arctan f(y)| = |\frac{\arctan f(x) - \arctan f(y)}{f(x) - f(y)}||f(x) - f(y)| \leqslant L|x - y|$可知$|\frac{f'(x)}{1 + f^2(x)}| \leqslant L$. 故结论成立.

85　浙江大学2019真题

一、计算题(50 分)

1. 计算$I_n = \int_0^n x^{a-1}(1 - \frac{x}{n})^n \, dx$.

2. 设曲线$y = \sin x$, 直线$x = 0, x = \frac{\pi}{2}$以及$y = t(0 \leqslant t \leqslant 1)$围成的区域面积为$S(t)$, 求$S(t)$的最大值和最小值.

3. 计算$\int_0^1 \frac{\ln x}{(1+x)^2} \, dx$.

4. 计算$\iint\limits_{D} x^2 \, dx \, dy$, 其中$D$是由$A(x_1, y_1), B(x_2, y_2), C(x_3, y_3)$三点围成的三角形闭区域.

二、(15 分) 证明: $I(x) = \int_0^{+\infty} x^{\frac{3}{2}} e^{-x^2 y^2} \, dy$关于$x \geqslant 0$一致收敛.

三、(15 分) 证明: 函数$f : \mathbb{R} \to \mathbb{R}$连续的充要条件是对于$\forall a, b \in \mathbb{R}, E_1 = \{x | f(x) > a\}, E_2 = \{x | f(x) < b\}$都是开集.

四、(15 分) 对于函数$f : [a, b] \to \mathbb{R}$, 证明: $|f(x)| \in R[a, b]$的充要条件是$f^2(x) \in R[a, b]$.

五、(15 分) (1) 叙述$\mathbb{R}$上的聚点定理; (2) 利用聚点定理证明闭区间上的连续函数一致连续.

六、(20 分) 设定义于$\mathbb{R}^2$上的函数满足: (1) $f(x, y)$分别关于x和y连续; (2) 若K是$\mathbb{R}^2$上的紧集, 则$f(K)$为$\mathbb{R}^2$中的紧集. 证明: $f(x, y) \in C(\mathbb{R}^2)$.

七、(20 分) 设$\{f_n(x)\}$是闭区间$[a, b]$上的等度连续函数列, 即对$\forall \varepsilon > 0, \exists \delta > 0$, 使得当$x, y \in [a, b]$满足$|x - y| < \delta$时, $|f_n(x) - f_n(y)| < \varepsilon$对所有的$n \geqslant 1$成立, 又设$\{f_n(x)\}$在$[a, b]$上逐点收敛, 证明: $\{f_n(x)\}$ 在$[a, b]$上一致收敛.

参考答案或提示

一、计算题

1. $\dfrac{n^a n!}{(a+n)(a+n-1)\cdots a}$.

2. $S_{\min} = \sqrt{2} - 1, S_{\max} = 1$.

3. $-\ln 2$.

4. 不妨设 $x_1 < x_2 < x_3, y_2 < y_1, y_3$. 原式 $= \int_{x_1}^{x_2} x^2 \, \mathrm{d}x \int_{y_1 + k_{AB}(x-x_1)}^{y_1 + k_{AC}(x-x_1)} \mathrm{d}y + \int_{x_2}^{x_3} x^2 \, \mathrm{d}x \int_{y_3 + k_{BC}(x-x_3)}^{y_3 + k_{AC}(x-x_3)} \mathrm{d}y = (y_1 - y_3) \frac{(x_1+x_3)(x_1^2+x_3^2)}{12} + (y_2 - y_1) \frac{(x_2+x_1)(x_2^2+x_1^2)}{12} + (y_3 - y_2) \frac{(x_3+x_2)(x_3^2+x_2^2)}{12}$.

二、 只要证明 $\int_1^{+\infty} x^{\frac{3}{2}} \mathrm{e}^{-x^2 y^2} \, \mathrm{d}y$ 在 $[0, +\infty)$ 上一致收敛. 由 $x^{\frac{3}{2}} \mathrm{e}^{-x^2 y^2} \leqslant \mathrm{e}^{-\frac{3}{4}} \left(\frac{\sqrt{3}}{2y}\right)^{\frac{3}{2}}$ 即得结论.

三、 熟知 f 连续的充要条件是: 对 $\mathbb{R}$ 中的任何开集 V 在 f 下的原像 $f^{-1}(V)$ 是 $\mathbb{R}$ 中的开集($f(x)$ 在 x_0 处连续的定义为: 任给 $V(f(x_0), \varepsilon)$, 存在 $U(x_0, \delta)$) 使得 $f(U(x_0, \delta)) \subset V(f(x_0), \varepsilon)$). 而 $\mathbb{R}$ 中的任何开集是互不相交的开区间的并集, 故由 $f^{-1}((a,b)) = E_1 \cap E_2$ 即得结论.

四、 设 $|f(x)| \leqslant M$. 必要性: $f^2 = |f| \cdot |f|$(可积函数的乘积可积). (2) $\big||f(x_1)| - |f(x_2)|\big| = \big|\sqrt{f^2(x_1)} - \sqrt{f^2(x_2)}\big| \leqslant \sqrt{|f^2(x_1) - f^2(x_2)|} \Rightarrow \omega^{|f|} \leqslant \sqrt{\omega^{f^2}}$. 因此 $\omega^{|f|} > \eta \Rightarrow \omega^{f^2} > \eta^2$. 而对 f^2 而言, 存在分割使得这样的小区间的长度之和可以任意小.

五、 (1) $\mathbb{R}$ 中有界的无限点集有聚点(或者有界数列必有收敛子列). (2) 若结论不对, 则存在 $\varepsilon_0 > 0$, $|x_n - x_n'| < \frac{1}{n}$, $|f(x_n) - f(x_n')| \geqslant \varepsilon_0$. 不妨设 $x_n \to x_0$, 则 $x_n' \to x_0$, 则 $f(x_n) - f(x_n') \to 0$, 矛盾.

六、 由于向量值函数连续当且仅当分量函数连续, 且紧集在投影下的像为紧集, 因此可以归结于 f 为二元函数的情形证明结论. 不妨设 $f(0,0) = 0$, 下面证明 f 在 $(0,0)$ 处连续. 若结论不对, 则存在 $\varepsilon_0 > 0$, $(x_n, y_n) \to (0,0)$, $f(x_n, y_n) \geqslant \varepsilon_0$(存在点列 (x_n, y_n) 使得 $f(x_n, y_n) \leqslant -\varepsilon_0$ 的情形同理可证). 由 f 关于单变量连续, $n > N$ 时有 $f(x_n, 0) < \frac{\varepsilon_0}{2}$. 取 y_n' 使得 $f(x_n, y_n') = \frac{n}{n+1}\varepsilon_0$($y_n'$ 在 0 与 y_n 之间). 显然 $y_n' \to 0$. $K = \{(x_n, y_n')|n > N\} \cup \{(0,0)\}$, 则 K 是紧集. 但是 $f(K) = \{\frac{n}{n+1}\varepsilon_0|n > N\} \cup \{0\}$ 不是紧集, 因为其极限点 $\varepsilon_0 \notin K$. 故结论成立.

七、 对任何的 $\varepsilon > 0$ 和 $x \in [a,b]$, 存在 $N_x \in \mathbb{N}_+$ 使得 $n, m > N_x$ 时, $|f_n(x) - f_m(x)| < \varepsilon$. 对于 $\forall y \in U(x, \delta)$, 由三角不等式和等度连续的假设可知, 当 $n, m > N_x$ 时有 $|f_n(y) - f_m(y)| < 3\varepsilon$. 因此由有限覆盖定理即得结论.

86　中国科学技术大学2009真题

一、判断题(15 分)

1. $\sum_{n=0}^{\infty} \frac{(1+2i)^n}{3^n - 2^n}$ 绝对收敛.

2. f一致连续的充要条件是f把Cauchy数列映为Cauchy数列.

二、填空题(15 分)

1. $f = 1 - x$在$x = 1$处展开后的级数, 其收敛点集是____.

2. $\sin x^2 = x$有____个根.

3. $1 - \frac{1}{2} - \frac{1}{4} + \frac{1}{3} - \frac{1}{6} + \frac{1}{8} + \cdots + \frac{1}{2n-1} - \frac{1}{4n} + \cdots$ 的和是_____.

三、(15 分) 设$f : [0,1] \to \mathbb{R}$单调递增且$f([0,1])$是闭集, 证明: $f \in C[0,1]$.

四、(15 分) 设$f \in C[0,1]$, 且$\int_0^1 f(x)x^n \, dx = 0, n = 0, 1, 2, \ldots$, 证明: $f \equiv 0$.

五、(15 分) 是否存在函数f, 使得$df = \frac{x\,dy - y\,dx}{\sqrt{x^2+y^2}}$?

六、(15 分) 设$f : \mathbb{N} \to \mathbb{N}$, 且对任何的$n \in \mathbb{N}$, $f^{-1}(n)$是非空有限集, $\lim_{n\to\infty} x_n$存在, 证明: $\lim_{n\to\infty} x_{f(n)}$存在.

七、(20 分) 设$S = \{(x,y,z) \in \mathbb{R}^3 | xy^2z^3 = 1\}$, (1) 证明: S在$\mathbb{R}^3$确定一张隐式的曲面, 并求出一个在点$(1,1,1)$附近的参数方程; (2) S是否连通, 是否紧致? (3) 设点$q \in S$, $|q|$是q到原点的距离, 点p满足$|p| = \inf_{q \in S} |q|$, 求p组成的集合.

八、(20 分) 证明恒等式: $\pi \sum_{n=-\infty}^{\infty} e^{-2\pi|n|} = \sum_{n=-\infty}^{\infty} \frac{1}{n^2+1}$.

九、(20 分) 设$\Gamma(s) = \int_0^{+\infty} x^{s-1} e^{-x} \, dx$, $S = \{(x,y,z)|x^2+y^2+z^2 = 1\}$, 用$\Gamma(s)$表示第一型积分$\int_S (x^2+y^2)^a \, dS(a > -1)$.

参考答案或提示

一、判断题

1. 正确. $\sqrt[n]{|a_n|} = \frac{\sqrt{5}}{3} < 1$.

2. 错误. 例如$f(x) = x^2$在$\mathbb{R}$上把Cauchy列映为Cauchy列, 但非一致连续.

二、填空题

1. $f(x) = -(x-1), x \in \mathbb{R}$.

2. $1(|x| \geq 1$时无解; $|x| < 1$时, $|\sin(x^2)| \leq |x^2| \leq |x| \Rightarrow x = 0)$.

3. $\frac{1}{2}\ln 2$(由$\sum\limits_{k=1}^{n} \frac{1}{k} = \ln n + C + o(1)$可知$S_{3n} = \sum\limits_{k=1}^{n}\left(\frac{1}{2k-1} - \frac{1}{4k-2} - \frac{1}{4k}\right) = \frac{1}{2}\left(\sum\limits_{k=1}^{2n} \frac{1}{k} - \sum\limits_{k=1}^{n} \frac{1}{k}\right) \to \frac{1}{2}\ln 2 \Rightarrow S_n \to \frac{1}{2}\ln 2)$.

三、 若x_0为间断点, 则$f(x_0^-) < f(x_0)$与$f(x_0) < f(x_0^+)$至少有一个成立, 不妨设$f(x_0^-) < f(x_0)$. 任取$a \in (f(x_0^-), f(x_0))$, 设$f(t) = a$. 显然$t \neq x_0$. 若$t < x_0$, 则$f(t) \leq f(x_0^-)$; $t > x_0$, 则$f(t) \geq f(x_0^+)$. 这就与$f[0,1]$是闭集(即$f([0,1]) = [m, M]$, 其中$m = \inf\limits_{x \in [0,1]} f(x), M = \sup\limits_{x \in [0,1]} f(x)$)矛盾.

四、 对任何的多项式$p(x)$ 有, $\int_0^1 f(x)p(x)\,\mathrm{d}x = 0$. 由Weierstrass定理知, 对任意的$\varepsilon > 0$, 存在多项式$q(x)$使得$|f(x) - q(x)| < \varepsilon$. 因此$\int_0^1 f^2(x)\,\mathrm{d}x = \int_0^1 (f(x) - q(x))f(x)\,\mathrm{d}x \leq \varepsilon \int_0^1 |f(x)|\,\mathrm{d}x \to 0 \Rightarrow f(x) \equiv 0$.

五、 否则在包含原点的区域有$f_x = -\frac{y}{x^2+y^2}, f_y = \frac{x}{x^2+y^2}$, 但是$f_{xy} \neq f_{yx}$. 所以$f$不存在.

六、 设$\lim\limits_{n \to \infty} x_n = a$. 对任何的$\varepsilon > 0$, 设$|x_n - a| < \varepsilon(n > N)$. 设$f(n) \leq N$的最大正整数为$K$, 则$n > K$时, $f(n) > N$, 从而$|x_{f(n)} - a| < \varepsilon$.

七、 (1) 设$F(x,y,z) = xy^2z^3 - 1$, $F_x(1,1,1) = 1$. 故在$(1,1,1)$附近确定隐函数$x = x(y,z)$. 参数方程: $x = \frac{1}{s^2t^3}, y = s, z = t$. (2) $S = \{(x,y,z)|y = \frac{1}{\sqrt{xz^3}}\} \cup \{(x,y,z)|y = -\frac{1}{\sqrt{xz^3}}\}$, 故非连通. S无界, 故非紧致. (3) $\{(\pm\sqrt{a}, \pm\sqrt{2a}, \pm\sqrt{3a}), (\pm a, \mp\sqrt{2a}, \pm\sqrt{3a})\}$, 其中$a = \frac{1}{\sqrt[6]{108}}$.

八、 设$f(x) = \mathrm{e}^x, x \in [-\pi, \pi]$. 由Parseval等式: $\frac{a_0^2}{2} + \sum\limits_{n=1}^{\infty}(a_n^2 + b_n^2) = \frac{1}{\pi}\int_{-\pi}^{\pi} f^2(x)\,\mathrm{d}x$ 即得结论, 其中$a_0, a_n, b_n(n \geq 1)$为$f(x)$的Fourier系数$(a_n + \mathrm{i}b_n = \frac{1}{\pi}\int_{-\pi}^{\pi} f(x)\mathrm{e}^{\mathrm{i}nx}\,\mathrm{d}x)$.

九、 $2\pi^{\frac{3}{2}}\frac{\Gamma(a+1)}{\Gamma(a+\frac{3}{2})}$.

87 中国科学技术大学2010真题

一、(15 分) 设函数 $f : [0, +\infty) \to [0, +\infty)$ 是一致连续的, $\alpha \in (0, 1]$, 证明: 函数 $g(x) = f^{\alpha}(x)$ 也在 $[0, +\infty)$ 上一致连续.

二、(15 分) 设 $f(x, y)$ 在 $\mathbb{R}^2 \backslash \{(0, 0)\}$ 上可微, 在 $(0, 0)$ 处连续, 且 $\lim\limits_{(x,y) \to (0,0)} f_x(x, y) = 0$, $\lim\limits_{(x,y) \to (0,0)} f_y(x, y) = 0$, 证明: $f(x, y)$ 在 $(0, 0)$ 处可微.

三、(15 分) 设 $x_0 \in (1, \frac{3}{2})$, $x_1 = x_0^2$, $x_{n+1} = \sqrt{x_n} + \frac{x_{n-1}}{2}$, $n = 1, 2, \ldots$, 证明数列 $\{x_n\}$ 收敛, 并求其极限.

四、(15 分) 设 $f(x) \in C^1(\mathbb{R})$, $f(0) = 0$, 且曲线积分 $\int_C (e^x + f(x)) y \, dx + f(x) \, dy$ 与路径无关, 求 $\int_{(0,0)}^{(1,1)} (e^x + f(x)) y \, dx + f(x) \, dy$.

五、(15 分) 设 $a > 1$, 证明: 含参量积分 $f(x) = \int_1^{+\infty} \frac{\arctan(tx)}{t^\alpha} \, dt$ 定义了 $(0, +\infty)$ 上的一个可微函数, 且满足 $xf'(x) - (\alpha - 1)f(x) + \arctan x = 0$.

六、(15 分) 设 $a, b, c > 0$, 计算曲面积分 $\iint\limits_S x^3 \, dy \, dz + y^3 \, dz \, dx + z^3 \, dx \, dy$, 其中 S 上上半椭球面 $\frac{x^2}{a^2} + \frac{y^2}{b^2} + \frac{z^2}{c^2} = 1 (z \geq 0)$, 取上侧.

七、(15 分) 设 $f(x)$ 是定义在 $\mathbb{R}$ 上的以 2π 为周期的奇函数, $f(x)$ 连续可微且满足 $f'(x) = f(\frac{\pi}{2} - x)$, 试求 $f(x)$.

八、(15 分) 设 $\sum\limits_{n=1}^{\infty} a_n$ 是收敛的正项级数, 证明: $\sum\limits_{n=1}^{\infty} a_n^{1 - \frac{1}{n}}$ 也收敛.

九、(15 分) 设函数 $f(x)$ 在 $[0, +\infty)$ 上二阶可导, $f(0) \geq 0$, $f'(0) \geq 0$, 且满足 $f(x) \leq f''(x)$, 证明: $f(x) \geq f(0) + f'(0)x$.

十、(15 分) 设 $\{a_n\}, \{b_n\}$ 为正数列, 满足 $\lim\limits_{n \to \infty} \frac{b_n}{n} = 0$, $\lim\limits_{n \to \infty} b_n(\frac{a_n}{a_{n+1}} - 1) = \lambda > 0$, 证明: (1) $\lim\limits_{n \to \infty} a_n = 0$; (2) 级数 $\sum\limits_{n=1}^{\infty} a_n$ 收敛.

一、 $|f(x_1)^\alpha - f(x_2)^\alpha| \leqslant |f(x_1) - f(x_2)|^\alpha$.

二、 显然 $f_x(0,0) = f_y(0,0) = 0$. $\dfrac{f(\Delta x, \Delta y) - f(0,0) - f_x(0,0)\Delta x - f_y(0,0)\Delta y}{\sqrt{\Delta x^2 + \Delta y^2}} = \dfrac{f(\Delta x, \Delta y) - f(0,0)}{\sqrt{\Delta x^2 + \Delta y^2}} = \dfrac{f_x(\Delta x, \theta_1 \Delta y)\Delta y + f_x(\theta_2 \Delta x, 0)\Delta x}{\sqrt{\Delta x^2 + \Delta y^2}} \to 0 (\theta_1, \theta_2 \in (0,1))$.

三、 由归纳法知 $\{x_n\}$ 单调递增, 且 $1 < x_n < 4$, 故 $\{x_n\}$ 收敛, 易得 $x_n \to 4$.

四、 $e^x + f = f' \Rightarrow f = x\,e^x$. $xy\,e^x\big|_{(0,0)}^{(1,1)} = e$.

五、 $f'(x) = \int_1^{+\infty} \dfrac{\mathrm{d}t}{t^{\alpha-1}(1+t^2x^2)}$ (验证内闭一致收敛). $f(x) = x^{\alpha-1}\int_x^{+\infty} \dfrac{\arctan u}{u^\alpha}\,\mathrm{d}u$, $f'(x) = x^{\alpha-2}\int_x^{+\infty} \dfrac{\mathrm{d}u}{u^{\alpha-1}(1+u^2)}$, 由分部积分得到结论.

六、 $I = \dfrac{2}{5}\pi abc(a^2 + b^2 + c^2)$ (用Gauss公式, 三重积分用截面法).

七、 $f''(x) = -f'(\frac{\pi}{2} - x) = -f(x) \Rightarrow f(x) = c_1\cos x + c_2\sin x$, $f(0) = 0 \Rightarrow c_1 = 0 \Rightarrow f(x) = c\sin x$.

八、 n 充分大时, $a_n < 1$. 设 $n < m$, $a_n^{1-\frac{1}{n}} + \cdots + a_m^{1-\frac{1}{m}} \leqslant (a_n + \cdots + a_m)^{1-\frac{1}{n}} < \varepsilon^{1-\frac{1}{n}} < 2\varepsilon$.

九、 $f + f' \leqslant (f + f')' \Rightarrow e^{-x}(f + f')$ 单调递增 $\Rightarrow f + f' \geqslant 0 \Rightarrow e^x f$ 单调递增 $\Rightarrow f \geqslant 0 \Rightarrow f''(x) \geqslant 0 \Rightarrow f(x) \geqslant f(0) + f'(0)x$.

十、 (1) 设 $\mu \in (0,1)$, 且 $\mu < \lambda$. $n \geqslant N$ 时, $\dfrac{a_n}{a_{n+1}} > \dfrac{\mu}{b_n} + 1 > \dfrac{\mu}{n} + 1 > (1 + \frac{1}{n})^\mu \Rightarrow \dfrac{a_N}{a_{n+1}} > (\frac{n+1}{N})^\mu \Rightarrow a_n \to 0$ (用到Bernoulli不等式). (2) $\dfrac{b_n}{n} \cdot n(\frac{a_n}{a_{n+1}} - 1) \to \lambda > 0 \Rightarrow n(\frac{a_n}{a_{n+1}} - 1) \to +\infty$, 故由Rabba判别法知级数 $\sum\limits_{n=1}^{\infty} a_n$ 收敛.

88　中国科学技术大学2011真题

一、计算题(15 分)

1. $\lim\limits_{x \to +\infty} x((1 + \frac{1}{x})^x - \mathrm{e})$.

2. $\int_0^{\frac{\pi}{2}} \sin^7 x \, \mathrm{d}x$.

二、(15 分) 回答下列问题, 证明结论或举出反例:

1. 是否存在 $\mathbb{R}$ 上处处不连续的函数, 它的绝对值确实处处连续的函数?

2. 设 $f, g \in C(\mathbb{R})$, 如果对所有的 $x \in \mathbb{Q}$ 有 $f(x) = g(x)$, 是否可以断言 $f(x) = g(x)$ 在 $\mathbb{R}$ 上成立.

3. 无穷区间上的连续函数是否能用多项式一致逼近?

三、(15 分) 设 a, b, c, d 是四个不等于1的正数, 满足 $abcd = 1$, 问 $a^{2010} + b^{2010} + c^{2010} + d^{2010}$ 和 $a^{2011} + b^{2011} + c^{2011} + d^{2011}$ 哪个数大? 为什么?

四、(15 分) 设 $f : [a, b] \to [a, b]$, (1) 如果 f 连续, 证明: 存在 $\xi \in [a, b]$ 使得 $f(\xi) = \xi$; (2) 如果 f 单调递增, 证明: 存在 $\xi \in [a, b]$ 使得 $f(\xi) = \xi$.

五、(20 分) (1) 把周期为 2π 的函数 $f(x) = x^2 - \pi^2$, $x \in [-\pi, \pi]$ 展开为 Fourier 级数; (2) 利用上面的级数计算下列级数的和: $\sum\limits_{n=1}^{\infty} \frac{1}{n^2}$, $\sum\limits_{n=1}^{\infty} (-1)^{n-1} \frac{1}{n^2}$, $\sum\limits_{n=1}^{\infty} \frac{1}{n^4}$; (3) 求级数 $\sum\limits_{n=1}^{\infty} (-1)^n \frac{\cos nx}{n^2}$ 的和.

六、(15 分) 证明: 含参量积分 $F(u) = \int_0^{+\infty} \frac{\sin(ux^2)}{x} \, \mathrm{d}x$ 在 $(0, +\infty)$ 上不一致收敛, 但在 $(0, +\infty)$ 上连续.

七、(15 分) 设 $\{x_n\}$ 是非负数列, 满足 $x_{n+1} \leqslant x_n + \frac{1}{n^2} (n \in \mathbb{N}_+)$, 证明: $\{x_n\}$ 收敛.

八、(15 分) 若 $\sum\limits_{n=1}^{\infty} a_n = A$, 证明: $\sum\limits_{n=1}^{\infty} \frac{a_1 + 2a_2 + \cdots + na_n}{n(n+1)} = A$.

九、(15 分) 设函数 $f : [0, 1] \to [0, 1]$ 的图像 $\{(x, f(x)) | x \in [0, 1]\}$ 是单位正方形 $[0, 1] \times [0, 1]$ 的闭子集, 证明: f 是连续函数.

十、(10 分) 设 D 是由封闭光滑曲线 L 围成的区域, $f(x, y)$ 在 $\overline{D}$ 上二阶连续可微, 且 $af_{xx} + bf_{yy} = 0 (a, b > 0)$, 若 f 在 L 上等于常数 C, 证明: f 在 D 上恒等于 C.

一、计算题

1. $-\frac{e}{2}$.

2. $\frac{6!!}{7!!}$.

二、

1. $f(x) = \begin{cases} 1, & x \in \mathbb{Q}, \\ -1, & x \notin \mathbb{Q}. \end{cases}$

2. 成立. 由连续性可知等式在无理数处成立.

3. 否. 若在无穷区间上多项式列 $\{p_n(x)\} \rightrightarrows f(x)$, 则 $f(x)$ 也是多项式.

三、

$4(a^{2011} + b^{2011} + c^{2011} + d^{2011}) > (a^{2010} + b^{2010} + c^{2010} + d^{2010})(a + b + c + d) > 4(a^{2010} + b^{2011} + c^{2010} + d^{2010})$ (由 $a^{2011} + b^{2011} \geq a^{2010}b + b^{2010}a$ 得到第一个不等式, 由平均不等式得到第二个不等式).

四、

(1) 设 $F(x) = f(x) - x$, 则 $F(a) \leq 0, F(b) \geq 0$, 由零点定理得到结论. (2) 构造区间套 $\{[a_n, b_n]\}, f(a_n) \geq a_n, f(b_n) \leq b_n$. 若有限步终止, 结论成立; 否则由区间套定理知 $\{a_n\} \uparrow \xi, \{b_n\} \downarrow \xi$, 且由 $f(\xi) \geq f(a_n) \geq a_n$ 知 $f(\xi) \geq \xi$, 同理得到 $f(\xi) \leq \xi$.

五、

(1) 由收敛定理可知 $x^2 - \pi^2 = -\frac{\pi^2}{3} + \sum\limits_{n=1}^{\infty} \frac{4(-1)^n}{n^2}\cos nx, |x| \leq \pi$. (2) 令 $x = \pi$ 得到 $\sum\limits_{n=1}^{\infty} \frac{1}{n^2} = \frac{\pi^2}{6}$, 令 $x = 0$ 得到 $\sum\limits_{n=1}^{\infty} \frac{(-1)^{n-1}}{n^2} = \frac{\pi^2}{12}$, 逐项积分得到 $\frac{x^4}{12} = \frac{\pi^2}{6}x^2 + \sum\limits_{n=1}^{\infty} \frac{(-1)^{n-1}}{n^4}(\cos nx - 1)$, 令 $x = \pi$ 得 $\frac{\pi^4}{96} = \sum\limits_{n=1}^{\infty} \frac{1}{(2n-1)^4}$, 从而 $\sum\limits_{n=1}^{\infty} \frac{1}{n^4} = \frac{\pi^4}{90}$.

六、

$\sup\limits_{x \in (0,+\infty)} |\int_A^{+\infty} \frac{\sin ux^2}{x} \, dx| = \sup\limits_{x \in (0,+\infty)} |\int_{A\sqrt{u}}^{+\infty} \frac{\sin t^2}{t} \, dt| \geq |\int_0^{+\infty} \frac{\sin t^2}{t} \, dt| = \frac{\pi}{4}$. 故积分在 $(0, +\infty)$ 上非一致收敛. $F(u) = \int_0^{+\infty} \frac{\sin(ut)}{2t} \, dt$, 由 Dirichlet 判别法可知积分在 $(0, +\infty)$ 上内闭一致收敛.

七、

$\{x_{n+1} - \frac{1}{n} < x_n - \frac{1}{n-1} (n > 1) \Rightarrow \{x_{n+1} - \frac{1}{n}\}$ 单调递减且有上界 -1. 设 $x_{n+1} - \frac{1}{n} \to a$, 则 $x_n \to a$.

八、

设 $S_n = \sum\limits_{k=1}^{n}, \sigma_n = \sum\limits_{k=1}^{n} S_k$, 则 $\frac{a_1 + 2a_2 + \cdots + na_n}{n(n+1)} = \frac{n\sigma_n - (n+1)\sigma_{n-1}}{n(n+1)} = \frac{\sigma_n}{n+1} - \frac{\sigma_{n-1}}{n}$ ($\sigma_0 = 0$), $S_n \to A \Rightarrow \frac{\sigma_n}{n} \to A$. 因此结论成立.

九、

设 $x_n \to x_0, \{f(x_{n_k})\}$ 是 $\{f(x_n)\}$ 的收敛子列. 由于 $\{(x, f(x)) | x \in [0, 1]\}$ 是闭集, $\{(x_{n_k}, f(x_{n_k}))\} \to (x_0, f(x_0))$, 即 $\{f(x_{n_k})\} \to f(x_0)$. 因此 $\{f(x_n)\}$ 的上、下极限都等于 $f(x_0)$, 从而 $f(x_n) \to f(x_0)$, 故 $f(x)$ 在 x_0 处连续.

十、

$\oint_L f(af_x \, dy - bf_y \, dx) = \iint\limits_D [af_x^2 + bf_y^2) + f(af_{xx} + bf_{yy})] \, dx \, dy \Rightarrow \iint\limits_D (af_x^2 + bf_y^2) \, dx \, dy = 0 \Rightarrow f_x = f_y = 0 \Rightarrow f \equiv C$.

89 中国科学技术大学2012真题

一、(15 分) 判断题(正确的给出证明, 错误的举出反例).

1. 是否存在两个发散的正数列, 它们的和是收敛数列?

2. 是否在$[a,b]$上不恒等于0的连续函数, 它在$[a,b]$中的有理点处都取值为0?

3. 是否存在数列$\{a_n\}$, 满足$\lim\limits_{n\to\infty}\frac{a_n}{n}=0$, 但是$\lim\limits_{n\to\infty}\frac{\max\{a_1,\ldots,a_n\}}{n}\neq 0$?

二、(15 分) 设数列$\{a_n\}$满足$\lim\limits_{n\to\infty}a_{2n-1}=a$, $\lim\limits_{n\to\infty}a_{2n}=b$, 证明: $\lim\limits_{n\to\infty}\frac{a_1+\cdots+a_n}{n}=\frac{a+b}{2}$.

三、(15 分) 函数$f(x)=\int_x^{x^2}\frac{1}{t}\ln\left(\frac{t-1}{32}\right)\mathrm{d}t, x\in(1,+\infty)$ 在何处取最小值?

四、(15 分) 设函数f在$(0,+\infty)$上可微, 且$f'(x)=O(x), x\to+\infty$, 证明: $f(x)=O(x^2), x\to+\infty$.

五、(15 分) (1) 把周期为2π的函数$f(x)=\left(\frac{\pi-x}{2}\right)^2, 0\leqslant x\leqslant 2\pi$展开为Fourier级数; (2) 利用上面的级数计算下列级数的和: $\sum\limits_{n=1}^{\infty}\frac{1}{n^2}, \sum\limits_{n=1}^{\infty}(-1)^{n-1}\frac{1}{n^2}, \sum\limits_{n=1}^{\infty}\frac{1}{n^4}$; (3) 求级数$\sum\limits_{n=1}^{\infty}(-1)^n\frac{\cos nx}{n^2}$的和.

六、(15 分) (1) 计算幂级数$\sum\limits_{n=0}^{\infty}(n^2+1)3^nx^n$ 的和; (2) 证明: 若$\alpha>2$, 则级数$\sum\limits_{n=1}^{\infty}x^\alpha\mathrm{e}^{-nx^2}$在$(0,+\infty)$中一致收敛.

七、(15 分) 设$z=f(x,y)\in C^2(\mathbb{R}^2)$, 确定$a$的值使得变换$\begin{cases}\xi=x-2y\\\eta=x+ay(a\neq-2)\end{cases}$ 将方程$6z_{xx}+z_{xy}-z_{yy}=0$ (*)简化为$z_{\xi\eta}=0$, 并由此求解方程(*).

八、(15 分) 设D是$\mathbb{R}^3$ 中的有界闭区域, f在D上连续且有偏导数. 如果在D上有$f_x+f_y+f_z=f, f|_{\partial D}=0(\partial D$为$D$的边界), 证明: f在D上恒等于0.

九、(15 分) (1) 计算$\iiint\limits_{V}\sqrt{r^2-x^2-y^2-z^2}\,\mathrm{d}x\,\mathrm{d}y\,\mathrm{d}z$, 其中$V:x^2+y^2+z^2\leqslant r^2$;

(2) 设S是$\mathbb{R}^3$中不通过原点的光滑封闭曲面, S上点P处的外单位法向量$\boldsymbol{n}=(\cos\alpha,\cos\beta,\cos\gamma)$, 试计算曲面积分$\iint\limits_{S}\frac{x\cos\alpha+y\cos\beta+z\cos\gamma}{(ax^2+by^2+cz^2)^{\frac{3}{2}}}\,\mathrm{d}S$, 其中$a,b,c>0$.

十、(15 分) 设$f:(0,+\infty)\to(0,+\infty)$是单调递增函数, $\lim\limits_{t\to+\infty}\frac{f(2t)}{f(t)}=1$, 证明: 对任意的$m>0$都有$\lim\limits_{t\to+\infty}\frac{f(mt)}{f(t)}=1$.

参考答案或提示

一、判断题

1. 存在. 例如$a_n = 2 + (-1)^n$, $b_n = 2 - (-1)^n$.

2. 不存在. 否则, 无理点用有理点列逼近, 由连续性得到矛盾.

3. 不存在. 设$\frac{|a_n|}{n} < \varepsilon (n > N)$, 则$n$充分大时, $\frac{|\max\{a_1,...,a_n\}|}{n} \leqslant \frac{\max\{|a_1|,...,|a_N|,\varepsilon\}}{n} < \varepsilon$, 即$\frac{\max\{a_1,...,a_n\}}{n} \to 0$.

二、 $a_{2n-1} \to a \Rightarrow \frac{a_1+a_3+\cdots+a_{2n-1}}{n} \to a, a_{2n} \to b \Rightarrow \frac{a_2+a_4+\cdots+a_{2n}}{n} \to b$, 因此$\frac{a_1+a_2+\cdots+a_{2n}}{2n} \to \frac{a+b}{2}$, 从而$\frac{a_1+a_2+\cdots+a_{2n+1}}{2n+1} \sim \frac{a_1+a_2+\cdots+a_{2n+1}}{2n} \to \frac{a+b}{2}$. 故结论成立.

三、 $f'(x) = \frac{1}{x}\ln\frac{(x+1)^2(x-1)}{32}$, $x = 3$为最小值点.

四、 设$|f'(x)| \leqslant Ax(x > G > 1)$, 则$|f(x)| \leqslant |f(G)| + Ax(x - G) \Rightarrow (|f(G)| + A)x^2(x \geqslant G)$.

五、 (1) 由收敛定理, $(\frac{\pi-x}{2})^2 = \frac{\pi^2}{4} - \sum\limits_{n=1}^{\infty}\frac{1-\cos nx}{n^2}(0 \leqslant x \leqslant 2\pi)$. (2) 令$x = \pi$得$\sum\limits_{n=1}^{\infty}\frac{1}{(2n-1)^2} = \frac{\pi^2}{8} \Rightarrow \sum\limits_{n=1}^{\infty}\frac{1}{n^2} = \frac{\pi^2}{6} \Rightarrow \sum\limits_{n=1}^{\infty}\frac{(-1)^{n-1}}{n^2} = \frac{\pi^2}{8} - \frac{\pi^2}{24} = \frac{\pi^2}{12}$. 逐项积分得$\frac{(\pi-x)^4}{48} - \frac{x^4}{48} + \frac{\pi^3}{12}x = \frac{\pi^2}{24}x^2 + \sum\limits_{n=1}^{\infty}\frac{1-\cos nx}{n^4}$, 令$x = \pi$得$\sum\limits_{n=1}^{\infty}\frac{1}{(2n-1)^4} = \frac{\pi^4}{96} \Rightarrow \sum\limits_{n=1}^{\infty}\frac{1}{n^4} = \frac{\pi^4}{90}$.

六、 (1) $S(x) = \frac{18x^2-3x+1}{(1-3x)^3}, |x| < \frac{1}{3}$. (2) 令$x^2 = t, \beta = \frac{\alpha}{2}$, 只要证明: $\beta > 1$时, $\sum\limits_{n=1}^{\infty}\frac{t^\beta}{e^{-nt}}$在$(0, +\infty)$中一致收敛. $t^\beta\sum\limits_{k\geqslant n}e^{-nt} = \frac{t^\beta}{e^{(n-1)t}(e^t-1)}$. 对任何的$\varepsilon > 0$, 选取$\delta \in (0,1)$充分小使得$\delta^{\beta-1} < \varepsilon$, 则$t \in (0,\delta]$时, $\frac{t^\beta}{e^{(n-1)t}(e^t-1)} \leqslant \delta^{\beta-1} < \varepsilon$; 当$t \in (\delta, +\infty)$时, 选取$k$充分大使得$k+1-\beta > 0$, 则$n$充分大时, $\frac{t^\beta}{e^{(n-1)t}(e^t-1)} < \frac{k!}{(n-1)^k\delta^{k+1-\beta}} < \varepsilon$. 故结论成立.

七、 $a = 3$(舍去$a = -2$), $z = f(x - 2y) + g(x + 3y)$, 其中$f, g$在$\mathbb{R}^2$中二阶连续可微.

八、 $\oiint_{\partial D} f^2(\mathrm{d}y\mathrm{d}z + \mathrm{d}z\mathrm{d}x + \mathrm{d}x\mathrm{d}y) = \iiint\limits_{D} 2f^2\mathrm{d}x\mathrm{d}y\mathrm{d}z = 0$. 故$f$在$D$上恒为0.

九、 (1) $\frac{\pi^2}{4}a^4$. (2) 原点在区域内, 值为0; 原点在区域外, 值为$\frac{4\pi}{\sqrt{abc}}$(转化为$ax^2 + by^2 + cz^2 = \varepsilon^2(\varepsilon > 0$充分小)上的积分).

十、 给定$k \in \mathbb{N}_+$, 有$\frac{f(2^kt)}{f(t)} \to 1$. 设$2^k \leqslant m < 2^{k+1}$, 由$f(t)$的单调性和夹逼准则知$\frac{f(mt)}{f(t)} \to 1$.

90   中国科学技术大学2013真题

一、(**15 分**) 回答下列问题, 证明结论或举出反例.

1. 如果 $\sum_{n=1}^{\infty} u_n(x)$ 在 (a,b) 的任一闭子区间 $[\alpha,\beta] \subset (a,b)$ 中一致收敛, 能否断定它在 (a,b) 中处处收敛?

2. 点集 $E = \{(x,y) \in \mathbb{R}^2 | xy > 0\}$ 是不是 $\mathbb{R}^2$ 中区域? 是不是 $\mathbb{R}^2$ 中开集?

二、(**15 分**) 设 $\lim_{n\to\infty} a_n = a$, (1) 试用 ε-N 语言证明: $\lim_{n\to\infty} \frac{a_1 + \cdots + a_n}{n} = a$; (2) 证明: $\lim_{n\to\infty} \frac{a_1 + \frac{a_2}{2} + \cdots + \frac{a_n}{n}}{\ln n} = a$.

三、(**15 分**) 计算积分: (1) $\int_0^{+\infty} \frac{x - \sin x}{x^3} \, \mathrm{d}x$; (2) $\iint\limits_{x^2 + y^2 \leqslant 1} (3xy^2 - x^2) \, \mathrm{d}x \, \mathrm{d}y$.

四、(**15 分**) 证明不等式: $\frac{1}{3}\tan x + \frac{2}{3}\sin x > x \, (0 < x < \frac{\pi}{2})$.

五、(**15 分**) 设 $f(x,y) = \begin{cases} \frac{xy^2}{x^2 + y^2}, & (x,y) \neq (0,0), \\ 0, & (x,y) = (0,0), \end{cases}$ 证明: (1) f 在 $(0,0)$ 处连续; (2) f 在 $(0,0)$ 处沿任意方向的方向导数都存在; (3) f 在 $(0,0)$ 处不可微.

六、(**15 分**) 证明: 函数 $f(x) = \frac{\sin x}{x}$ 在 $(0, +\infty)$ 中一致连续.

七、(**15 分**) 把周期为 2π 的函数 $f(x) = x^2, x \in [-\pi, \pi]$ 展开为 Fourier 级数, 并计算下列级数的和: $\sum_{n=1}^{\infty} \frac{1}{n^2}$, $\sum_{n=1}^{\infty} \frac{1}{n^4}$, $\sum_{n=1}^{\infty} (-1)^n \frac{\cos nx}{n^2}$.

八、(**15 分**) 设 f 是 $[a,b]$ 上的正值可积函数, 证明: 存在 $c \in (a,b)$ 使得 $\int_a^c f(x) \, \mathrm{d}x = \int_c^b f(x) \, \mathrm{d}x = \frac{1}{2} \int_a^b f(x) \, \mathrm{d}x$.

九、(**15 分**) 设 $f \in C^1(\mathbb{R}^2)$, a, b, c 是非零实数, 证明: 在 $\mathbb{R}^3$ 上成立 $\frac{1}{a} f_x = \frac{1}{b} f_y = \frac{1}{c} f_z$ 的充要条件是存在 $g \in C^1(\mathbb{R})$ 使得 $f(x,y,z) = g(ax + by + cz)$.

十、(**15 分**) 设 $a > 0, ac - b^2 > 0, \alpha > \frac{1}{2}$, 证明: $\int_{-\infty}^{+\infty} \frac{\mathrm{d}x}{(ax^2 + 2bx + c)^n} = \frac{(ac - b^2)^{\frac{1}{2} - \alpha}}{a^{1-\alpha}} \frac{\Gamma(\alpha - \frac{1}{2})}{\Gamma(\alpha)} \sqrt{\pi}$, 其中 Γ 为 Gamma 函数.

参考答案或提示

一、

1. 由Cauchy收敛准则可知处处收敛. 不一定一致收敛, 例如 $\sum\limits_{n=1}^{\infty}\frac{1}{n^x}$ 在 $(1,+\infty)$ 上内闭一致收敛, 但不是一致收敛的, 否则由Cauchy收敛准则知 $\sum\limits_{n=1}^{\infty}\frac{1}{n}$ 收敛, 矛盾.

2. 不是区域, 因为不连通. 是两个开集的并集, 所以是开集.

二、 (1) 略. (2) 不妨设 $a=0$ (否则用 a_k-a 替代 a_k). 设 $|a_n|<\varepsilon(n>N)$, 则 n 充分大时, $\left|\frac{a_1+\frac{a_2}{2}+\cdots+\frac{a_n}{n}}{\ln n}\right|\leqslant\left|\frac{a_1+\frac{a_2}{2}+\cdots+\frac{a_N}{N}}{\ln n}\right|+\frac{(\frac{1}{N+1}+\cdots+\frac{1}{n})\varepsilon}{\ln n}<2\varepsilon$ (注意 $\sum\limits_{k=1}^{n}\frac{1}{k}=\ln n+C+o(1), C$ 为Euler常数).

三、 (1) 反复应用分部积分得积分值为 $\frac{\pi}{4}$. (2) $-\frac{\pi}{4}$ (利用对称性).

四、 设 $f(x)=\tan x+2\sin x-3x$, 则由平均不等式可知 $f'(x)=\sec^2 x+2\cos x-3>0(x\in(0,\frac{\pi}{2})$. $f(x)$ 在 $[0,\frac{\pi}{2})$ 严格单调递增, G故 $f(x)>f(0)=0$.

五、 (1) 由极坐标得到 f 在 $(0,0)$ 处连续. (2) $\lim\limits_{\rho\to0^+}\frac{f(\rho\cos\theta,\rho\sin\theta)-f(0,0)}{\rho}=\cos\theta\sin^2\theta$.

(3) $f_x(0,0)=f_y(0,0)=0$, $\lim\limits_{(x,y)\to(0,0)}\frac{xy^2}{(x^2+y^2)^{\frac{3}{2}}}$ 不存在 (考虑路径 $y=kx$).

六、 $f(0^+)=1\Rightarrow f(x)$ 在 $(0,1]$ 上一致连续. $|f'(x)|\leqslant2(x>1)\Rightarrow f(x)$ 在 $[1,+\infty)$ 上一致连续.

七、 略.

八、 令 $F(x)=\int_a^t f(x)\,\mathrm{d}x-\frac{1}{2}\int_a^b f(x)\,\mathrm{d}x$, 则 $F(a)F(b)<0$.

九、 充分性显然. 必要性: 令 $u=ax+by+cz$, 则 $x=\frac{1}{a}(u-by-cz)$. 令 $g(u,y,z)=f(x(u,y,z),y,z)$, 则 $g_y=g_z=0$. 故结论成立.

十、 $\int_{-\infty}^{+\infty}\frac{\mathrm{d}x}{(ax^2+2bx+c)^n}\xlongequal{t=x+\frac{b}{a}}\int_{-\infty}^{+\infty}\frac{\mathrm{d}t}{(at^2+\frac{ac-b^2}{a})^\alpha}=2A\int_0^{+\infty}\frac{\mathrm{d}u}{(u^2+1)^\alpha}=2A\int_0^{\frac{\pi}{2}}\cos^{2\alpha-2}\theta\,\mathrm{d}\theta=AB(\alpha-\frac{1}{2},\frac{1}{2})=A\frac{\Gamma(\alpha-\frac{1}{2})}{\Gamma(\alpha)}\sqrt{\pi}$, 其中 $A=\frac{(ac-b^2)^{\frac{1}{2}-\alpha}}{a^{1-\alpha}}$.

91 中国科学技术大学2014真题

一、回答下列问题, 证明结论或举出反例(15 分).

1. 如果 $\int_0^{+\infty} f(x)\,\mathrm{d}x$ 收敛, 能否断言 $\lim\limits_{x\to+\infty} f(x) = 0$?

2. 如果 $\sum\limits_{n=1}^{\infty} a_n^2 < +\infty$, 能否断言 $\sum\limits_{n=1}^{\infty} a_n$ 和 $\sum\limits_{n=1}^{\infty} (-1)^{n-1} a_n$ 至少有一个收敛?

二、求极限(15 分)

1. $\lim\limits_{x\to+\infty} (x - x^2 \ln(1 + \frac{1}{x}))$.

2. $\lim\limits_{x\to 0} \dfrac{\cos x - \mathrm{e}^{-\frac{x^2}{2}}}{\sin^4 x}$.

三、求积分(15 分)

1. $\int_0^1 \mathrm{d}x \int_0^1 \max(x, y)\,\mathrm{d}y$.

2. $\int_0^1 \dfrac{\ln x}{x^\alpha}\,\mathrm{d}x\,(\alpha < 1)$.

四、(15 分) 设 $\{a_n\}$ 是非负数列, 满足 $a_{n+1} \leqslant a_n + \frac{1}{n^2}(n \in \mathbb{N}_+)$, 证明: $\{a_n\}$ 收敛.

五、(15 分) 设 $f(x)$ 在 $(0, +\infty)$ 上有三阶导数, 如果 $\lim\limits_{x\to+\infty} f(x)$ 和 $\lim\limits_{x\to+\infty} f'''(x)$ 都存在且有限, 证明: $\lim\limits_{x\to+\infty} f'(x) = \lim\limits_{x\to+\infty} f''(x) = \lim\limits_{x\to+\infty} f'''(x) = 0$.

六、(15 分) 若 $f, g \in C[a,b]$, 则存在 $\xi \in [a,b]$ 使得 $g(\xi) \int_a^\xi f(x)\,\mathrm{d}x = f(\xi) \int_\xi^b g(x)\,\mathrm{d}x$.

七、(15 分) 设 $\lim\limits_{n\to\infty} a_n = a \in \mathbb{R}$, 证明: (1) 幂级数 $\sum\limits_{n=0}^{\infty} a_n x^n$ 的收敛半径 $R \geqslant 1$;

(2) 设 $f(x) = \sum\limits_{n=0}^{\infty} a_n x^n$, 那么 $\lim\limits_{x\to 1^-} (1-x) f(x) = a$; (3) $\lim\limits_{x\to 1^-} (1-x) \int_0^x \dfrac{f(t)}{1-t}\,\mathrm{d}t = a$.

八、(15 分) 设 $z = z(x,y) \in C^2(\mathbb{R}^2)$, 且满足方程 $14z_{xx} + 5z_{xy} - z_{yy} = 0$ $(*)$, 试确定 λ 的值, 使得在变换 $\begin{cases} \xi = x + \lambda y \\ \eta = x - 2y(\lambda \neq 2) \end{cases}$ 下, 方程被化简为 $z_{\xi\eta} = 0$, 并由此求出偏微分方程 $(*)$ 的解.

九、(15 分) 设 $\boldsymbol{F} = (a - \frac{1}{y} + \frac{z}{y}, \frac{x}{z} + \frac{bx}{y^2}, -\frac{cxy}{z^2})$, 其中 a, b, c 为常数, (1) 问 (a, b, c) 取何值时, $\boldsymbol{F}$ 为有势场; (2) 当 $\boldsymbol{F}$ 为有势场时, 求出它的势函数.

十、(15 分) 设 $u(x, y) \in C^2(\mathbb{R}^2)$, 且恒取正值, 证明: u 满足方程 $uu_{xy} = u_x u_y$ 的充分必要条件是 $u(x, y) = f(x)g(y)$.

一、

1. 否. 例如 $f(x) = \sin x^2$.

2. 否. 例如 $a_n = \frac{(-1)^n}{n^\alpha} + \frac{1}{n}(\alpha \in (\frac{1}{2}, 1))$.

二、

1. $\frac{1}{2}$.

2. $-\frac{1}{12}$.

三、

1. $\frac{2}{3}$.

2. $-\frac{1}{(1-\alpha)^2}$.

四、 略.

五、 $f(x+1) = f(x) + f'(x) + \frac{1}{2}f''(x) + \frac{1}{6}f'''(\xi_1)$, $f(x-1) = f(x) - f'(x) + \frac{1}{2}f''(x) - \frac{1}{6}f'''(\xi_2) \Rightarrow f''(x) \to 0$, $\lim\limits_{x\to+\infty}(f'(x) + \frac{1}{6}f'''(x))$ 存在. 而 $\lim\limits_{x\to+\infty}\frac{f''(x)}{x} = \lim\limits_{x\to+\infty}f'''(x) \Rightarrow f'''(x) \to 0$, 从而 $f'(x) \to 0$.

六、 设 $F(x) = \int_a^t f(x)\,\mathrm{d}x \int_x^b g(t)\,\mathrm{d}t$, 则 $F(a) = F(b) = 0$, 由 Rolle 定理得到结论.

七、 (1) 设 $|a_n| \leqslant M$, 则由 $|a_n x^n| \leqslant M|x^n|$ 可知 $R \geqslant 1$. (2) 对于任何的 $x \in (0,1)$, $(1-x)f(x) = \sum\limits_{n=0}^{\infty}(a_n - a_{n-1})x^n \to a(a_{-1} = 0)$(右边的级数在 $[0,1]$ 上一致收敛). (3) $t \in [0,1)$时, $\frac{f(t)}{1-t} = \sum\limits_{n=0}^{\infty}a_n t^n \sum\limits_{n=0}^{\infty}t^n = \sum\limits_{n=0}^{\infty}S_n t^n$, 故 $x \in (0,1)$时, $(1-x)\int_0^x \frac{f(t)}{1-t}\,\mathrm{d}t = (1-x)\sum\limits_{n=0}^{\infty}\frac{S_n x^{n+1}}{n+1}$. 下面证明: $(1-x)\sum\limits_{n=0}^{\infty}(\frac{S_n}{n+1} - a)x^{n+1} \to 0$. 设 $|\frac{S_n}{n+1} - a| < \varepsilon(n \geqslant N)$, $|\frac{S_n}{n+1} - a| < M$, 则 $|(1-x)\sum\limits_{n=0}^{\infty}(\frac{S_n}{n+1} - a)x^{n+1}| \leqslant M(1-x^N) + \varepsilon < MN(1-x) + \varepsilon < 2\varepsilon(x$ 充分接近 $1)$.

八、 $\lambda = 7$(舍去 $\lambda = -2$). $z = f(x+7y) + g(x-2y)$, 其中 f, g 二阶连续可微.

九、 (1) $b = c = 1$. (2) $u = \frac{xy}{z} - \frac{x}{y} + ax + C(C$ 为常数$)$.

十、 充分性显然. 必要性: $uu_{xy} = u_x u_y \Rightarrow \frac{\partial \frac{u_x}{u}}{\partial y} = 0 \Rightarrow \frac{u_x}{u} = \varphi(x) \Rightarrow u\,\mathrm{e}^{\int_0^x -\varphi(t)\,\mathrm{d}t} = \psi(y) \Rightarrow u = \mathrm{e}^{\int_0^x -\varphi(t)\,\mathrm{d}t}\psi(y)$.

92　中国科学技术大学2015真题

一、(15 分) 求极限 $\lim\limits_{x \to +\infty} (\sin \frac{1}{x}) \int_0^x |\sin t| \, \mathrm{d}t$.

二、(15 分) 求二元函数 $F(x,y) = \frac{x}{\sqrt{1+x^2}} + \frac{y}{\sqrt{1+y^2}}$ 在闭区域 $x \geqslant 0, y \geqslant 0, x+y \leqslant 1$ 上的最大值.

三、(15 分) 求二重积分 $\iint\limits_{D}(x^2+y^2) \, \mathrm{d}x \, \mathrm{d}y$, 其中 D 是椭圆盘 $\frac{x^2}{a^2} + \frac{y^2}{b^2} \leqslant 1 (a, b > 0)$.

四、(15 分) 设 $R > 0$, 计算曲面积分 $\iint\limits_{S}(xy^2 + \frac{1}{3}x^3) \, \mathrm{d}y \, \mathrm{d}z + yz^2 \, \mathrm{d}z \, \mathrm{d}x + R^3 \, \mathrm{d}x \, \mathrm{d}y$, 其中 S 是上半球面 $x^2+y^2+z^2 = R^2 (z \geqslant 0)$, 取上侧.

五、(15 分) 计算反常积分 $\int_0^{+\infty} \frac{1}{1+x^n} \, \mathrm{d}x (n > 1)$.

六、(15 分) 设 $n > 0$, 证明不等式: $\frac{1}{2n+2} < \int_0^{\frac{\pi}{4}} \tan^n x \, \mathrm{d}x < \frac{1}{2n}$.

七、(15 分) 设 $\alpha \in (0,1)$, $\{a_n\}$ 是正的严格单调递增数列, 且 $\{a_{n+1} - a_n\}$ 有界, 求极限 $\lim\limits_{n \to \infty}(a_{n+1}^{\alpha} - a_n^{\alpha})$.

八、(15 分) 讨论级数 $\sum\limits_{n=1}^{\infty} (\sqrt{n+1} - \sqrt{n})^{\alpha} \cos n$ 的敛散性(包括绝对收敛性).

九、(15 分) 设 $f(x) \in C[0,1]$, 并满足 $0 \leqslant f(x) \leqslant x$, 证明: $\int_0^1 x^2 f(x) \, \mathrm{d}x \geqslant (\int_0^1 f(x) \, \mathrm{d}x)^2$, 并求使上式成为等式的所有连续函数 $f(x)$.

十、(15 分) 设 $f(x) \in C^1[a, +\infty)$, 且 $\overline{\lim\limits_{x \to +\infty}} |f(x) + f'(x)| \leqslant M < +\infty$, 证明: $\overline{\lim\limits_{x \to +\infty}} |f(x)| \leqslant M$.

参考答案或提示

一、 $\frac{2}{\pi}$（设$n\pi \leqslant x < (n+1)\pi$，则$\int_0^x |\sin t|\,\mathrm{d}\,t = 2n + \int_{n\pi}^x |\sin t|\,\mathrm{d}\,t$）.

二、 区域内没有稳定点. 比较边界上的最大值，可得$F_{\max} = \frac{2}{\sqrt{5}}$.

三、 $\frac{\pi ab(a^2+b^2)}{4}$.

四、 $\frac{7}{5}\pi R^5$.

五、 $\frac{\pi}{n \sin\frac{\pi}{n}}$.

六、 $\int_0^{\frac{\pi}{4}} \tan^n x\,\mathrm{d}\,x = \int_0^1 \frac{u^n}{1+u^2}\,\mathrm{d}\,u$，由$2u < u^2 + 1 < 2(0 < u < 1)$即得结论.

七、 $a_{n+1}^\alpha - a_n^\alpha = \alpha \xi_n^{\alpha-1}(a_{n+1} - a_n), \xi_n \in (a_n, a_{n+1})$. 若$\{a_n\}$有上界，则$a_n \to a > 0$，故$a_{n+1}^\alpha - a_n^\alpha \to \alpha a^{\alpha-1} \cdot 0 = 0$；若$\{a_n\}$无上界，则$\{a_n\} \uparrow +\infty$，由于$\{a_{n+1} - a_n\}$有界，故由$\xi_n^{\alpha-1} \to 0$可知$a_{n+1}^\alpha - a_n^\alpha \to 0$.

八、 由微分中值定理可知$\frac{1}{2^\alpha n^{\frac{\alpha}{2}}} - (\sqrt{n+1} - \sqrt{n})^\alpha = \frac{1}{2^\alpha n^{\frac{\alpha}{2}}} - \frac{1}{(\sqrt{n+1}+\sqrt{n})^\alpha} = \frac{1}{n^{\frac{\alpha}{2}}}\left[\frac{1}{2^\alpha} - \frac{1}{(\sqrt{1+\frac{1}{n}}+1)^\alpha}\right] = O\left(\frac{1}{n^{\frac{\alpha}{2}+1}}\right)(\alpha > 0)$. 故级数在$\alpha > 2$时绝对收敛，在$0 < \alpha \leqslant 2$时条件收敛，在$\alpha \leqslant 0$时发散(通项不趋于0).

九、 设$F(t) = \int_0^t x^2 f(x)\,\mathrm{d}\,x - \left(\int_0^t f(x)\,\mathrm{d}\,x\right)^2, t \in [0,1]$. $F'(t) \geqslant 0 \Rightarrow F(t) \geqslant F(0) = 0$. $F(1) = 0 \Leftrightarrow F(t) \equiv 0$，从而$F'(t) = 0$，即$f(t)(t^2 - 2\int_0^t f(x)\,\mathrm{d}\,x) = 0, \forall t \in [0,1]$. 若$f(t) \equiv 0$，显然有$F(1) = 0$；否则设$f(t_0) \neq 0$，则$t_0^2 - 2\int_0^{t_0} f(x)\,\mathrm{d}\,x = 0$，即$\int_0^{t_0}(x - f(x))\,\mathrm{d}\,x = 0$. 因此$f(x) = x, 0 \leqslant x \leqslant t_0$. 设$t_1 = \sup\{x \in [0,t] | f(x) = x\}$. 若$t_1 < 1$，则由保号性和上确界定义知$f(t_1) = 0$. 但是$x < t_1$时，$f(x) = x$，与$f(x)$的连续性矛盾. 所以，$f(x) = 0$或$f(x) = x$.

十、 对任何的$\varepsilon > 0$，设$f(x) + f'(x) < M + \varepsilon (x \geqslant G)$，则$\mathrm{e}^x[f(x) - (M+\varepsilon)]$单调递减$\Rightarrow \mathrm{e}^x[f(x) - (M+\varepsilon)] \leqslant \mathrm{e}^G[f(G) - (M+\varepsilon)] \Rightarrow \varlimsup_{x\to+\infty} f(x) \leqslant M + \varepsilon$，令$\varepsilon \to 0^+$即得$\varlimsup_{x\to+\infty} f(x) \leqslant M$. 同理可得$\varliminf_{x\to+\infty} f(x) \geqslant -M$，即$\varlimsup_{x\to+\infty}(-f(x)) \leqslant M$. 总之有$\varlimsup_{x\to+\infty} |f(x)| \leqslant M$.

93 中国科学技术大学2016真题

一、(15 分) 求极限 $\lim\limits_{x\to+\infty} \dfrac{1}{x^4+|\sin x|}\displaystyle\int_0^{x^3} \dfrac{t^3}{1+t^2}\,\mathrm{d}t$.

二、(15 分) 设数列 $\{a_n\}$ 满足 $a_1=3, a_{n+1}=\dfrac{1}{1+a_n}(n\geqslant 1)$, 证明: $\{a_n\}$ 收敛并求其极限.

三、(15 分) 证明: $\displaystyle\int_0^{+\infty} \dfrac{\sin x}{x}\mathrm{e}^{-xu}\,\mathrm{d}x$ 在 $[0,+\infty)$ 上一致收敛.

四、(15 分) 计算积分 $\displaystyle\iint\limits_{S} z(x^2+y^2)^3\sqrt{1-(x^2+y^2)}\,\mathrm{d}S$, 其中 S 是上半球面 $x^2+y^2+z^2=1(z>0)$.

五、(15 分) 设函数 $f(x)$ 以 2π 为周期, $f(x)=1-x, x\in[-\pi,\pi)$, 求 $f(x)$ 的 Fourier 级数, 说明其 Fourier 级数是否一致收敛.

六、(15 分) 证明: 若函数 $f(x)$ 的导数 $f'(x)$ 在区间 $(0,1)$ 内有界, 则函数 $f(x)$ 在区间 $(0,1)$ 内有界.

七、(15 分) 设 $f(x)\in C[0,3]$, 在 $(0,3)$ 内可导, 且满足 $f(0)+f(1)+f(2)=3, f(3)=1$, 证明: 在区间 $(0,3)$ 内存在一点 ξ 使得 $f'(\xi)=0$.

八、(15 分) 设 S 是由椭圆 $\dfrac{x^2}{a^2}+\dfrac{y^2}{b^2}=1$ 的切线与两个坐标轴围成区域的面积, 求 S 的最小值.

九、(15 分) 设函数 $f(x)$ 在区间 $(0,1)$ 上为凸函数, 证明: 函数 $f(x)\in C(0,1)$.

十、(15 分) 设 $F(x,y)\in C^\infty(\mathbb{R}^2)$, $F(0,0)=0$, $F_x(0,0)=0$, $f_y(0,0)F_{xx}(0,0)>0$, 证明: 由 $F(x,y)=0$ 所确定的隐函数 $y=f(x)$ 在 $x=0$ 附近满足 $f(x)\leqslant f(0)-\dfrac{1}{4}\dfrac{F_{xx}(0,0)}{F_y(0,0)}x^2$.

参考答案或提示

一、 $\frac{1}{2}$.

二、 由归纳法可知$n > 2$时, $a_n \in (\frac{1}{2}, 1)$. 设$f(x) = \frac{1}{1+x}(x > \frac{1}{2})$, 则$|f'(x)| < \frac{4}{9}$. 故由压缩映照原理知$\{a_n\}$收敛. 易得$a_n \to \frac{-1+\sqrt{5}}{2}$.

三、 由Abel判别法得到结论.

四、 $\frac{32}{315}\pi$.

五、 $f(x) \sim 1 - \sum_{n=1}^{\infty} \frac{2(-1)^{n-1}}{n} \sin nx = 1 + 2\sum_{n=1}^{\infty} \frac{\sin(\pi+x)}{n}, x \in [-\pi, \pi]$. 由Cauchy收敛准则易知$\sum_{n=1}^{\infty} \frac{\sin nt}{n}$在$[0, 2\pi)$上非一致收敛.

六、 设$|f'(x)| \leqslant M$, 则$|f(x)| \leqslant |f(x_0)| + M, x_0 \in (0, 1)$.

七、 由介值性, 存在$\eta \in [0, 2]$使得$f(\eta) = 1$(事实上可以取到$\eta \in (0, 2)$), 又因为$f(\xi) = 1$, 由Rolle定理得到结论.

八、 $S_{\min} = ab$.

九、 固定$B(x_0, f(x_0))$. 当$x < x_0$时, $\frac{f(x)-f(x_0)}{x-x_0}$单调递增且有上界$\frac{f(t)-f(x_0)}{t-x_0}$, 其中$t > x_0$; 当$x > x_0$时, $\frac{f(x)-f(x_0)}{x-x_0}$单调递减且有上界$\frac{f(s)-f(x_0)}{s-x_0}$, 其中$s < x_0$. 因此$f'_-(x_0), f'_+(x_0)$存在, 从而$f(x)$在$x_0$处连续.

十、 $f(x) = f(0) + f'(0)x + f''(\xi)\frac{x^2}{2}$, $F_x(0,0) = 0 \Rightarrow f'(0) = 0$. $f''(x) = \frac{2F_{xy}F_xF_y - F_{xx}F_y^2 - F_{yy}F_x^2}{F_y^3}$, $F_x(0,0) = 0 \Rightarrow f''(0) = -\frac{F_{xx}(0,0)}{F_y(0,0)}$. 当$x$接近0时, $|f''(\xi) - f''(0)| < -\frac{1}{2}f''(0) \Rightarrow f''(\xi) < \frac{1}{2}f''(0)$. 因此$f(x) \leqslant f(0) + \frac{1}{4}f''(0)x^2$.

94 中国科学技术大学2017真题

一、(15 分) 求极限 $\lim\limits_{x\to 0} \frac{\int_0^{x^3}\sin t\,\mathrm{d}t}{\tan x^4}$.

二、(15 分) 求第二型曲面积分 $\iint\limits_{S} x^3\,\mathrm{d}y\,\mathrm{d}z+y^3\,\mathrm{d}z\,\mathrm{d}x+(z^3+1)\,\mathrm{d}x\,\mathrm{d}y$, 其中 S 是上半球面 $x^2+y^2+z^2=1$, 取外侧.

三、(15 分) 证明: $\frac{2}{\pi}\int_0^{+\infty}\frac{\sin^2 u}{u^2}\cos(2ux)\,\mathrm{d}u=\begin{cases} 1-x, & x\in[0,1], \\ 0, & x>1. \end{cases}$

四、(15 分) 设 $\alpha>0$, $\{a_n\}$ 是单调递增趋于正无穷的正数列, 证明: (1) $\frac{a_{k+1}-a_k}{a_{k+1}^{\alpha+1}}\leqslant\int_{a_k}^{a_{k+1}}\frac{1}{x^{\alpha+1}}\,\mathrm{d}x$; (2) $\sum\limits_{k=1}^{\infty}\frac{a_{k+1}-a_k}{a_{k+1}a_k^{\alpha}}$ 收敛.

五、(15 分) 设 $f(x,y)\in C^1(\mathbb{R}^2)$, (1) 证明: 对于任意的 $a,b,c,d\in\mathbb{R}$, 都存在 $(\xi,\eta)\in\mathbb{R}^2$, 使得 $f(a,b)-f(c,d)=(a-c)f_x(\xi,\eta)+(b-d)f_y(\xi,\eta)$; (2) 若 $f_x=f_y$, 且 $f(x,0)>0$ 对任意的 $x\in\mathbb{R}$ 成立, 证明: 对于任意的 $(x,y)\in\mathbb{R}^2$, 都有 $f(x,y)>0$.

六、(15 分) 证明: $\int_0^{+\infty}\sin x^2\,\mathrm{d}x$ 条件收敛.

七、(15 分) 设 D 是光滑封闭曲线 L 所围成的区域, 函数 $f(x,y)\in C^2(\overline{D})$, 且满足 $f_{xx}+f_{yy}=0$, (1) 证明: $\oint_L f(-f_y\,\mathrm{d}x+f_x\,\mathrm{d}y)\geqslant 0$; (2) 若 f 在 L 上恒为常数 C, 证明: f 在 D 上也恒为常数 C.

八、(15 分) 设 $f:[0,+\infty)\to[0,+\infty)$ 是一致连续的, $\alpha\in(0,1]$, 证明: 函数 $g(x)=f^{\alpha}(x)$ 也在 $[0,+\infty)$ 上一致连续.

九、(15 分) 设 $F(u,v)\in C^1(\mathbb{R}^2)$, $F(x-\frac{z}{y},y-\frac{z}{x})=0$, 证明: $(xF_u+yF_v)(xy+z-xz_x-yz_y)=0$.

十、(15 分) 设 $f_n(x)$ 与 $f(x)$ 都是区间 $I=[0,1]$ 上的连续函数 $(n=1,2,\ldots)$, 且对任意的 $x\in[0,1]$, $\{f_n(x)\}$ 单调递减, $\lim\limits_{n\to\infty}f_n(x)=f(x)$, 证明: (1) 对于任意的 $\varepsilon>0$, $I=\bigcup\limits_{n=1}^{\infty}\{x\in I|f_n(x)-f(x)<\varepsilon\}$; (2) $\{f_n(x)\}$ 一致收敛于 $f(x)$.

一、 $\frac{1}{2}$.

二、 $\frac{11}{5}\pi$.

三、 $\int_0^{+\infty} \frac{\sin^2 u}{u^2}\,\mathrm{d}u = \int_0^{+\infty} \sin^2 u\,\mathrm{d}\frac{-1}{u} = \int_0^{+\infty} \frac{\sin 2u}{u}\,\mathrm{d}u \Rightarrow I(0) = 1$. 由分部积分得 $\int_0^{+\infty} \frac{\sin^2 u}{u^2}\cos(2u)\,\mathrm{d}u = \int_0^{+\infty} \sin^2 u \cos(2u)\,\mathrm{d}\frac{-1}{u} = \int_0^{+\infty} \frac{1}{u}(\sin 4u \cos 2u - 2\sin^2 u \sin 2u)\,\mathrm{d}u = \int_0^{+\infty} \frac{2\sin 2u\cos 4u}{u}\,\mathrm{d}u = \int_0^{+\infty} \frac{\sin 6u - \sin 2u}{u}\,\mathrm{d}u = 0 \Rightarrow I(1) = 0$. $I'(x) = -\frac{4}{\pi}\int \frac{\sin^2 u \sin(2ux)}{u}\,\mathrm{d}u = -\frac{2}{\pi}\int_0^{+\infty} \frac{(1-\cos 2u)\sin(2ux)}{u}\,\mathrm{d}u = \begin{cases} 0, & x > 1 \\ -1, & 0 < x < 1 \end{cases}$ (注意验证一致收敛性). 积分即得结论.

四、 (1) $\int_{a_k}^{a_{k+1}} \frac{1}{x^{\alpha+1}}\,\mathrm{d}x \geqslant \int_{a_k}^{a_{k+1}} \frac{1}{a_{k+1}^{\alpha+1}}\,\mathrm{d}x$. (2) $\alpha \geqslant 1$时, $u_k \leqslant \frac{a_{k+1}-a_k}{a_{k+1}a_k}$; $0 < \alpha < 1$时, $u_k = \int_{a_{k+1}}^{\frac{1}{a_k}} (\frac{1}{a_k})^{\alpha-1}\,\mathrm{d}x \leqslant \int_{a_{k+1}}^{\frac{1}{a_k}} x^{\alpha-1}\,\mathrm{d}x \Rightarrow \sum_{k=1}^\infty u_k \leqslant \int_0^{\frac{1}{a_1}} x^{\alpha-1}\,\mathrm{d}x = \frac{1}{\alpha a_1^\alpha}$.

五、 (1) 设$P_1 = (a,b), P_0 = (c,d), g(t) = f((1-t)P_0 + tP_1)(0 \leqslant t \leqslant 1)$, 则$g(1) - g(0) = g'((1-\theta)P_0 + \theta P_1)(\theta \in (0,1))$, $g'(t) = (c-a)f_x((1-t)P_0 + tP_1) + (d-b)f_y((1-t)P_0 + tP_1)$. (2) 由$f_x = f_y$可导$f(x,y) = g(x+y)$, 其中$g(u) \in C^1(\mathbb{R})$. 由假设$g(x) > 0$对任何的$x \in \mathbb{R}$成立, 故$f(x,y) = g(x+y) > 0$.

六、 $\int_0^{+\infty} \sin x^2\,\mathrm{d}x = \int_0^{+\infty} \frac{\sin t}{2\sqrt{t}}\,\mathrm{d}t$. 由Dirichlet判别法知积分收敛. 由$\frac{|\sin t|}{\sqrt{t}} \geqslant \frac{\sin^2 t}{\sqrt{t}}$知积分非绝对收敛.

七、 (1) 由Green公式得到结果. (2) 由(1)得$\iint_D (f_x^2 + f_y^2)\,\mathrm{d}x\,\mathrm{d}y = 0$, 因此$f_x = f_y = 0$, 从而$f \equiv C$.

八、 $\alpha = 1$时, 结论显然成立. $\alpha \in (0,1)$时, $|f^\alpha(x_1) - f^\alpha(x_2)| \leqslant |f(x_1) - f(x_2)|^\alpha$, 故结论成立.

九、 $z_x = \frac{F_1 + F_2\frac{z}{x^2}}{\frac{F_1}{y} + \frac{F_2}{x}}$, $z_y = \frac{F_2 + F_1\frac{z}{y^2}}{\frac{F_1}{y} + \frac{F_2}{x}}$.

十、 (1) 固定$x \in I$, 由于$\{f_n(x)\} \to f(x)$, 所以n充分大时, $f_n(x) - f(x) < \varepsilon$. (2) 对每个$x \in I$, 存在$N_x \in I$使得$f_{N_x}(x) - f(x) < \frac{\varepsilon}{2}$. 由连续性知存在邻域$U(x)$使得$y \in U(x)$时有$f_N(y) - f(y) < \varepsilon$. 由于$\{f_n(y)\}$单调递减, 对任何的$n > N_x$都有$f_n(y) - f(y) < \varepsilon(y \in U(x))$. 由有限覆盖定理即得结论.

95 中国科学技术大学2018真题

一、(15 分)

1. 求极限 $\lim\limits_{x \to -\infty} |x|^{\arctan x + \frac{\pi}{2}}$.

2. 设 $\{a_k\}$ 为正数列, $|\sum\limits_{k=1}^{\infty} \frac{\sin(a_k x)}{k^2}| \leqslant |\tan x|, x \in (-1, 1)$, 证明: $a_k = o(k^2), k \to \infty$.

二、(15 分) 设 $\Phi(x)$ 是周期为1的Riemann函数, (1) 求 $\Phi(x)$ 的连续点和间断点的类型; (2) 计算积分 $\int_0^1 \Phi(x) \, \mathrm{d}x$.

三、(15 分) 设 Ω 为 $\mathbb{R}^3$ 中的有界域, $\boldsymbol{n}$ 为单位向量, 证明: 存在以 $\boldsymbol{n}$ 为法向量的平面评分 Ω 的体积.

四、(15 分) 设 $f(x)$ 为周期等于 2π 的奇函数, 当 $x \in (0, \pi)$ 时 $f(x) = -1$, 试利用 $f(x)$ 的Fourier级数计算 $\sum\limits_{n=1}^{\infty} \frac{1}{(2n-1)^2}$.

五、(15 分) 设 $\varphi(x)$ 为有势场 $F(x, y, z) = (x^2 - y, y^2 - x, -z^2)$ 的势函数, 求三重积分 $\iiint\limits_{\Omega} \varphi(x, y, z) \, \mathrm{d}x \, \mathrm{d}y \, \mathrm{d}z$, 其中 Ω 为 $x^2 + y^2 + z^2 \leqslant 1$.

六、(15 分) 设 $f \in C^2[0, 1], f(0) = f(1) = 0$, 且 $f(x)$ 在 x_0 处取得最小值 -1, (1) 求 $f(x)$ 在 $x = x_0$ 处的Lagrange余项型的二阶Taylor展开式; (2) 证明: 存在 $\xi \in (0, 1)$ 使得 $f''(\xi) = 8$.

七、(15 分) 设 $D_t = \{(x, y) \in \mathbb{R}^2 | (x - t)^2 + (y - t)^2 \leqslant 1, y \geqslant t\}, f(t) = \iint\limits_{D_t} \sqrt{x^2 + y^2} \, \mathrm{d}x \, \mathrm{d}y$, 计算 $f'(0)$.

八、(15 分) 设 $u(x) \in C[0, 1] \cap C^2(0, 1), u''(x) \geqslant 0$, 令 $v(x) = u(x) + \varepsilon x^2, \varepsilon > 0$, (1) 证明: $u(x)$ 为 $(0, 1)$ 上的严格凸函数; (2) 证明: $u(x)$ 的最大值在端点取得.

九、(15 分) 设 $B_r = \{(x, y) \in \mathbb{R}^2 | x^2 + y^2 < r^2\}, B = B_1, u(x, y) \in C(\bar{B}) \cap C^2(B)$, $\Delta u = u_{xx} + u_{yy}$, (1) 证明: 若 $\Delta u \geqslant 0, \forall (x, y) \in B$, 则 $u(x, y)$ 在 $\bar{B}$ 上的最大值在边界 ∂B 上取得; (2) 若 $\Delta u = 0, \forall (x, y) \in B$, 则 $\frac{\mathrm{d}}{\mathrm{d}r}(\frac{1}{2\pi r} \int_{\partial B_r} u(x, y) \, \mathrm{d}s) = 0, \forall r \in (0, 1)$, 且有 $u(0, 0) = \frac{1}{2\pi r} \int_{\partial B_r} u(x, y) \, \mathrm{d}s$.

十、(15 分) 设 $u(x, t)$ 有二阶连续偏导, 且满足 $u_{tt}(x, t) = u_{xx}(x, t)$, 记 $F(t) = \int_t^{2-t} (u_t^2(x, t) + u_x^2(x, t)) \, \mathrm{d}x$, 证明: $F'(t) \leqslant 0$.

一、

1. 1.

2. $|\sum\limits_{k=1}^{\infty} \frac{a_k}{k^2}| \leqslant 1 \Rightarrow \frac{a_k}{k^2} \to 0.$

二、 $\lim\limits_{x \to x_0} \Phi(x) = 0.$ 无理点是连续点, 有理点是第一类间断点. (2) 因为无理点有有理点列 $\{\frac{p_n}{q_n}\}$ 逼近 $(q_n \to +\infty)$, 故上、下积分都为0, 故积分值为0.

三、 任意作平面将 Ω 分成两部分, 如果恰好平分, 则结论成立. 否则一部分小于 $\frac{1}{2}V$, 一部分大于 $\frac{1}{2}V$, 法向量按照某个方向转动一圈, 平面与固定一侧围成区域的体积从 $V_0 < \frac{1}{2}V$ 连续变到 $V_1 > \frac{1}{2}V$. 由介值定理知结论成立.

四、 $1 = \sum\limits_{n=1}^{\infty} \frac{4}{\pi} \frac{\sin(2n-1)x}{2n-1}, x \in (0, \pi).$ 逐项积分得 $\frac{\pi}{4}x = \sum\limits_{n=1}^{\infty} \frac{1-\cos(2n-1)x}{(2n-1)^2}$ (验证内闭一致收敛). 令 $x = \frac{\pi}{2}$ 得 $\sum\limits_{n=1}^{\infty} \frac{1}{(2n-1)^2} = \frac{\pi^2}{8}.$

五、 $\varphi = \frac{1}{3}(x^3 + y^3 - z^3) - xy + C$ (C 为常数). 原式 $= \frac{4}{3}C$ (利用对称性).

六、 (1) $f'(x_0) = 0, f(x) = f(x_0) + f''(\xi)\frac{(x-x_0)^2}{2}.$ (2) $f(0) = f(x_0) + f''(\xi_1)\frac{x_0^2}{2}, f(1) = f(x_0) + f''(\xi_2)\frac{(1-x_0)^2}{2} \Rightarrow f''(\xi_1)\frac{x_0^2}{2} = f''(\xi_2)\frac{(1-x_0)^2}{2} = 1.$ 若 $x_0 = \frac{1}{2}$, 结论成立; 若 $x_0 > \frac{1}{2}$, 则 $f''(\xi_1) < 8, f''(\xi) > 8$, 由导函数介值性知结论成立; 若 $0 < x_0 < \frac{1}{2}$, 同理可得结论.

七、 $f'(0) = 1$ (用极坐标).

八、 (1) $v''(x) = u''(x) + 2\varepsilon > 0.$ (2) $u(t) \leqslant (1-t)u(0) + tu(1) \leqslant \max\{u(0), u(1)\}.$

九、 (1) 由Green公式: $\oint_{\partial B_r} \frac{\partial u}{\partial n} ds = \iint_{B_r} \Delta u \, dx \, dy.$ 若 $\Delta u \geqslant 0$, 则 $\oint_{\partial B_r} \frac{\partial u}{\partial n} ds = r\frac{d}{dr}\int_0^{2\pi} u(r\cos\theta, r\sin\theta) d\theta \geqslant 0$, 故有单调性知 $u(0,0) \leqslant \frac{1}{2\pi}\int_0^{2\pi} u(r\cos\theta, r\sin\theta) d\theta.$ 若 u 在内点 $P_0(x_0, y_0)$ 处取得最大值, 则仿上可得 $u(x_0, y_0) \leqslant \int_0^{2\pi} u(x_0 + r\cos\theta, y_0 + r\sin\theta) d\theta$, 从而 u 在 $B(P_0)$ 取常值, 进而由连续性和连通性知 u 在 $\bar{B}$ 上为常值函数. (2) 由Green公式, $\frac{d}{dr}(\frac{1}{2\pi r}\int_{\partial B_r} u(x,y) ds) = \frac{d}{dr}(\frac{1}{2\pi}\int_0^{2\pi} u(r\cos\theta, r\sin\theta) d\theta) = \frac{1}{r}\oint_{\partial B_r} \frac{\partial u}{\partial n} ds = 0.$ $\frac{1}{2\pi r}\int_{\partial B_r} u(x,y) ds = C, \forall r \in (0, 1).$ 由中值公式有 $\frac{1}{2\pi r}\int_{\partial B_r} u(x,y) ds = u(x^*, y^*)$, 令 $r \to 0^+$ 即得到结论.

十、 $F'(t) = -(u_t^2(2-t, t) + u_x^2(2-t, t)) - (u_t^2(t, t) + u_x^2(t, t)) + \int_t^{2-t} (2u_t u_{tt} + 2u_x u_{xt}) dx = -(u_t^2(2-t, t) + u_x^2(2-t, t)) - (u_t^2(t, t) + u_x^2(t, t)) + 2u_x u_t|_t^{2-t} = -(u_x(2-t, t) - u_t(2-t, t))^2 - (u_x(t, t) - u_t(t, t))^2 \leqslant 0.$

96 中国科学院大学2010真题

一、(**20 分**) (1) 求极限 $\lim\limits_{x \to 0} \dfrac{\int_0^{\sin^2 x} \ln(1+t)\,\mathrm{d}t}{\sqrt{1+x^4}-1}$; (2) 求积分 $\iint\limits_{|x|+|y| \leqslant 1} |xy|\,\mathrm{d}x\,\mathrm{d}y$.

二、(**15 分**) 令 $f(x) = \begin{cases} x^2 \sin\frac{1}{x}, & x \neq 0, \\ 0, & x = 0, \end{cases}$ 求 $f'(0)$, 并证明 $f'(x)$ 在 $x = 0$ 处不连续; (2) 若 $\lambda = \sum\limits_{k=1}^{n} \frac{1}{k}$, 证明: $\mathrm{e}^\lambda > n+1$.

三、(**15 分**) 若 $f(x) \in C[0,1]$, 在 $(0,1)$ 上二次可微, 并且 $f(0) = f(\frac{1}{4}) = 0, \int_{\frac{1}{4}}^{1} f(y)\,\mathrm{d}y = \frac{3}{4}f(1)$, 证明: 存在 $\xi \in (0,1)$ 使得 $f''(\xi) = 0$.

四、(**10 分**) 求级数 $\sum\limits_{n=1}^{\infty} \frac{n}{(n+1)!}$ 的和.

五、(**15 分**) 证明: $\frac{2n}{3}\sqrt{n} < \sum\limits_{k=1}^{n} \sqrt{k} < (\frac{2n}{3} + \frac{1}{2})\sqrt{n}$.

六、(**15 分**) 计算 $\iiint\limits_{V}(x^3 + y^3 + z^3)\,\mathrm{d}x\,\mathrm{d}y\,\mathrm{d}z$, 其中 V 表示曲面 $x^2 + y^2 + z^2 - 2a(x + y + z) + 2a^2 = 0\,(a > 0)$ 所围成的区域.

七、(**15 分**) 应用 Green 公式计算积分 $\oint_L \frac{\mathrm{e}^x(x\sin y - y\cos y)\,\mathrm{d}x + \mathrm{e}^x(x\cos y + y\sin y)\,\mathrm{d}y}{x^2 + y^2}$, 其中 L 是包围原点的简单光滑闭曲线, 取逆时针方向.

八、(**15 分**) 设 $f(x)$ 定义在 $\mathbb{R}$ 上, 在 $x = 0$ 处连续, 并且对所有的 $x, y \in \mathbb{R}$ 有 $f(x + y) = f(x) + f(y)$, 证明: $f(x) \in C(\mathbb{R})$ 且 $f(x) = f(1)x$.

九、(**15 分**) 证明: $\int_0^1 \frac{\mathrm{d}x}{x^x} = \sum\limits_{n=1}^{\infty} \frac{1}{n^n}$.

十、(**15 分**) 设函数 $f(x) \in C[0,1]$ 且 $f(x) > 0$, 讨论函数 $g(y) = \int_0^1 \frac{yf(x)}{x^2 + y^2}\,\mathrm{d}x$ 在 $\mathbb{R}$ 上的连续性.

参考答案或提示

一、

1. 1.

2. $\frac{1}{6}$.

二、 (1) $f'(x) = \begin{cases} 2x\sin\frac{1}{x} - \cos\frac{1}{x}, & x \neq 0, \\ 0, & x = 0. \end{cases}$ 由于 $\lim\limits_{x\to 0}\sin\frac{1}{x}$ 不存在, 故 $f'(x)$ 在 $x = 0$ 处不连续. (2) 等价于证明: $\sum\limits_{k=1}^{n}\frac{1}{k} > \ln(n+1)$. 由 $\int_k^{k+1}\frac{1}{k}\,\mathrm{d}x > \int_k^{k+1}\frac{1}{x}\,\mathrm{d}x(1 \leqslant k \leqslant n)$ 即得结论.

三、 由积分第一中值定理可知 $f(\eta) = f(1)(\eta \in (\frac{1}{4}, 1))$, 两次运用Rolle定理即得结论.

四、 $\sum\limits_{n=1}^{\infty}(\frac{1}{n!} - \frac{1}{(n+1)!}) = 1$.

五、 用归纳法证明. $n = 1$ 时, 结论显然成立. 假设结论对 n 成立, 要证明 $n+1$ 时结论成立, 只需证明: $\frac{2}{3}(n+1)^{\frac{3}{2}} - \frac{2}{3}n^{\frac{3}{2}} < \sqrt{n+1} < (\frac{2}{3}(n+1)^{\frac{3}{2}} + \frac{1}{2}\sqrt{n+1}) - (\frac{2}{3}n^{\frac{3}{2}} + \frac{1}{2}\sqrt{n})$. 由Lagrange中值定理知 $\frac{2}{3}(n+1)^{\frac{3}{2}} - \frac{2}{3}n^{\frac{3}{2}} = \sqrt{\xi}(\xi \in (n, n+1))$ 即得第一个不等式. 第二个不等式等价于: $\frac{3}{4}(t-1)^2 < (t^{\frac{1}{2}}-1)(t^{\frac{3}{2}}-1)$, 其中 $t = 1 + \frac{1}{n}$. 又只需证明: $\frac{1}{4}(t-1)^2 > t(t^{\frac{1}{4}} - t^{-\frac{1}{4}})^2$, 或者 $(t^{\frac{1}{4}} + t^{-\frac{1}{4}})^2 > 4$, 结论成立.

六、 $\frac{32}{5}\pi a^6$ (利用对称性).

七、 令 $x = \varepsilon\cos\theta, y = \varepsilon\sin\theta$. 由Green公式, 原式 $= \int_0^{2\pi}\mathrm{e}^{\varepsilon\cos\theta}\cos(\varepsilon\sin\theta)\,\mathrm{d}\theta = \mathrm{Re}\int_{|z|=1}\mathrm{e}^{\varepsilon z}\frac{\mathrm{d}z}{\mathrm{i}z} = 2\pi$ (由留数定理).

八、 $f(0) = 0, f(n) = nf(1)(n \in \mathbb{N}_+) \Rightarrow f(n) = nf(1)(n \in \mathbb{Z}) \Rightarrow f(x) = xf(1)(x \in \mathbb{Q}) \Rightarrow f(x) = xf(1)(x \in \mathbb{R})$ (任何无理数是某个有理数列的极限).

九、 $\int_0^1\frac{\mathrm{d}x}{x^x} = \sum\limits_{n=0}^{\infty}\int_0^1\frac{(-x\ln x)^n}{n!}\,\mathrm{d}x = \sum\limits_{n=1}^{\infty}\frac{1}{n^n}$. 注意 $\sum\limits_{n\geqslant k}|\frac{(-x\ln x)^n}{n!}| \leqslant \sum\limits_{n\geqslant k}\frac{M^n}{n!} \to 0$, 其中 $|x\ln x| \leqslant M(x \in [0,1])$.

十、 $g(y)$ 在 $y \neq 0$ 处显然连续. 易知 $g(0^+) = \frac{\pi}{2}f(0), g(0^-) = -\frac{\pi}{2}f(0)$. 而 $g(0) = 0$, 故 $g(y)$ 在 $y = 0$ 处连续当且仅当 $f(0) = 0$.

97   中国科学院大学2011真题

一、(30 分)

1. 求 $\lim\limits_{x\to+\infty}\left(\frac{1}{x}+2^{\frac{1}{x}}\right)^x$.

2. 求 $\lim\limits_{n\to\infty}\int_0^1\ln(1+x^n)\,\mathrm{d}x$.

3. 证明 $\lim\limits_{x\to0}\left(\frac{1-\mathrm{e}^{\frac{1}{x}}}{1+\mathrm{e}^{\frac{2}{x}}}+\frac{x}{|x|}\right)$ 存在, 并求其值.

二、(20 分) 求数列 $\{\sqrt[n]{n}\}$ 中最大的一项.

三、(15 分) 设函数 $f(x)$ 满足 $f''(x)<0(x>0)$, $f(0)=0$, 证明: 对于所有的 $x_1,x_2>0$ 有 $f(x_1+x_2)<f(x_1)+f(x_2)$.

四、(20 分) 设函数 $f(x)$ 在 $[0,+\infty)$ 内有界可微, 试问下列命题中哪个必定成立(要求说明理由), 哪个不成立(可用反例说明):

(1) $\lim\limits_{x\to+\infty}f(x)=0$ 蕴含 $\lim\limits_{x\to+\infty}f'(x)=0$;

(2) $\lim\limits_{x\to+\infty}f'(x)$ 存在蕴含 $\lim\limits_{x\to+\infty}f'(x)=0$.

五、(20 分) 过抛物线 $y=x^2$ 上的一点 (a,a^2) 作切线, 确定 a 使得该切线与另一抛物线 $y=-x^2+4x-1$ 所围成的图形的面积最小, 并求出最小面积值.

六、(15 分) 计算曲线积分 $\oint_C((x+1)^2+(y-2)^2)\,\mathrm{d}s$, 其中 C 表示曲面 $x^2+y^2+z^2=1$ 与 $x+y+z=1$ 的交线.

七、(15 分) 设函数列 $\{f_n(x)\}_{n\geq0}$ 在区间 I 上一致收敛, 而且对每个 $n\geq0$, $f_n(x)$ 在 I 上有界, 证明函数列 $\{f_n(x)\}_{n\geq0}$ 在区间 I 上一致有界.

八、(15 分) 设 $\{a_k\}_{k\geq0},\{b_k\}_{k\geq0},\{c_k\}_{k\geq0}$ 为非负数列, 而且对任意的 $k\geq0$ 有 $a_{k+1}^2\leq(a_k+b_k)^2-\xi_k^2$, 证明: (1) $\sum\limits_{i=1}^k\xi_i^2\leq(a_1+\sum\limits_{i=1}^k b_i)^2$; (2) 若数列 $\{b_k\}$ 还满足 $\sum\limits_{k=0}^\infty b_k^2<+\infty$, 则 $\lim\limits_{k\to\infty}\frac{1}{k}\sum\limits_{i=1}^k\xi_k^2=0$.

参考答案或提示

一、

1. $2\,\mathrm{e}$.

2. $0(\int_0^1 \ln(1+x^n)\,\mathrm{d}x \leqslant \int_0^1 \frac{1}{n}\frac{\ln(1+t)}{t}\,\mathrm{d}t \to 0)$.

3. 0.

二、 设 $f(x)=\frac{\ln x}{x}(x\geqslant 1)$, $f'(x)>0 \Leftrightarrow x<\mathrm{e}$. 故数列中的最大项为 $\sqrt[3]{3}$.

三、 不妨设 $x_1<x_2$. $f(x_1+x_2)-f(x_2)=f'(\xi)x_1(\xi\in(x_2,x_1+x_2))$, $f(x_1)-f(0)=f'(\eta)x_1(\eta\in(0,x_1))$. 由 $f'(x)$ 单调递增得到结论.

四、 (1) 错误. 例如 $f(x)=\begin{cases}\frac{\sin x^2}{x}, & x>0, \\ 0, & x=0.\end{cases}$ (2) 正确. $\lim\limits_{x\to+\infty}\frac{f(2x)-f(x)}{x}=0 \Rightarrow \lim\limits_{x\to+\infty}f'(\xi)=0$.

五、 $S=\frac{8}{3}(a^2-2a+9)\sqrt{2a^2-4a+3}$. $a=$ 时, S 取最小值 $\frac{64}{3}$.

六、 $5\sqrt{2}\pi$(利用对称性).

七、 $|f_n(x)-f_N(x)|<1$ 对所有的 $n>N$ 和 $x\in I$ 成立. 设 $|f_i(x)|\leqslant M(1\leqslant i\leqslant N)$, 则 $|f_n(x)|\leqslant M+1$.

八、 (1) $\sum\limits_{i=1}^k \xi_i^2 \leqslant \sum\limits_{i=1}^k[(a_i+b_i)^2-a_{i+1}^2] \leqslant \sum\limits_{i=1}^k(a_i+b_i)^2-\sum\limits_{i=2}^k a_i^2$. 只需证明: $\sum\limits_{i=1}^k(a_i+b_i)^2-\sum\limits_{i=2}^k a_i^2 \leqslant (a_1+\sum\limits_{i=1}^k b_i)^2$, 或者 $\sum\limits_{i=1}^k a_ib_i \leqslant a_1\sum\limits_{i=1}^k b_i+\sum\limits_{1\leqslant i<j\leqslant k} b_ib_j$. 由 $a_{i+1}\leqslant a_i+b_i$ 可得 $a_i \leqslant a_1+\sum\limits_{j=1}^{i-1} b_j$, 从而结论成立. (2) $\sum\limits_{i=1}^k \xi_i^2 \leqslant \sum\limits_{i=1}^k[(a_i+b_i)^2-a_{i+1}^2]=a_1^2-a_{k+1}^2+\sum\limits_{i=1}^k(2a_ib_i+b_i^2)$. 下面证明: $\lim\limits_{k\to\infty}\frac{a_k^2}{k}=0$, 即 $\lim\limits_{k\to\infty}\frac{a_k}{\sqrt{k}}=0$. 由 $a_{i+1}\leqslant a_i+b_i$, 对任何的 $\varepsilon>0$, $m>n$ 充分大时, $\frac{a_m-a_n}{m} \leqslant \frac{b_n+\cdots+b_{m-1}}{m}<\sqrt{\sum\limits_{i=n}^{m-1} b_i^2}\frac{\sqrt{m-n}}{m}<\frac{\sqrt{m-n}}{m}\varepsilon$(用 Cauchy-Schwarz 不等式), 从而有 $\frac{a_m-a_n}{\sqrt{m}} \leqslant \sqrt{\frac{m-n}{m}}\varepsilon$. 固定 n, 让 $m\to\infty$ 得 $\overline{\lim\limits_{m\to\infty}}\frac{a_m}{m} \leqslant \varepsilon$. 让 $\varepsilon\to 0^+$ 即得 $\lim\limits_{m\to\infty}\frac{a_m}{m}=0$. 再证明: $\lim\limits_{k\to\infty}\frac{\sum\limits_{i=1}^k a_ib_i}{k}=0$. 设 $i>p$ 时, $a_i<\sqrt{i}\varepsilon$, 则 $\sum\limits_{i=p+1}^k a_ib_i<(\sum\limits_{i=p+1}^k \sqrt{i}b_i)\varepsilon \leqslant \varepsilon\sqrt{\sum\limits_{i=p+1}^k i\sum\limits_{i=p+1}^k b_i^2}=O(k\varepsilon)$. 因此结论成立. 由以上两个结果即得 $\lim\limits_{k\to\infty}\frac{\sum\limits_{i=1}^k \xi_i^2}{k}=0$.

98 中国科学院大学2012真题

一、求极限(30 分)

1. $\lim\limits_{n\to\infty} n^3(2\sin\frac{1}{n} - \sin\frac{2}{n})$.

2. $\lim\limits_{n\to\infty}(\sqrt{\cos\frac{1}{x^2}})^{x^4}$.

二、求积分(30 分)

1. $\int_0^{\frac{\pi}{2}} \frac{\mathrm{d}x}{1+\tan^3 x}$.

2. $\iint\limits_S x(1+y)(x^2+y^2)\,\mathrm{d}x\,\mathrm{d}y$, 其中$S$为曲线$y=x^3, y=1, x=-1$所围成的区域, $f(x)$为实值连续函数.

三、(15 分) 求幂级数$\sum\limits_{n=1}^{\infty} \frac{x^n}{1+\frac{1}{2}+\cdots+\frac{1}{n}}$的收敛域.

四、(15 分) 证明: 函数列$s_n(x)=\frac{x}{1+n^2x^2}(n\geqslant 1)$在$\mathbb{R}$上一致收敛, 函数列$t_n(x)=\frac{nx}{1+n^2x^2}(n\geqslant 1)$在$(0,1)$上不一致收敛.

五、(15 分) 设$f(x)\in C[a,b], g(x)\in R[a,b], f(x),g(x)>0$, 证明: $\lim\limits_{n\to\infty}(\int_a^b f^n(x)\cdot g(x)\,\mathrm{d}x)^{\frac{1}{n}} = \max\limits_{a\leqslant x\leqslant b} f(x)$.

六、(15 分) 设$f(x)$在区间$[0,a]$上二阶可导, $|f(x)|\leqslant 1, |f''(x)|\leqslant 1$, 证明: 当$x\in[0,a]$时有$|f'(x)|\leqslant \frac{a}{2}+\frac{2}{a}$.

七、(15 分) 设n为正整数, 证明: 方程$x^n+nx-1=0$有唯一的正实根x_n, 并且当$\alpha>1$时, 级数$\sum\limits_{n=1}^{\infty} x_n^\alpha$收敛.

八、(15 分) 设$\rho(x,y,z)$是原点O到椭球面$\Sigma: \frac{x^2}{2}+\frac{y^2}{2}+z^2=1(z\geqslant 0)$的任一点$(x,y,z)$处的切平面的距离, 求积分$\iint\limits_\Sigma \frac{z}{\rho(x,y,z)}\,\mathrm{d}S$.

参考答案或提示

一、求极限

1. 1.

2. $e^{-\frac{1}{2}}$.

二、求积分

1. $\frac{\pi}{4}(x \to \frac{\pi}{2} - x)$.

2. $-\frac{2}{5}$(利用奇偶性).

三、 $[-1, 1)(\sqrt[n]{1 + \frac{1}{2} + \cdots + \frac{1}{n}} \to 1,$ 用Leibniz判别法知$x = -1$时收敛).

四、 $s_n(x) \to s(x) = 0, |s_n(x) - s(x)| \leqslant \frac{1}{2n}; t_n(x) \to t(x) = 0, t_n(\frac{1}{n}) = \frac{1}{2}$.

五、 略.

六、 $f(0) = f(x) - f'(x)x + f''(\xi_1)\frac{x^2}{2}, f(a) = f(x) + f'(x)(a-x) + f''(\xi_2)\frac{(a-x)^2}{2} \Rightarrow |f'(x)|a \leqslant 2 + \frac{x^2 + (a-x)^2}{2} \leqslant 2 + \frac{a^2}{2} \Rightarrow |f'(x)| \leqslant \frac{2}{a} + \frac{a}{2}$.

七、 设$f_n(x) = x^n + nx - 1$, 则$f_n(0) = -1, f_n(\frac{1}{n}) > 0, f_n'(x) = nx^{n-1} + n > 0(x > 0)$, 故$f_n(x)$有唯一的正根$x_n$, 且$x_n \in (0, \frac{1}{n})$. 由于$x_n^\alpha < \frac{1}{n^\alpha}$, 故结论成立.

八、 $\frac{3}{2}\pi$.

99　中国科学院大学2013真题

一、求极限(25 分)

1. $\lim\limits_{n\to\infty}\sin^2(\pi\sqrt{n^2+n})$.

2. 设$a_1=1, a_{n+1}=1+\frac{1}{a_n}(n\geqslant 1)$, 求$\lim\limits_{n\to\infty}a_n$.

二、(15 分) 设$f(x)$连续, $g(x)=\int_0^x f(x-t)\sin t\,\mathrm{d}t$, 试证: $g''(x)+g(x)=f(x), g(0)=g'(0)=0$.

三、(15 分) 求曲线$y=\mathrm{e}^x$曲率的最大值.

四、求积分(30 分)

1. $\int_{\frac{1}{4}}^{\frac{1}{2}}\mathrm{d}y\int_{\frac{1}{2}}^{\sqrt{y}}\mathrm{e}^{\frac{y}{x}}\,\mathrm{d}x+\int_{\frac{1}{2}}^{1}\mathrm{d}y\int_{y}^{\sqrt{y}}\mathrm{e}^{\frac{y}{x}}\,\mathrm{d}x$.

2. $\iint\limits_{D}|x^2+y^2-1|\,\mathrm{d}x\,\mathrm{d}y$, 其中$D=\{(x,y)|0\leqslant x\leqslant 1, 0\leqslant y\leqslant 1\}$.

五、(15 分) 讨论级数$\sum\limits_{n=1}^{\infty}\frac{n^2}{(x+\frac{1}{n})^n}$的收敛性和一致收敛性(包括内闭一致收敛性).

六、(20 分) (1) 证明: 当$0<x<\frac{\pi}{2}$时, $\frac{2}{\pi}<\frac{\sin x}{x}<1$; (2) 设函数$f(x)$在闭区间$[a,b]$上二次可微, 且$f''(x)<0$, 则$\frac{f(a)+f(b)}{2}\leqslant\frac{1}{b-a}\int_a^b f(t)\,\mathrm{d}t$.

七、(15 分) 求函数$f(x,y)=x^2+y^2+\frac{3}{2}x+1$在集合$G=\{(x,y)\in\mathbb{R}^2|4x^2+y^2-1=0\}$上的最值.

八、(15 分) 设数列$\{a_n\},\{b_n\}$满足$a_{n+1}=b_n-\frac{na_n}{2n+1}$, 证明: (1) 若$\{b_n\}$有界, 则$\{a_n\}$也有界; (2) 若$\{b_n\}$收敛, 则$\{a_n\}$也收敛.

一、求极限

1. $1(\sqrt{n^2+n}-n\frac{1}{2})$.

2. $\{a_{2n-1}\}\uparrow 2,\{a_{2n}\}\downarrow 1\Rightarrow a_n\to\frac{\sqrt{5}+1}{2}$.

二、 $g'(x)=\int_0^x f(x-t)\cos t\,\mathrm{d}t, g''(x)=f(0)\cos x+\int_0^x f'(x-t)\cos t\,\mathrm{d}t=$
$f(0)\cos x-\int_0^x\cos t\,\mathrm{d}f(x-t)=f(x)-\int_0^x f(x-t)\sin t\,\mathrm{d}t=f(x)-g(x)$. 显
然 $g(0)=g'(0)=0$.

三、 $K=\frac{\mathrm{e}^x}{(1+\mathrm{e}^{2x})^{\frac{3}{2}}}, K_{\max}=\frac{2}{3\sqrt{3}}(x=-\frac{\ln 2}{2})$.

四、求积分

1. $\frac{3}{8}\mathrm{e}+\frac{\sqrt{\mathrm{e}}}{2}$(交换积分次序).

2. $\frac{\pi}{4}-\frac{1}{3}$(用极坐标).

五、 收敛域为 $|x|>1$. 非一致收敛(否则 $x=\pm 1$ 时,级数收敛). 由 M 判别法知
级数在收敛域中内闭一致收敛.

六、 (1) 求导可知 $\frac{\sin x}{x}$ 在 $(0,\frac{\pi}{2})$ 上严格单调递减. (2) $f(x)$ 为凹函数, $\frac{1}{b-a}\int_a^b f(t)\,\mathrm{d}t=$
$\int_0^1 f((1-s)f(a)+sf(b))\,\mathrm{d}s\geqslant\int_a^b[(1-s)f(a)+sf(b)]\,\mathrm{d}s=\frac{f(a)+f(b)}{2}$.

七、 转化为求 $g(x)=-\frac{3}{2}x^2+\frac{3}{2}x+2$ 在 $|x|\leqslant\frac{1}{2}$ 上的最值. $f_{\min}=\frac{1}{2}, f_{\max}=\frac{35}{16}$.

八、 (1) 设 $|b_n|\leqslant M$, 则 $|a_{n+1}|-\frac{1}{2}|a_n|\leqslant|b_n|\leqslant M\Rightarrow|a_{n+1}|-|a_1|\leqslant M(1+$
$\frac{1}{2}+\cdots+\frac{1}{2^{n-1}})<2M$. (2) 设 $b_n\to b$, 则 $a_{n+1}+\frac{a_n}{2}\to b$. 设 $c_n=a_n-\frac{2}{3}b$,
则 $c_{n+1}+\frac{1}{2}c_n\to 0$. 对任意的 $\varepsilon>0$, 设 $|c_{n+1}+\frac{1}{2}c_n|<\varepsilon$, 则 $|c_{n+1}|<\frac{1}{2}|c_n|+\varepsilon<\cdots<$
$\frac{1}{2^{n-N}}|c_{N+1}|+(1+\frac{1}{2}+\cdots+\frac{1}{2^{n-N-1}})\varepsilon<3\varepsilon$($n$ 充分大时). 因此 $c_n\to 0\Rightarrow a_n\to\frac{2}{3}b$.

100　中国科学院大学2014真题

一、（ 15 分）求极限 $\lim\limits_{n\to\infty}(\frac{\sin\frac{\pi}{n}}{n+1}+\frac{\sin\frac{2\pi}{n}}{n+\frac{1}{2}}+\cdots+\frac{\sin\pi}{n+\frac{1}{n}})$.

二、（ 15 分）设函数 $f(x)=(1+x)^{\frac{1}{x}}$, 计算 $f^{(i)}(0), i=1,2,3$.

三、（ 15 分）已知函数 $f(x)$ 的反函数是 $\varphi(y)$, 写出用 f', f'', f''' 表示 $\varphi', \varphi'', \varphi'''$ 的表达式.

四、（ 15 分）设函数 $f(x)\in C[0,1]$, 在 $(0,1)$ 上可导, $f(0)=4, f(1)=2$, 证明: 存在 $\xi,\eta\in(0,1)$ 使得 $f(\xi)+f'(\eta)=\xi+\eta$.

五、（ 15 分）设 $a_0>0, a_n=\sqrt{a_{n-1}+6}$, 求极限 $\lim\limits_{n\to\infty}a_n$.

六、（ 15 分）证明: $1\leqslant\iint\limits_{D}(\sin x^2+\cos y^2)\,\mathrm{d}x\,\mathrm{d}y\leqslant\sqrt{2}$, 其中 $D=\{(x,y)|0\leqslant x,y\leqslant 1\}$.

七、（ 15 分）求由 $z=x+y$ 和 $z=x^2+y^2$ 围成的几何体的体积.

八、（ 15 分）讨论函数项级数 $\sum\limits_{n=0}^{\infty}\frac{(x^2+x+1)^n}{n(n+1)}$ 的收敛性与一致收敛性.

九、（ 30 分）(1) 设函数 $u(x)\in C[0,1]$, $u'(x)$ 绝对可积, 证明: $\sup\limits_{x\in[0,1]}|u(x)|\leqslant\int_0^1|u(x)|\,\mathrm{d}x+\int_0^1|u'(x)|\,\mathrm{d}x$; (2) 设二元函数 $u(x,y)$ 在 $D=\{(x,y)|0\leqslant x,y\leqslant 1\}$ 上连续, 且 u_x, u_y, u_{xy} 绝对可积, 证明: $\sup\limits_{(x,y)\in D}|u|\leqslant\iint\limits_{D}|u|\,\mathrm{d}x\,\mathrm{d}y+\iint\limits_{D}(|u_x|+|u_y|)\,\mathrm{d}x\,\mathrm{d}y+\iint\limits_{D}|u_{xy}|\,\mathrm{d}x\,\mathrm{d}y$.

参考答案或提示

一、 $\frac{2}{\pi}$.

二、 $f'(0) = -\frac{e}{2}, f''(0) = \frac{11}{12}e, f'''(0) = -\frac{21}{8}e$(用展开式).

三、 $\varphi' = \frac{1}{f'}, \varphi'' = -\frac{f''}{f'^3}, \varphi''' = \frac{3f''^2 - f'''f'}{f'^5}$.

四、 令$F(x) = f(x) - x$, 则$F(0) = 4, F(1) = 1$. 取$\eta \in (0,1)$使得$f(1) - f(0) = f'(\eta)$, 即$f'(\eta) = -2$, 则$\eta - f'(\eta) \in (2,3)$, 取$\xi \in (0,1)$使得$F(\xi) = \eta - f'(\eta)$即可.

五、 设$f(x) = \sqrt{x+6}(x > 0)$, 则$0 < f'(x) < \frac{1}{2}$. 由压缩映照原理知$\{a_n\}$收敛. 易知$a_n \to 3$.

六、 由对称性, $\iint\limits_D (\sin x^2 + \cos y^2)\,dx\,dy = \iint\limits_D (\sin x^2 + \cos x^2)\,dx\,dy$. 利用$1 \leqslant \sin t + \cos t \leqslant \sqrt{2}(0 \leqslant t \leqslant 1)$可得结论.

七、 $\frac{\pi}{8}$(用极坐标).

八、 收敛域为$-1 \leqslant x \leqslant 0$(用根值法). 由$M$判别法知级数在$[-1, 0]$上一致收敛.

九、 (1) 设$\sup\limits_{x \in [0,1]} |u(x)| = |u(x_0)|(x_0 \in [0,1])$. $\int_0^1 (|u(x_0)| - |u(x)|)\,dx \leqslant \int_0^1 |u(x) - u(x_0)|\,dx \leqslant \int_0^1 (|\int_{x_0}^x |u'(t)|\,dt|)\,dx \leqslant \int_0^1 |u'(t)|\,dt$. (2) 设$\sup\limits_{(x,y) \in D} |u(x,y)| = |u(x_0, y_0)|((x_0, y_0) \in D)$. 仿上可得$|u(x_0, y_0)| - |u(x,y)| \leqslant \int_0^1 |u_x(x,y)|\,dx + \int_0^1 |u_y(x_0, y)|\,dy$. $|u_y(x_0, y)| - |u_y(x,y)| \leqslant \int_0^1 |u_{xy}(x,y)|\,dx$. 作二重积分即得结论.

101　中国科学院大学2015真题

一、(**10 分**) 设 $\lim\limits_{n\to\infty} x_n = +\infty$, 证明: $\lim\limits_{n\to\infty} \frac{x_1+x_2+\cdots+x_n}{n} = +\infty$.

二、(**10 分**) 求极限 $\lim\limits_{(x,y)\to(0,0)} x^2 y^2 \ln(x^2 + y^2)$.

三、(**10 分**) 设 $f(x) = \begin{cases} ax + b, & x < 0, \\ x^2 + 1, & x \geqslant 0, \end{cases}$ 若 $f(x)$ 在 $x = 0$ 处连续可导, 求 a, b 的值.

四、(**15 分**) 设 $f(x) \in C[a, b]$, 在 (a, b) 内可导, $f(a) = f(b) = 0$, 且存在 $c \in (a, b)$ 使得 $f(c) > 0$, 证明: 存在 $\xi \in (a, b)$ 使得 $f''(\xi) < 0$.

五、(**15 分**) 证明: $f(x) = \sum\limits_{n=1}^{\infty} \frac{\ln(1 + n^2 x^2)}{n^2}$ 在 $[0, 1]$ 上连续, 且有连续的导函数.

六、(**15 分**) 已知一个半径为 r 的球, 求与之相切的正圆锥的最小体积.

七、(**15 分**) 设 $f(x)$ 为不超过三次的多项式, 证明: 对任意的 a, b 有 $\int_a^b f(x) \, \mathrm{d}x = \frac{b-a}{6}[f(a) + 4f(\frac{a+b}{2}) + f(b)]$.

八、(**15 分**) 求 $\iint\limits_{D} xy \, \mathrm{d}x \, \mathrm{d}y$, 其中 D 由 $y = x^2, y = \frac{1}{2}x$ 围成 $x > 0$ 的部分.

九、(**15 分**) 已知空间中两点 $A(1, 0, -1), B(0, 1, 1)$, 求线段 AB 绕 z 轴旋转一周与 $z = 1, z = -1$ 所围体积.

十、(**15 分**) 设 $f(x)$ 在 $[0, 1]$ 上单调递减, 证明: 对 $\forall \lambda \in (0, 1)$, 有 $\int_0^\lambda f(x) \, \mathrm{d}x \geqslant \lambda \int_0^1 f(x) \, \mathrm{d}x$.

十一、(**15 分**) 证明: $\frac{\pi}{4}(1 - \frac{1}{e}) < (\int_0^1 \mathrm{e}^{-x^2} \, \mathrm{d}x)^2 < \frac{16}{25}$.

参考答案或提示

一、 略.

二、 0(用极坐标).

三、 $a = 0, b = 1$.

四、 否则$f''(x) \geqslant 0 \Rightarrow f'(x)$单调递增. $f(a) = f(b) = 0 \Rightarrow f'(\eta) = 0$. 故$x > \eta$时, $f'(x) > 0$; $x < \eta$时, $f'(x) < 0$. 因此$f(x)$在$[a, \eta]$上严格单调递减, 在$[\eta, b]$上严格单调递增. 所以$f(x) < 0, x \in (a, b)$. 这就与$f(c) > 0(c \in (a, b))$矛盾.

五、 $\sum\limits_{n=1}^{\infty} \dfrac{\ln(1+n^2)}{n^2}$收敛, $\sum\limits_{n=1}^{\infty} \dfrac{2x}{1+n^2 x^2}$在$(0, 1]$上内闭一致收敛.

六、 $V = \dfrac{1}{3}\pi a^2 h, a = h\tan\theta, h = r + \dfrac{r}{\sin\theta} \Rightarrow V = \dfrac{2\pi}{3}r^3 \dfrac{1+u}{u(1-u)}, u = \tan^2\left(\dfrac{\pi}{4} - \dfrac{\theta}{2}\right)$. $u = \sqrt{2} - 1$时, V取最小值$\dfrac{6+4\sqrt{2}}{3}\pi r^3$.

七、 令$f(x) = c_0 + c_1 x + c_2 x^2 + c_3 x^3$, 直接验证即可.

八、 $\dfrac{1}{3 \cdot 2^9}$.

九、 曲面方程为$x^2 + y^2 = \dfrac{z^2+1}{2}$. $V = \pi \int_{-1}^{1} \dfrac{z^2+1}{2} \,\mathrm{d}z = \dfrac{4}{3}\pi$.

十、 $(1-\lambda)\int_0^{\lambda} f(x) \,\mathrm{d}x \geqslant (1-\lambda)\lambda f(\lambda) \geqslant \lambda\int_{\lambda}^{1} f(x) \,\mathrm{d}x$.

十一、 $\left(\int_0^1 \mathrm{e}^{-x^2} \,\mathrm{d}x\right)^2 = \iint\limits_{0 \leqslant x, y \leqslant 1} \mathrm{e}^{-x^2+y^2} \,\mathrm{d}x\,\mathrm{d}y > \iint\limits_{\substack{x^2+y^2 \leqslant 1 \\ x, y \geqslant 0}} \mathrm{e}^{-x^2+y^2} \,\mathrm{d}x\,\mathrm{d}y = \dfrac{\pi}{4}(1 - \mathrm{e}^{-1})$. $\int_0^1 \mathrm{e}^{-x^2} \,\mathrm{d}x < \int_0^1 \dfrac{1}{1+x^2} \,\mathrm{d}x = \dfrac{\pi}{4} < \dfrac{4}{5}$.

102　中国科学院大学2016真题

一、(**20 分**) 求极限 $\lim\limits_{x\to 0}\left(\frac{e^x + e^{2x} + \cdots + e^{nx}}{n}\right)^{\frac{1}{x}}$.

二、(**20 分**) 求积分 $\int_0^1 \ln(1 + \sqrt{x})\,\mathrm{d}\,x$.

三、(**15 分**) 求二重极限 $\lim\limits_{(x\to +\infty, y\to +\infty)} \frac{x+y}{x^2 - xy + y^2}$.

四、(**11 分**) 设 $f(x)$是$[a,b]$上的连续正函数, 证明: 存在 $\xi \in (a,b)$ 使得 $\int_a^b f(x)\,\mathrm{d}\,x = \int_\xi^b f(x)\,\mathrm{d}\,x = \frac{1}{2}\int_a^b f(x)\,\mathrm{d}\,x$.

五、(**15 分**) 求曲面 $S_1 : \frac{x^2}{a^2} + \frac{y^2}{b^2} + \frac{z^2}{c^2} = 1$ 与 $S_2 : \frac{x^2}{a^2} + \frac{y^2}{b^2} = \frac{z^2}{c^2}(z \geqslant 0)$所围立体的体积.

六、(**12 分**) 设 $f(x) \in C[a,b]$, 且 $f(x)$单调递增, 证明: $\int_a^b tf(t)\,\mathrm{d}\,t \geqslant \frac{a+b}{2}\int_a^b f(t)\,\mathrm{d}\,t$.

七、(**12 分**) 若数列 $\{a_n\}, \{b_n\}$满足以下条件: (a) $a_1 \geqslant a_2 \geqslant \cdots$, 且 $\lim\limits_{n\to\infty} a_n = 0$, (b) 存在正数 M, 使得对任意的正整数 n 有 $\left| \sum\limits_{k=1}^n b_k \right| \leqslant M$, 证明: 级数 $\sum\limits_{n=1}^\infty a_n b_n$收敛.

八、(**15 分**) 设 $a \leqslant a < \frac{b}{2}$, $f(x) \in C[a,b]$, 在 (a,b) 内可导, 且 $f(a) = a, f(b) = b$, (1) 证明: 存在 $\xi \in (a,b)$使得 $f(\xi) = b - \xi$; (2) 若 $a = 0$, 证明: 存在 $\alpha, \beta \in (a,b)$满足 $\alpha \neq \beta$, 使得 $f'(\alpha)f'(\beta) = 1$.

九、(**15 分**) 求椭圆 $x^2 + 4y^2 = 4$上到直线 $2x + 3y = 6$距离最短的点, 并求其最短距离.

十、(**15 分**) 半径为 R的球面 S的球心在单位球面 $x^2 + y^2 + z^2 = 1$上, 求球面 S在单位球内面积的最大值, 并求此时的 R.

参考答案或提示

一、 $e^{\frac{n+1}{2}}$.

二、 $\frac{1}{2}$.

三、 0(利用 $x^2 - xy + y^2 \geqslant |xy|$).

四、 令 $F(t) = \int_a^t f(x)\,\mathrm{d}x - \frac{1}{2}\int_a^b f(x)\,\mathrm{d}x$, 则 $F(a) < 0, F(b) > 0$. 故结论成立.

五、 $\frac{2-\sqrt{2}}{3}\pi abc$(用广义极坐标).

六、 设 $t_0 = \frac{a+b}{2}$. 由 $\int_a^b (t-t_0)(f(t)-f(t_0))\,\mathrm{d}t$ 即得结论.

七、 用Abel变换公式和Cauchy收敛准则.

八、 (1) 设 $F(x) = f(x) + x - b$, 则 $F(a) < 0, F(b) > 0$. (2) $b - \xi = f(\xi) = f'(\alpha)\xi(\alpha \in (0,\xi)), \xi = f(b) - f(\xi) = f'(\beta)(b-\xi)(\beta \in (\xi,b)) \Rightarrow f'(\alpha)f'(\beta) = 1$.

九、 $d = \frac{|2x+3y-6|}{\sqrt{13}}, x^2 + 4y^2 = 4$. $x = \frac{8}{5}, y = \frac{3}{5}$时, $d_{\min} = \frac{1}{\sqrt{13}}$.

十、 $R = \sqrt[3]{4}$时, S取最大值$\frac{8}{3}\pi$.

103　中国科学院大学2017真题

一、(10 分) 求极限 $\lim\limits_{x \to +\infty} x^{\frac{3}{2}}(\sqrt{2+x} - 2\sqrt{1+x} + \sqrt{x})$.

二、(10 分) 设 $a_{n+1}(a_n + 1) = 1, a_0 = 0$, 证明数列 $\{a_n\}$ 收敛, 并求其极限.

三、(15 分) 设 $f(x) \in C^3(\mathbb{R})$, $u(x, y, z) = f(xyz)$, 求 $\phi(t) = u_{xyz}$ 的具体表达式, 其中 $t = xyz$.

四、(15 分) 求 $\int \frac{\mathrm{d}x}{1+x^4}$.

五、(15 分) 设 $f(x) \in C^2[0, 1]$, $|f(x)| \leqslant a$, $|f''(x)| \leqslant b$, 证明: $f'(x) \leqslant 2a + \frac{b}{2}$.

六、(15 分) 设 $f(x)$ 有界且可微, $\lim\limits_{x \to \infty} f'(x)$ 存在, 证明: $\lim\limits_{x \to \infty} f'(x) = 0$.

七、(15 分) 求二重积分 $\iint\limits_{D} |x^2 + y^2 - 1| \,\mathrm{d}x\,\mathrm{d}y$, 其中 $D = \{(x, y) | 0 \leqslant x, y \leqslant 1\}$.

八、(15 分) 设 $a_n = \sum\limits_{k=1}^{n} \ln(k+1)$, 证明: $\sum\limits_{n=1}^{\infty} \frac{1}{a_n}$ 发散.

九、(15 分) 设 n 为正整数, a 为常数, $I_n(a) = \int_0^{\infty} \frac{\mathrm{d}x}{1+nx^a}$, (1) 试讨论 a 对收敛性的影响; (2) 若 a 使积分收敛, 求 $\lim\limits_{n \to \infty} I_n(a)$.

十、(15 分) 证明不等式: $\int_a^b (x^2 + 1) \mathrm{e}^{-x^2} \,\mathrm{d}x \geqslant \mathrm{e}^{-a^2} - \mathrm{e}^{-b^2} (0 < a < b)$.

十一、(10 分) 求 $f(x) = \mathrm{e}^x + \mathrm{e}^{-x} + 2\cos x$ 的极值.

参考答案或提示

一、 $-\frac{1}{4}$.

二、 $\{a_{2n}\} \uparrow 1, \{a_{2n-1}\} \downarrow 0 \Rightarrow a_n \to \frac{\sqrt{5}-1}{2}$.

三、 $f' + 3tf'' + t^2f'''$.

四、 $-\frac{1}{4\sqrt{2}}\ln(x^2 - \sqrt{2}x + 1) + \frac{1}{2\sqrt{2}}\arctan(\sqrt{2}x - 1) + \frac{1}{4\sqrt{2}}\ln(x^2 + \sqrt{2}x + 1) + \frac{1}{2\sqrt{2}}\arctan(\sqrt{2}x + 1) + C$.

五、 $f(0) = f(x) - f'(x)x + f''(\xi)\frac{x^2}{2}, f(1) = f(x) + f'(x)(1-x) + f''(\xi)\frac{(1-x)^2}{2} \Rightarrow$ $|f'(x)| \leqslant 2a + \frac{x^2+(1-x)^2}{2}b \leqslant 2a + \frac{b}{2}$.

六、 $f'(\xi) = \frac{f(2x)-f(x)}{x} \to 0(x \to \infty)$.

七、 见中国科学院大学2013真题第四题.

八、 $a_n = \ln[(n+1)!] \leqslant (n+1)\ln(n+1)$, 而 $\sum\limits_{n=2}^{\infty} \frac{1}{n\ln n}$发散, 故结论成立.

九、 (1) 积分收敛当且仅当$a > 1$. (2) $\int_1^{+\infty} \frac{1}{1+nx^a}\,\mathrm{d}x \leqslant \frac{1}{n}\int_1^{+\infty}\frac{1}{x^a}\,\mathrm{d}x \to 0$, , 任取$\varepsilon \in (0,1)$, n 充分大时, $\int_0^1 \frac{1}{1+nx^a}\,\mathrm{d}x = \int_0^{\varepsilon}\frac{1}{1+nx^a}\,\mathrm{d}x + \int_{\varepsilon}^1\frac{1}{1+nx^a}\,\mathrm{d}x < \varepsilon + \frac{1-\varepsilon}{n\varepsilon^a} < 2\varepsilon$. 因此 $\lim\limits_{n\to\infty} I_n(a) = 0$.

十、 只需证明: $\int_{a^2}^{b^2} \frac{(t+1)\mathrm{e}^{-t}}{2\sqrt{t}}\,\mathrm{d}t \geqslant \int_{a^2}^{b^2} \mathrm{e}^{-t}\,\mathrm{d}t$. 这是显然的.

十一、 $f'(x) = \mathrm{e}^x - \mathrm{e}^{-x} - 2\sin x, f''(x) = \mathrm{e}^x + \mathrm{e}^{-x} - 2\cos x \geqslant 0$, 且$f''(x) = 0 \Leftrightarrow x = 0$. $f(x)$在$x > 0$时严格单调递增, 在$x < 0$时严格单调递减. 因此$x = 0$是唯一的极值点, 且是最小值点, $f_{\min} = 4$.

104　中国科学院大学2018真题

一、(15 分) 求极限 $\lim\limits_{x \to \infty} (\sin \frac{1}{x} + \cos \frac{1}{x})^x$.

二、(15 分) 求极限 $\lim\limits_{x \to 0} (\frac{4 + e^{\frac{1}{x}}}{2 + e^{\frac{4}{x}}} + \frac{\sin x}{|x|})$.

三、(15 分) 判断函数 $f(x, y) = \sqrt{xy}$ 在点 $(0, 0)$ 处的可微性, 要求说明理由.

四、(15 分) 求出常数 a, b, c 使得下式成立: $\lim\limits_{x \to 0} \frac{1}{\tan x - ax} \int_0^x \frac{s^2}{\sqrt{1 - s^2}} \, \mathrm{d}s = c$.

五、(15 分) 求积分 $\int \frac{\mathrm{d}x}{\sin^6 x + \cos^6 x}$.

六、(15 分) 设函数 $f(x) \in C^2[-1, 1]$, $f(0) = 0$, 证明: $|\int_{-1}^1 f(x) \, \mathrm{d}x| \leqslant \frac{M}{3}$, 其中 $M = \max\limits_{x \in [-1, 1]} |f''(x)|$.

七、(15 分) 求曲线 $y = \frac{1}{2}x^2$ 上的点, 使得曲线在该点处的法线被曲线所截得的线段最短.

八、(15 分) 设 $x > 0$, 证明: $\sqrt{1 + x} - \sqrt{x} = \frac{1}{2\sqrt{x + \theta}}$, 其中 $\theta = \theta(x) > 0$, 并且 $\lim\limits_{x \to 0} \theta(x) = \frac{1}{4}$.

九、(15 分) 设 $u_n(x) = \frac{(-1)^n}{(n^2 - n + 1)^x} (n \geqslant 0)$, 讨论函数 $f(x) = \sum\limits_{n=0}^{\infty} u_n(x)$ 的收敛性(包括绝对收敛性).

十、(15 分) 证明: $\frac{1}{5} < \int_0^1 \frac{x e^x}{\sqrt{x^2 - x + 25}} \, \mathrm{d}x < \frac{2\sqrt{11}}{33}$.

一、 e.

二、 $f(0^+) = 2, f(0^-) = 1.$

三、 $f_x(0,0) = f_y(0,0) = 0$, $\lim\limits_{(x,y)\to(0,0)} \dfrac{\sqrt{|xy|}}{\sqrt{x^2+y^2}}$ 不存在(考虑路径$y = kx$).

四、 $b = 0$, 若$a \neq 1$, 则$c = 0$; 若$a = 1$, 则$c = 1$.

五、 原式$\xlongequal{u=\tan x} \int \dfrac{u^2+1}{u^4-u^2+1}\,\mathrm{d}u = \dfrac{1}{2}\int\left(\dfrac{1}{u^2-\sqrt{3}u+1} + \dfrac{1}{u^2+\sqrt{3}u+1}\,\mathrm{d}u\right) = \arctan(2u + \sqrt{3}) + \arctan(2u - \sqrt{3}) + C = \arctan(2\tan x + \sqrt{3}) + \arctan(2\tan x - \sqrt{3}) + C.$

六、 $f(x) = f(0) + f'(0)x + f''(\xi)\dfrac{x^2}{2} \Rightarrow \left|\int_{-1}^1 f(x)\,\mathrm{d}x\right| \leqslant \left|\int_{-1}^1 f'(0)x\,\mathrm{d}x\right| + M\int_{-1}^1 \dfrac{x^2}{2}\,\mathrm{d}x = \dfrac{M}{3}.$

七、 设法线$y = y_0 = -\dfrac{1}{x_0}(x - x_0)(x_0 \neq 0)$与$y = \dfrac{1}{2}x^2$的两个交点的横坐标为$x_1, x_2$, 则$l = \sqrt{1 + \dfrac{1}{x_0^2}}|x_1 - x_2| = \sqrt{1 + \dfrac{1}{x_0^2}}2|x_0 + \dfrac{1}{x_0}|$. $x_0 = \pm\sqrt{2}$时, l取最小值$\dfrac{3}{2}\sqrt{3}$.

八、 $\theta(x) = \dfrac{\sqrt{x(1+x)}-x}{2} + \dfrac{1}{4} \Rightarrow \lim\limits_{x\to 0}\theta(x) = \dfrac{1}{4}.$

九、 $x > \dfrac{1}{2}$时, 级数绝对收敛; $0 < x \leqslant \dfrac{1}{2}$时, 级数条件收敛; $x \leqslant 0$时, 级数发散.

十、 利用$25 > x^2 - x + 25 > \dfrac{99}{4}(0 < x < 1)$即得结论.

105   中国科学院大学2019真题

一、(15 分) 求数列极限 $\lim\limits_{n\to\infty} \tan^n(\frac{\pi}{4} + \frac{2}{n})$.

二、(15 分) 求函数极限 $\lim\limits_{x\to\infty} (\frac{x^n}{(x-1)(x-2)\cdots(x-n)})^{2x}$.

三、(15 分) 已知 $0 \leqslant a \leqslant 1, b \geqslant 2, x_0 = 0, x_{n+1} = x_n - \frac{1}{b}(x_n^2 - a)$. 证明 $\{x_n\}$ 收敛, 并求其极限.

四、(15 分) 求积分: (1) $I_1 = \int_0^{2\pi} \sqrt{1 + \cos x}\, d\,x$; (2) $I_2 = \int_0^{2\pi} \frac{d\,x}{a + \cos x}(a > 1)$.

五、(15 分) 求半径为 r 的球的外切正圆锥体积最小时的高, 并求出最小体积.

六、(15 分) 已知 $f(x) = \frac{1 + 2x + x^2}{1 - x + x^2}$, 求 $f^{(4)}(0)$.

七、(15 分) 设 $0 < x < \frac{\pi}{2}$, 证明: $\cos x < \frac{\sin x}{2x - \sin x}$.

八、(15 分) 求 $\sum\limits_{n=1}^{\infty} \frac{n^2}{3^n}$.

九、(15 分) 求曲面 $z = x^2 + y^2 + 1$ 上任意一点的切平面与抛物线 $z = x^2 + y^2$ 所围立体的体积.

参考答案或提示

一、 e^4.

二、 $e^{n(n+1)}$.

三、 $x_{n+1} = -\frac{1}{b}(x_n - \frac{b}{2})^2 + \frac{b}{4} + \frac{a}{b} \Rightarrow 0 \leqslant x_n \leqslant \frac{b}{2}$, 从而 $0 \leqslant x_n \leqslant \sqrt{a}$. 因此 $\{x_n\}$ 单调递增, $x_n \to \sqrt{a}$.

四、 (1) $I_1 = 4\sqrt{2}$. (2) $I_2 = \frac{2\pi}{\sqrt{a^2-1}}$ (令 $u = \tan\frac{x}{2}$).

五、 设正圆锥的底面直径为 a, 高为 h, 则 $r(2a + \sqrt{(h-r)^2 - r^2}) = ah \Rightarrow a = 2r\sqrt{\frac{h}{h-2r}} \Rightarrow V = \frac{\pi}{3}(\frac{a}{2})^2 h = \frac{\pi}{3}\frac{r^2 h^2}{h-2r}$. $h = 4r$ 时, V 取最小值 $\frac{8}{3}\pi r^3$.

六、 $f(x) = 1 + \sqrt{3}\,\mathrm{i}(\frac{\beta}{x-\beta} - \frac{\alpha}{x-\alpha})$, 其中 $\alpha = e^{\frac{\pi}{3}\mathrm{i}}, \beta = e^{-\frac{\pi}{3}\mathrm{i}}$. $f^{(4)}(0) = 4!\sqrt{3}\,\mathrm{i}(\frac{1}{\alpha^4} - \frac{1}{\beta^4}) = -72$.

七、 只要证明: $\tan x > 2x - \sin x$. 令 $f(x) = \tan x + \sin x - 2x$, 则 $f'(x) = \sec^2 x + \cos x - 2 > \sec^2 x + \cos^2 - 2 > 0$. 故 $f(x)$ 在 $[0, \frac{\pi}{2})$ 中严格单调递增, 从而 $f(x) > f(0) = 0 (0 < x < \frac{\pi}{2})$.

八、 $\sum_{n=1}^{\infty} n^2 t^n = \frac{2t^2}{(1-t)^3} + \frac{t}{(1-t)^2} = \frac{t^2+t}{(1-t)^3} (|t| < 1)$. 令 $t = \frac{1}{3}$, 原式 $= \frac{3}{2}$.

九、 过 (x_0, y_0, z_0) 的切平面为 $z = 2xx_0 + 2yy_0 - z_0 + 2$. $V = \iint\limits_{D} [(2xx_0 + 2yy_0 - z_0 + 2) - (x^2 + y^2)]\,\mathrm{d}x\,\mathrm{d}y = \frac{\pi}{2}$, 其中 $D: (x-x_0)^2 + (y-y_0)^2 \leqslant 1$ (用极坐标).

106 中山大学2009真题

一、计算题（48 分）

1. 求极限 $\lim\limits_{n\to\infty}(x-x^2\ln(1+\frac{1}{x}))$.

2. 设 $\begin{cases} x=\cos(t^2), \\ y=\int_0^t \frac{\sin u}{u}\,\mathrm{d}u, \end{cases}$ 求 $\frac{\mathrm{d}y}{\mathrm{d}x}$.

3. 求 $\int \frac{1-\ln x}{\ln^2 x}\,\mathrm{d}x$.

4. 求 $\int_{-1}^{1}|x-a|\,\mathrm{e}^x\,\mathrm{d}x$, $|a|<1$.

5. 设 $z=uv+\sin t, u=\mathrm{e}^t, v=\cos t$, 求 $\frac{\mathrm{d}z}{\mathrm{d}t}$.

6. 设 $u=\varphi(x+\psi(y))$, 其中 φ,ψ 二阶可微, x,y 为自变量, 求 $\mathrm{d}^2 u$.

7. 求级数 $\sum\limits_{n=1}^{\infty}\cos^n x$ 在收敛域上的和函数.

8. 判别级数 $\sum\limits_{n=1}^{\infty}\frac{1}{n^{1+\frac{1}{n}}}$ 的敛散性.

二、（12 分）
将区间 $[1,2]$ 作 n 等分, 分点为 $1=x_0<x_1<\cdots<x_n=2$, 求 $\lim\limits_{n\to\infty}\sqrt[n]{x_1 x_2\cdots x_n}$.

三、（16 分）
计算 $\int_L \frac{(x+y)\,\mathrm{d}x+(y-x)\,\mathrm{d}y}{x^2+y^2}$, 其中 L 是从点 $A(-1,0)$ 到点 $B(1,0)$ 的一条不通过原点的光滑曲线 $y=f(x),x\in[-1,1]$, 且当 $x\in(-1,1)$ 时, $f(x)>0$.

四、（16 分）
计算 $\iint\limits_{\Sigma} x^2\,\mathrm{d}y\,\mathrm{d}z+y^2\,\mathrm{d}z\,\mathrm{d}x+z^2\,\mathrm{d}x\,\mathrm{d}y$, 其中 Σ 为曲面 $x^2+y^2=z^2$ 介于平面 $z=0$ 和 $z=h(h>0)$ 之间的部分, 取下侧.

五、（16 分）
设 $f(x)\in C[1,+\infty)$, $f''(x)\leqslant 0$, $f(1)=2$, $f'(1)=-3$, 证明: $f(x)=0$ 在 $(1,+\infty)$ 有且仅有一个实根.

六、（16 分）
设函数 $f(x)\in C(\mathbb{R})$, 证明: 对一切满足 $f(2x)=f(x)\mathrm{e}^x$ 的充要条件是 $f(x)=f(0)\mathrm{e}^x$.

七、（16 分）
求椭球面 $\frac{x^2}{a^2}+\frac{y^2}{b^2}+\frac{z^2}{c^2}=1$ 在第一卦限部分的切平面与三个坐标平面围成的四面体的最小体积.

八、（10 分）
讨论 $\sum\limits_{n=1}^{\infty}\frac{\cos(\frac{\pi}{2}\ln n)}{n}$ 的敛散性.

参考答案或提示

一、计算题

1. $\frac{1}{2}$.

2. $-\frac{1}{t^2}$.

3. $-\frac{x}{\ln x} + C$.

4. $-\frac{a+2}{e} + 2e^a - ea$.

5. $e^t(\cos t - \sin t) + \cos t$.

6. $d^2 u = \varphi'' d x^2 + 2\varphi'' \psi' d x d y + (\varphi'' \psi'^2 + \varphi' \psi'') d y^2$.

7. $\frac{\cos x}{1 - \cos x}, x \neq k\pi (k \in \mathbb{Z})$.

8. $\frac{1}{n^{1+\frac{1}{n}}} \sim \frac{1}{n}$, 故级数发散.

二、 $\frac{4}{e}$(转化为定积分).

三、 积分与上半平面的路径无关, 选取 $C : x^2 + y^2 = 1, y \geqslant 0$, 取顺时针方向, 原式 $= \pi$.

四、 $-\frac{\pi}{2} h^4$.

五、 $f''(x) \leqslant 0, f'(1) = -3 \Rightarrow f'(x) < 0 (x \geqslant 1)$. $f(1) = 2, f(x) \leqslant f(1) + f'(1)(x-1) = 5 - 3x \to -\infty (x \to +\infty)$. 因此由零点定理和 $f(x)$严格单调递减知结论成立.

六、 充分性显然. 必要性: $f(x) = f(\frac{x}{2}) e^{\frac{x}{2}} = \cdots = f(\frac{x}{2^n}) e^{\frac{x}{2} + \frac{x}{2^2} + \cdots + \frac{x}{2^n}} \to f(0) e^x$.

七、 $V_{\min} = \frac{\sqrt{3}}{2} abc$.

八、 熟知Riemann ζ-函数 $\zeta(s) = \sum\limits_{n=1}^{\infty} \frac{1}{n^s}$ 有性质: $\zeta(s) - \frac{1}{s-1} (s \neq 1)$是整函数, 因此 $\zeta(1 - i\frac{\pi}{2})$收敛, 从而原级数收敛.

107　中山大学2010真题

一、计算题(48 分)

1. 求极限 $\lim\limits_{n\to\infty}\frac{1}{n}\sqrt[n]{n(n+1)\cdots(2n+1)}$.

2. 求积分 $\int\max(|x|,1)\,\mathrm{d}x$.

3. 设 $f(x)=\int_0^x\frac{\sin t}{\pi-t}\,\mathrm{d}t$, 求定积分 $\int_0^\pi f(x)\,\mathrm{d}x$.

4. 求二元函数极限 $\lim\limits_{(x,y)\to(0,0)}(x^2+y^2)^{x^2y^2}$.

5. 求二重积分 $\int_0^1\mathrm{d}y\int_y^1\mathrm{e}^{x^2}\,\mathrm{d}x$.

6. 计算 $\oint_L\frac{x\,\mathrm{d}y-y\,\mathrm{d}x}{x^2+y^2}$, 其中 L 为一条无重点, 分段光滑且不经过原点的连续封闭曲线, 取逆时针方向.

7. 讨论函数项级数 $\sum\limits_{n=1}^{\infty}\frac{(1-\cos x)\sin nx}{\sqrt{n+x}}$ 在 $[0,2\pi]$ 上的一致收敛性.

8. 计算 $\iint\limits_S(x^2+y^2)\,\mathrm{d}S$, 其中 S 为曲面 $z=\sqrt{x^2+y^2}$ 与平面 $z=1$ 所围立体的表面.

二、(12 分) 从单位圆盘中切去圆心角为 θ 的扇形, 余下部分粘合成一个锥面, 问 θ 多大时, 该柱面加上底面所围成的锥体体积最大?

三、(16 分) 设 $f(z)$ 在 $x=0$ 的某邻域内二阶连续可微, $\lim\limits_{x\to0}\frac{f(x)}{x}=0$, 证明: $\sum\limits_{n=1}^{\infty}f(\frac{1}{n})$ 绝对收敛.

四、(16 分) 设 $f(x,y)=\begin{cases}(x^2+y^2)^p\sin\frac{1}{x^2+y^2}, & x^2+y^2\neq0,\\ 0, & x^2+y^2=0,\end{cases}$ 其中 $p>0$, 分别确定 p 的值, 使得如下结论成立: (1) $f(x,y)$ 在点 $(0,0)$ 处连续; (2) $f_x(0,0)$ 与 $f_y(0,0)$ 都存在; (3) $f_x(x,y)$ 与 $f_y(x,y)$ 在点 $(0,0)$ 处连续.

五、(16 分) 计算曲面积分 $(\frac{x}{a}+\frac{y}{b})^2+(\frac{z}{c})^2=1(x,y,z\geqslant0,a,b,c>0)$ 所围立体的体积.

六、(16 分) 求幂级数 $\sum\limits_{n=1}^{\infty}\frac{n^2+1}{n!2^n}x^n$ 的收敛域与和函数.

七、(16 分) 设 $u=f(r)$, 其中 $r=\sqrt{x^2+y^2+z^2}$, 变换方程 $u_{xx}+u_{yy}+u_{zz}=0$, 使其成为关于 r 的方程.

八、(10 分) 判别级数 $\sqrt{2}+\sqrt{2-\sqrt{2}}+\sqrt{2-\sqrt{2+\sqrt{2}}}+\sqrt{2-\sqrt{2+\sqrt{2+\sqrt{2}}}}+\cdots$ 的收敛性.

参考答案或提示

一、计算题

1. $\frac{4}{e}$.

2. $\int \max\{|x|, 1\} \, dx = \begin{cases} -\frac{1}{2}(x^2 + 1) + C, & x < -1, \\ x + C, & |x| \leqslant 1, \\ \frac{1}{2}(x^2 + 1) + C, & x > 1. \end{cases}$

3. 2(交换二次积分次序).

4. 1.

5. $\frac{1 - e^{-1}}{2}$.

6. L包含原点在内时值为2π, 不包含原点在内时值为0.

7. $\left| \sum_{k=1}^{n} (1 - \cos x) \sin kx \right| = \left| \sum_{k=1}^{n} \left[\sin kx - \frac{1}{2}(\sin(k+1)x + \sin(k-1)x) \right] \right| \leqslant \frac{3}{2}$. 固定$x \in [0, 2\pi]$时, $\{\frac{1}{\sqrt{n+x}}\}$单调递减, 且$\frac{1}{\sqrt{n+x}} \leqslant \frac{1}{\sqrt{n}} \to 0$. 由Dirichlet判别法知级数一致收敛.

8. $\frac{\pi}{2}(\sqrt{2} + 1)$.

二、 $2\pi - \theta = 2\pi r, V = \frac{1}{3}\pi r^2 \sqrt{1 - r^2}$. $\theta = 2\pi(1 - \frac{\sqrt{6}}{3})$时$V$最大.

三、 $f(0) = f'(0) = 0 \Rightarrow f(\frac{1}{n}) = \frac{1}{2n^2} f''(0) + o(\frac{1}{n^2})$.

四、 (1) $p > 0$. (2) $p > \frac{1}{2}$. (3) $p > \frac{3}{2}$.

五、 令$x = ar \cos\varphi \cos^2\theta, y = br \cos\varphi \sin^2\theta, z = cr \sin\varphi, V = \int_0^{\frac{\pi}{2}} d\theta \int_0^{\frac{\pi}{2}} d\varphi \int_0^1 abcr^3 \cos\varphi \sin 2\theta \, dr = \frac{1}{4}abc$.

六、 $e^{\frac{x}{2}}\left(\frac{x^2}{4} + \frac{x}{2} + 1\right) - 1, x \in \mathbb{R}$.

七、 $f'' + \frac{2}{r} f' = 0$. **八、** 令$\sqrt{2} = 2\cos\frac{\pi}{4}$, 原式$= \sum_{n=1}^{\infty} 2\sin\frac{\pi}{2^{n+1}}$, 级数收敛.

108　中山大学2011真题

一、(48 分)

1. 求极限 $\lim\limits_{x \to 0} \frac{\sqrt{1-x^2}-1}{x \tan x}$.

2. 计算积分 $\int_0^{\frac{\pi}{2}} \frac{\sin x \cos x}{1+\sin^4 x} \, dx$.

3. 设 $\sum\limits_{n=1}^{\infty} (-1)^n a_n = A$, $\sum\limits_{n=1}^{\infty} a_{2n-1} = B$, 求级数 $\sum\limits_{n-1}^{\infty} a_n$ 的和.

4. 计算 $\iint\limits_{\Omega} (2x + \frac{4}{3}y + z) \, dS$, 其中 Ω 为平面 $\frac{x}{2} + \frac{y}{3} + \frac{z}{4} = 1$ 在第一卦限的部分.

5. 计算 $\int_L \sqrt{x^2+y^2} \, dx + y(xy + \ln(x + \sqrt{x^2+y^2})) \, dy$, 其中 L 为曲线 $y = \sin x (0 \leqslant x \leqslant \pi)$ 按 x 增大方向.

6. 判断级数 $\sum\limits_{n=1}^{\infty} \frac{(-1)^n}{\sqrt{n}-\ln n}$ 的敛散性(包括绝对收敛, 条件收敛与发散).

7. 设 $x = t^3 - 3t$, $y = t^2 + 2t$, 求二阶导数 $\frac{d^2 y}{dx^2}$.

8. 求数列极限 $\lim\limits_{n \to \infty} \frac{1}{2} \cdot \frac{3}{4} \cdots \frac{2n-1}{2n}$.

二、(12 分) 设 $f(x,y) = \sqrt{|xy|}$, 求偏导数 f_x, f_y, 指出它们的定义域及连续性, 并讨论 $f(x,y)$ 在点 $(0,0)$ 处的可微性.

三、(16 分) 设 $f(x)$ 满足: (1) $-\infty < a \leqslant f(x) \leqslant b < +\infty$; (2) $|f(x) - f(y)| \leqslant L|x-y|$, $0 < L < 1$, $x, y \in [a,b]$. 任取 $x_1 \in [a,b]$, 作数列 $x_{n+1} = \frac{1}{2}(x_n + f(x_n))$, $n = 1, 2, \ldots$, 证明: $\{x_n\}$ 收敛, 其极限 $\xi \in [a,b]$ 且满足 $f(\xi) = \xi$.

四、(16 分) 设正项数列 $\{x_n\}$ 单调递增, $\lim\limits_{n \to \infty} x_n = +\infty$, 证明 $\sum\limits_{n=1}^{\infty} (1 - \frac{x_n}{x_{n+1}})$ 发散.

五、(16 分) 设 P 是 $\angle AOB$ 内一固定点, $\angle AOP = \alpha$, $\angle BOP = \beta$, 线段长度 $\overline{OP} = L$, 过 P 的直线交射线 OA 和 OB 于点 X 和 Y, 求线段长度乘积 $\overline{PX} \cdot \overline{PY}$ 的最小值, 说明取最值时 X, Y 的位置.

六、(16 分) 计算曲面积分 $\iint\limits_{D} 4z \, dy \, dz - 2zy \, dz \, dx + (1-z^2) \, dx \, dy$, 其中 Om 是

曲线 $\begin{cases} z = e^y \\ x = 0 \end{cases}$ $(0 \leqslant y \leqslant a)$ 绕 z 轴旋转一周所成曲面, 取下侧.

七、(16 分) 设 $f_1(x) = f(x) = \frac{x}{\sqrt{1+x^2}}$, $f_{n+1}(x) = f(f_n(x))$, $n = 1, 2, \ldots$, 证明: 函数项级数 $f_1(x) + \sum\limits_{n=1}^{\infty} (f_{n+1}(x) - f_n(x))$ 在 $\mathbb{R}$ 上一致收敛于 0.

八、(10 分) 设 $0 < x < 1$, 求 $\sum\limits_{n=0}^{\infty} \frac{x^{2^n}}{1-x^{2^{n+1}}}$ 的和函数.

参考答案或提示

一、计算题

1. $-\frac{1}{2}$.

2. $\frac{\pi}{8}$.

3. $A + 2B$.

4. $\sqrt{61}$.

5. $\frac{\pi^2}{2} - \frac{4}{9}$ (P, Q在$(0,0)$处不连续, 通过极限过程仍然可以应用Green公式).

6. 由Dirichlet判别法或者Leibiniz判别法知级数收敛, 由$\frac{1}{\sqrt{n-\ln n}} \sim \frac{1}{\sqrt{n}}$知原级数条件收敛.

7. $-\frac{2}{9(t-1)^3(t+1)}$.

8. 令$x_n = \frac{(2n-1)!!}{(2n)!}$, $y_n = \frac{(2n)!!}{(2n+1)!}$, 则$0 < x_n^2 < x_n y_n = \frac{1}{2n+1} \Rightarrow x_n \to 0$.

二、 $f_x(x,y) = \begin{cases} 0, & (x,y) = (0,0), \\ \dfrac{\operatorname{sgn} x \sqrt{|y|}}{2\sqrt{|x|}}, & x \neq 0, \\ \text{不存在}, & x = 0, y \neq 0, \end{cases}$ f_x在定义域内除原点外连续. 同理

可得f_y. $\lim\limits_{(x,y)\to(0,0)} \dfrac{\sqrt{|xy|}}{\sqrt{x^2+y^2}}$不存在(考虑路径$y = kx$).

三、 $|f(x) - f(y)| \leqslant L|x - y| \Rightarrow f(x) \in C[a,b]$. $x_{n+1} - x_n = \frac{1}{2}(x_n - x_{n-1}) + \frac{1}{2}(f(x_n) - f(x_{n-1})) \Rightarrow |x_{n+1} - x_n| \leqslant \frac{L+1}{2}|x_n - x_{n-1}|$, 因为$0 < L < 1$, 由压缩映照原理知$\{x_n\}$收敛. 设$x_n \to \xi$, 则$f(\xi) = \xi$.

四、 固定n, $\sum\limits_{k=n}^{m} \left(1 - \frac{x_k}{x_{k+1}}\right) \geqslant \sum\limits_{k=n}^{m} \frac{x_{k+1}-x_k}{x_{m+1}} = \frac{x_{m+1}-x_n}{x_{m+1}} \to 1$. 因此, 对任何的$n$, 总能找到$m$充分大使得$\sum\limits_{k=n}^{m} \left(1 - \frac{x_k}{x_{k+1}}\right) > \frac{1}{2}$. 故由Cauchy收敛准则知级数发散.

五、 设$\angle OPX = \gamma$, 则$\overline{PX} \cdot \overline{PY} = \frac{L}{\sin(\alpha+\gamma)} \sin\alpha \cdot \frac{L}{\sin(\gamma-\beta)} \sin\beta =: f(\gamma)$. 易知$\alpha - \beta + 2\gamma = \pi$时, 即$\triangle XOY$为等腰三角形时, $f(\gamma)$最小.

六、 略.

七、 $f_n(x) = \frac{x}{\sqrt{1+nx^2}}$. $|f_n(x)| \leqslant \frac{1}{\sqrt{n}} \Rightarrow \{f_n(x)\} \rightrightarrows 0$, 故结论成立.

八、 $\sum\limits_{n=1}^{\infty} \left(\frac{1}{1-x^{2^n}} - \frac{1}{1-x^{2^{n+1}}}\right) = \frac{1}{1-x^2} - 1$, 故原式$= \frac{x}{1-x^2} + \frac{1}{1-x^2} - 1 = \frac{x}{1-x}$.

109 中山大学2012真题

一、计算题(48分)

1. 求极限 $\lim\limits_{x \to 0}(1 + x^2 e^x)^{\frac{1}{1-\cos x}}$.

2. 给定 a_0, a_1, 并设 $a_n = \frac{1}{2}(a_{n-1} + a_{n-2}), n \geq 2$, 求 $\in a_n$.

3. 求 $I_n = \int_0^{n\pi} x|\sin x|\,dx$.

4. 设 $g(x), f(x,y)$ 均二阶可微, $u(x,y) = yg(\cos x) + f(e^x, xy)$, 求 u_x, u_{xy}.

5. 已知二椭圆抛物面 $\Sigma_1: z = x^2 + 2y^2 + 1, \Sigma_2: z = 2(x^2 + 3y^2)$, 计算 Σ_1 被 Σ_2 截下部分的曲面面积.

6. 求曲线积分 $\oint_C \frac{(x+4y)\,dy + (x-y)\,dx}{x^2 + 4y^2}$, 其中 C 为以原点为圆心的单位圆, 取正向.

7. 判断级数 $\sum\limits_{n=1}^{\infty} n!(\frac{-e}{n})^n$ 的敛散性.

8. 设 $a_n > 0, \lim\limits_{n \to \infty} a_n = a > 0$, 讨论级数 $\sum\limits_{n=1}^{\infty}(\frac{a}{a_n})^n$ 的敛散性.

二、(12分) 给出函数 $f(x) = x[x^{-1}]$ 在 $(0, +\infty)$ 上的不连续点, 其中 $[\cdot]$ 表示取整.

三、(16分) 设 $f(x,y) = \begin{cases} \frac{x^\alpha y}{x^2 + y^2}, & (x,y) \neq (0,0), \\ 0, & (x,y) = (0,0), \end{cases}$ $\alpha > 0$, 问 a 取何值时能使 $f(x,y)$ 在点 $(0,0)$ 处可微.

四、(16分) 计算曲线积分 $\oint_L (y+1)\,dx + (z+2)\,dy + (x+3)\,dz$, 其中 L 是球面 $x^2 + y^2 + z^2 = R^2$ 被平面 $x + y + z = 0$ 所截得的圆周, 从 x 轴正向看去是逆时针方向.

五、(16分) 讨论函数项级数 $\sum\limits_{n=1}^{\infty} \frac{x^n}{n \ln n}$ 在 $[0,1]$ 上的一致收敛性.

六、(16分) 设 $f(x) \in C^2[a,b], f(\frac{a+b}{2}) = 0$, 证明: $|\int_a^b f(x)\,dx| \leq \frac{(b-a)^3}{24} \max\limits_{a \leq x \leq b}|f''(x)|$.

七、(16分) 证明不等式: $yx^y(1-x) < e^{-1}$, 其中 $0 < x < 1, y > 0$.

八、(10分) 设 $x > a$ 时 $g(x) > 0$, $f(x)$ 和 $g(x)$ 在任何有限区间 $[a,b]$ 上可积, $\int_a^{+\infty} g(x)\,dx$ 发散, 且 $\lim\limits_{x \to +\infty} \frac{f(x)}{g(x)} = 0$, 证明: $\lim\limits_{x \to +\infty} \frac{\int_a^x f(t)\,dt}{\int_a^x g(t)\,dt} = 0$.

参考答案或提示

一、计算题

1. e^2.

2. $a_n - a_{n-1} = -\frac{1}{2}(a_{n-1} - a_{n-2}) \Rightarrow a_n - a_{n-1} \to 0, a_n + \frac{1}{2}a_{n-1} = a_{n-1} + \frac{1}{2}a_{n-2} \Rightarrow$
$a_n + \frac{1}{2}a_{n-1} = a_1 + \frac{1}{2}a_0 \Rightarrow a_n \to \frac{2}{3}a_1 + \frac{1}{3}a_0$.

3. $n^2\pi$(利用周期性和对称性).

4. $u_x = -(\sin x)yg' + e^x f_1 + yf_2, u_{xy} = -(\sin x)g' + x\,e^x f_{12} + f_2 + xyf_{22}$.

5. $\frac{\pi}{12}(5\sqrt{5} - 1)$.

6. π.

7. 由Stirling公式知$|n!(\frac{-e}{n})^n| \to +\infty$, 故级数发散.

8. 级数可能发散, 例如$a_n = 1$. 级数也可能收敛, 例如$a_n = e^{\frac{1}{\sqrt{n}}}$ ($\sum\limits_{n=1}^{\infty} \frac{1}{e^{\sqrt{n}}}$ 收敛).

二、 $\{1, \frac{1}{2}, \ldots, \frac{1}{n}, \ldots\}$.

三、 $\alpha > 2$.

四、 $-\sqrt{3}\pi R^2$.

五、 非一致收敛, 否则$\sum\limits_{n=1}^{\infty} \frac{1}{n\ln n}$收敛, 矛盾.

六、 设$x_0 = \frac{a+b}{2}$, 则$f(x) = f(x_0) + f'(x_0)(x - x_0) + f''(\xi)\frac{(x-x_0)^2}{2}$, 积分即得结果.

七、 略.

八、 设$x \geqslant G > a$时, $\left|\frac{f(x)}{g(x)}\right| < \varepsilon$. $g(x) > 0, \int_a^{+\infty} g(x)\,\mathrm{d}x$发散$\Rightarrow \int_a^x g(t)\,\mathrm{d}t \to$
$+\infty(x \to +\infty)$. 因此, x充分大时, $\left|\frac{\int_a^x f(t)\,\mathrm{d}t}{\int_a^x g(t)\,\mathrm{d}t}\right| = \left|\frac{\int_a^G f(t)\,\mathrm{d}t + \int_G^x f(t)\,\mathrm{d}t}{\int_a^x g(t)\,\mathrm{d}t}\right| < 2\varepsilon$.

110 中山大学2013真题

一、计算题(24 分)

1. 设 $x_n = \sqrt[n]{(1 + \frac{1^2}{n^2})(1 + \frac{2^2}{n^2})\cdots(1 + \frac{n^2}{n^2})}$, 求 $\lim\limits_{n\to\infty} x_n$.

2. 求极限 $\lim\limits_{n\to\infty} n^2(x^{\frac{1}{n}} - x^{\frac{1}{n+1}})$, 其中 $x > 0$.

3. 求极限 $\lim\limits_{m\to+\infty} \dfrac{(\sum\limits_{i=1}^{d} i^d) - \frac{m^{d+1}}{d+1}}{m^d}$, 其中 $d > 0$.

二、(20 分) (1) 叙述数列 $\{x_n\}$ 收敛的 Cauchy 收敛准则, 并给出证明; (2) 用 Cauchy 收敛准则证明: 数列 $a_n = \sum\limits_{k=2}^{n} \frac{1}{k\ln k}$ 趋于无穷大.

三、(20 分) 证明: (1) $f(x) = \sin\sqrt{x}$ 在 $[0, +\infty)$ 上一致连续; (2) $g(x) = \sin x^2$ 在 $[0, +\infty)$ 上不一致连续.

四、(16 分) 设 $x_1 = -1, x_{n+1} = -1 + \frac{x_n^2}{2}(n = 1, 2, \ldots)$, 证明: $\lim\limits_{n\to\infty} x_n$ 存在.

五、(10 分) 设 $a_n > 0, n = 1, 2, \ldots$, 证明: $\varlimsup n(\frac{1+a_{n+1}}{a_n} - 1) \geqslant 1$.

六、(10 分) 设 $0 < x < 1$, 求 $S(x) = \sum\limits_{k=1}^{\infty} x^k(1-x)^{2k}$ 的极值.

七、(10 分) 计算 $\int_C \frac{(x+y)\,dx - (x-y)\,dy}{x^2+y^2}$, 其中 C 是一条从 $(-1, 0)$ 到 $(1, 0)$ 不经过原点的光滑曲线 $y = f(x), -1 \leqslant x \leqslant 1$.

八、(12 分) 计算 $\iint\limits_{S} yz\,dx\,dy + zx\,dy\,dz + xy\,dz\,dx$, 其中 S 是由 $x^2 + y^2 = 1$, 三个坐标面以及 $z = 2 - x^2 - y^2$ 所围立体在第一卦限的部分, 取外侧.

九、(12 分) 讨论级数 $\sum\limits_{k=1}^{\infty} \frac{\sin kx}{k}$ 在 $[0, 2\pi]$ 上的一致收敛性.

十、(16 分) (1) 分别将函数 $f(x) = \frac{\pi - x}{2}$ 和 $g(x) = \begin{cases} (\pi - 1)x, & 0 \leqslant x \leqslant 1 \\ \pi - x, & 1 < x \leqslant \pi \end{cases}$ 在 $[0, \pi]$ 上按正弦 Fourier 级数展开; (2) 证明: $\sum\limits_{n=1}^{\infty} \frac{\sin n}{n} = \sum\limits_{n=1}^{\infty} (\frac{\sin n}{n})^2$.

参考答案或提示

一、计算题

1. $\ln 2 - 2 + \frac{\pi}{4}$(转化为定积分).

2. $\ln x$(用Taylor公式).

3. $\frac{1}{2}$(转化为定积分或用Stolz公式).

二、 (1) 略. (2) $a_{2n-1} - a_{n-1} = \frac{1}{n\ln n} + \cdots + \frac{1}{(2n-1)\ln(2n-1)} > \int_n^{2n} \frac{1}{x\ln x} \,\mathrm{d}x = \ln 2 (n > 1)$, 因此$\{a_n\}$发散. 由于$\{a_n\}$单调递增, 故$a_n \to +\infty$.

三、 (1) $|f'(x)| \leqslant \frac{1}{2} (x > 1)$. (2) $|g(\sqrt{n\pi}) - g(\sqrt{n\pi + \frac{\pi}{2}})| = 1$.

四、 $-1 \leqslant x_n < 0$, $\{x_{2n-1}\}$单调递增, $\{x_{2n}\}$单调递减. 设$x_{2n-1} \to \alpha, x_{2n} \to \beta$, 则$\alpha = -1 + \frac{\beta^2}{2}, \beta = -1 + \frac{\alpha^2}{2}$, 从而$\alpha = \beta = 1 - \sqrt{3}$. 因此$x_n \to 1 - \sqrt{3}$.

五、 否则, n充分大时, $n(\frac{1+a_{n+1}}{a_n} - 1) < 1$, 从而$\frac{a_n}{n} - \frac{a_{n+1}}{n+1} > \frac{1}{n+1}$, 从而$\sum\limits_{n=1}^{\infty} (\frac{a_n}{n} - \frac{a_{n+1}}{n+1}) \to +\infty$, 即$\{\frac{a_n}{n}\} \to -\infty$, 矛盾.

六、 $S(x) = \frac{x(1-x)^2}{1-x(1-x)^2}$. $x = \frac{1}{3}$为极大值点, $S(\frac{1}{3}) = \frac{4}{23}$.

七、 设$u(x,y) = \begin{cases} \frac{1}{2}\ln(x^2+y^2) - \arctan\frac{y}{x}, & x \neq 0, \\ \frac{1}{2}\ln(x^2+y^2) + \arctan\frac{x}{y} - \frac{\pi}{2}, & y \neq 0. \end{cases}$ 原式$= u(x,y)\big|_{(-1,0)}^{(1,0)} = 0$.

八、 $\frac{7}{24}\pi + \frac{14}{15}$.

九、 设$u_n(x) = \frac{\sin nx}{n}$, 则$u_{n+1}(\frac{\pi}{4n}) + \cdots + u_{2n}(\frac{\pi}{4n}) \geqslant n\frac{\sin\frac{\pi}{4}}{2n} = \frac{1}{2\sqrt{2}}$. 因此, 由Cauchy准则知级数在$[0, 2\pi]$上非一致收敛.

十、 (1) 由收敛定理, $f(x) = \sum\limits_{n=1}^{\infty} \frac{\sin nx}{n}, g(x) = \sum\limits_{n=1}^{\infty} \frac{2\sin n}{n^2}\sin nx, x \in [0, \pi]$. (2) 由(1)可知$\sum\limits_{n=1}^{\infty} \frac{\sin n}{n} = \frac{\pi-1}{2}, \sum\limits_{n=1}^{\infty} (\frac{\sin n}{n})^2 = \frac{\pi-1}{2}$, 故结论成立.

111 中山大学2014真题

一、计算题（30 分）

1. $\int \frac{1}{x} \sqrt{\frac{x+2}{x-2}} \, \mathrm{d}x$.

2. $\int_\Gamma xy \, \mathrm{d}s$, 其中 Γ 为 $x^2 + y^2 + z^2 = a^2$ 与 $x + y + z = 0$ 的交线.

3. $\lim_{n \to \infty} (\int_0^\pi x^{2013} \sin^n x \, \mathrm{d}x)^{\frac{1}{n}}$.

二、（10 分）
设 $f(x) \in C(\mathbb{R})$, $\int_{-\infty}^{+\infty} f(x) \, \mathrm{d}x$ 收敛, 对任意的 $a, b, c \in \mathbb{R}$ 都有 $\int_a^{a+c} f(x) \, \mathrm{d}x = \int_b^{b+c} f(x) \, \mathrm{d}x$, 证明: $f(x) \equiv 0$.

三、（15 分）表格填空:

$\sum\limits_{n=1}^{\infty} a^n n^b (\ln n)^c$	绝对收敛	条件收敛	发散
参数 a, b, c 的取值范围			

四、（10 分）
求方程组 $\begin{cases} u + v = x + y \\ \frac{\sin u}{\sin v} = \frac{x}{y} \end{cases}$ 所确定的隐函数 $\begin{cases} u = u(x, y) \\ v = v(x, y) \end{cases}$ 的微分 $\mathrm{d}u, \mathrm{d}v$.

五、（10 分）
讨论反常积分 $\int_0^{+\infty} \sin x^2 \, \mathrm{d}x$ 与 $\int_0^{+\infty} \int_0^{+\infty} \sin(x^2 + y^2) \, \mathrm{d}x \, \mathrm{d}y$ 的敛散性, 其中 $\int_0^{+\infty} \int_0^{+\infty} \sin(x^2 + y^2) \, \mathrm{d}x \, \mathrm{d}y = \lim\limits_{r \to +\infty} \iint\limits_{x^2+y^2 \leqslant r^2, x, y \geqslant 0} \sin(x^2 + y^2) \, \mathrm{d}x \, \mathrm{d}y$.

六、（15 分）
讨论函数 $f(x, y) = \begin{cases} x^{\frac{4}{3}} \sin \frac{y}{x}, & x \neq 0 \\ 0, & x = 0 \end{cases}$ 的可微性.

七、（15 分）
讨论积分 $f(x) = \int_0^{+\infty} e^{-x(x+\frac{1}{t})} \, \mathrm{d}t$ 的收敛域及 $f(x)$ 的连续性.

八、（10 分）
半径为 r 的球的中心在单位球 $x^2 + y^2 + z^2 = 1$ 的表面上, 问 r 取何值时, 该球位于单位球内部的表面积最大?

九、（15 分）
设 $a > 0$, 求 $y^2 = \frac{x^3}{2a-x}$ 与 $x = 2a$ 所围成的平面图形的面积.

十、（15 分）
讨论 $f(x) = x \sin x$ 在 $[1, +\infty)$ 上是否一致连续, 要求说明理由.

十一、（15 分）
设 $f(x) = \int_x^{x^2} (1 + \frac{1}{2t})^t (e^{\frac{1}{\sqrt{t}}} - 1) \, \mathrm{d}t \ (x > 0)$, 求 $\lim\limits_{n \to \infty} f(n) \sin \frac{1}{n}$.

参考答案或提示

一、计算题

1. $-2\arctan\sqrt{\frac{x+2}{x-2}} + \ln\frac{\sqrt{\frac{x+2}{x-2}}+1}{\sqrt{\frac{x+2}{x-2}}-1} + C$.

2. $-\frac{\pi}{3}a^3$(利用对称性).

3. 利用对称性和第一积分中值定理, $(\int_0^\pi x^{2013}\sin^n x\,\mathrm{d}x)^{\frac{1}{n}} = [(\xi^{2013} + (\pi - \xi)^{2013})\int_0^{\frac{\pi}{2}}\sin^n x\,\mathrm{d}x]^{\frac{1}{n}}(\xi \in (0,\frac{\pi}{2}))$. 由夹逼准则易知$[\xi^{2013} + (\pi - \xi)^{2013}]^{\frac{1}{n}} \to 1$. 因为对任何的$\varepsilon \in (0,\frac{\pi}{2})$有$\varepsilon\cos^n\varepsilon \leqslant \int_{\frac{\pi}{2}-\varepsilon}^{\frac{\pi}{2}}\sin^n x\,\mathrm{d}x \leqslant \int_0^{\frac{\pi}{2}}\sin^n x\,\mathrm{d}x \leqslant 1$, 从而$\cos\varepsilon \leqslant \varliminf_{n\to\infty}(\int_0^\pi x^{2013}\sin^n x\,\mathrm{d}x)^{\frac{1}{n}} \leqslant \varlimsup_{n\to\infty}(\int_0^\pi x^{2013}\sin^n x\,\mathrm{d}x)^{\frac{1}{n}} \leqslant 1$. 再让$\varepsilon \to 0^+$即得原式$= 1$. 或者利用一般的结果得原式$= \max_{x\in[0,\pi]}\sin x = 1$.

二、
$\int_a^{a+c}f(x)\,\mathrm{d}x = \int_b^{b+c}f(x)\,\mathrm{d}x \Rightarrow \int_a^b f(x)\,\mathrm{d}x = \int_a^b f(x+c)\,\mathrm{d}x$. 先固定$a,c$, 对$b$求导得$f(b) = f(b+c)$. 由$b,c$的任意性知$f(x)$为常数. 再由$\int_{-\infty}^{+\infty}f(x)\,\mathrm{d}x$收敛可知$f(x) \equiv 0$.

三、
绝对收敛: $|a| < 1$, 或$|a| = 1, b < -1$, 或$|a| = 1, b = -1, c < -1$; 条件收敛: $a = -1, -1 < b < 0$, 或$a = -1, b = -1, c \geqslant -1$; 发散: $|a| > 1$, 或$a = 1, b > 0$, 或$a = 1, b = 0, c \geqslant 0$, 或$a = -1, b < -1$.

四、
$\mathrm{d}u = \frac{x\cos v + \sin v}{y\cos u + x\cos v}\mathrm{d}x + \frac{x\cos v - \sin u}{y\cos u + x\cos v}\mathrm{d}y$, $\mathrm{d}v = \frac{y\cos u - \sin v}{y\cos u + x\cos v}\mathrm{d}x + \frac{\sin u + y\cos u}{y\cos u + x\cos v}\mathrm{d}y$.

五、
(1) $\int_0^{+\infty}\sin x^2\,\mathrm{d}x = \int_0^{+\infty}\frac{\sin t}{2\sqrt{t}}\,\mathrm{d}t$, 由Dirichlet判别法知积分收敛. 由$|\sin t| \geqslant \sin^2 t = \frac{1-\cos 2t}{2}$可知积分条件收敛. $\int_0^{+\infty}\int_0^{+\infty}\sin(x^2 + y^2)\,\mathrm{d}x\,\mathrm{d}y = \lim_{r\to+\infty}\pi(1 - \cos r^2)$不存在, 故积分发散.

六、
$x_0 \neq 0$时, f在(x_0, y_0)处连续可微. $x_0 = 0$时, $f_x(x_0, y_0) = f_y(x_0, y_0) = 0$, $\lim_{(x,y)\to(x_0,y_0)}\frac{f(x,y)}{\sqrt{(x-x_0)^2+(y-y_0)^2}} = 0$(分$x = 0$与$x \neq 0$两种情形讨论). 因此$f(x,y)$在$\mathbb{R}^2$上可微.

七、
定义域为$x > 0$. 由M判别法知积分在$(0,+\infty)$上内闭一致收敛, 故连续(注意$t = 0$不是瑕点).

八、
$2\int_0^{2a}\frac{x^{\frac{3}{2}}}{\sqrt{2a-x}}\,\mathrm{d}x = 3a^2\pi$.

九、
不妨设球心为$(0,0,1)$, 则$S = 2\pi r^2(1 - \frac{r}{2})$. $r = \frac{4}{3}$时S取最大值.

十、
$f(x + \frac{1}{n}) - f(x) = 2x\sin\frac{1}{2n}\cos(x + \frac{1}{2n}) + \frac{1}{n}\sin(x + \frac{1}{n})$. 令$x = 2n^2\pi$可知$f(x + \frac{1}{n}) - f(x) \to +\infty$. 故$f(x)$在$[1,+\infty)$上非一致连续.

十一、
易知$f'(x) \to 2\sqrt{e}$, 故原式$= 2\sqrt{e}$.

112　中山大学2015真题

一、计算题(60 分)

1. 求极限 $\lim\limits_{x \to 0}\left(\dfrac{\sin x}{x}\right)^{\frac{1}{1-\cos x}}$.

2. 设 $y = \mathrm{e}^x \, x^{\sin x}$, 求 $\dfrac{\mathrm{d}y}{\mathrm{d}x}$.

3. 设 $f(x,y,z) = xy^2z^3$, $z = z(x,y)$ 是由方程 $x^2 + y^2 + z^2 - 3xyz = 0$ 所确定的隐函数, 求 $f_x(1,1,1)$.

4. 求 $u = x - 2y + 2z$ 在条件 $x^2 + y^2 + z^2 = 1$ 下的极值.

二、(15 分) 将函数 $f(x) = \dfrac{1}{x^2 + 4x + 3}$ 展开为 $x - 1$ 的幂级数.

三、(15 分) 求抛物面 $z = x^2 + y^2$ 与抛物柱面 $y = x^2$ 的交线上的点 $P(1,1,2)$ 处的切线方程和平面方程.

四、(15 分) 计算三重积分 $\iiint\limits_{\Omega}(x+y+z)\,\mathrm{d}x\,\mathrm{d}y\,\mathrm{d}z$, 其中 Ω 是由平面 $x+y+z = 1$ 与三个坐标面围成的区域.

五、(20 分) 设 $0 \leqslant x \leqslant a$ 时, 直线 $y = ax(0 < a < 1)$ 与抛物线 $y = x^2$ 所围图形的面积为 S_1; $a \leqslant x \leqslant 1$ 时, 直线 $y = ax(0 < a < 1)$, 抛物线 $y = x^2$ 与直线 $x = 1$ 所围图形的面积为 S_2, (1) 确定 a 的值使得 $S = S_1 + S_2$ 的值最小, 并求出最小值; (2) 求当 S 最小时, 该图形绕 x 轴旋转一周所得到的旋转体的体积.

六、(25 分) 设 $f(x) \in C^1(\mathbb{R})$, L 是上半平面 $y > 0$ 内的有向光滑曲线, 其起点为 $(1,4)$, 终点为 $(2,2)$, 记 $I = \int_L \dfrac{1}{y}[1 + y^2 f(xy)]\,\mathrm{d}x + \dfrac{x}{y^2}[y^2 f(xy) - 1]\,\mathrm{d}y$, (1) 证明曲线积分 I 与路径无关; (2) 求 I 的值.

参考答案或提示

一、计算题

1. $e^{-\frac{1}{3}}$.

2. $e^{\sin x} x^{\sin x}(1 + \cos x \ln x + \frac{\sin x}{x})$.

3. $z_x(1,1,1) = \frac{1}{3}, f_x(1,1,1) = 2$.

4. $P_1(\frac{1}{3}, -\frac{2}{3}, \frac{2}{3})$为极大值点, $f(P_1) = 3$; $P_2(-\frac{1}{3}, \frac{2}{3}, -\frac{2}{3})$为极小值点, $f(P_2) = -3$.

二、
$f(x) = \sum\limits_{n=0}^{\infty} \frac{(-1)^n(2^{n+1}-1)}{2^{2n+3}}(x-1)^n, |x-1| < 2$.

三、
切线: $\frac{x-1}{1} = \frac{y-1}{2} = \frac{z-2}{6}$. 切平面: $x - 1 + 2(y-1) + 6(z-1) = 0$.

四、
$\frac{1}{8}$.

五、
(1) $S = \frac{a^3}{3} - \frac{a}{2} + \frac{1}{3}$, $a = \frac{1}{\sqrt{2}}$时, S取最小值$\frac{1}{3}(1 - \frac{1}{\sqrt{2}})$. (2) $V = \frac{1+\sqrt{2}}{30}$.

六、
(1) $Q_x = P_y = f + xyf' - \frac{1}{y^2}$. (2) $I = \frac{x}{y} + \int_1^{xy} f(u) \,\mathrm{d}u \big|_{(1,4)}^{(2,2)} = \frac{3}{4}$.

113 中山大学2016真题

一、计算题（56 分）

1. 求极值 $\lim\limits_{x \to 0}\left(\dfrac{1}{x} - \dfrac{1}{\sin x}\right)\dfrac{1}{\sin x}$.

2. 求极限 $\lim\limits_{n \to \infty}(n!)^{\frac{1}{n^2}}$.

3. 设 $y = x^2\cos 3x$, 求 $y^{(50)}(x)$.

4. 求曲线 $y = \ln(1 - x^2), 0 \leqslant x \leqslant \frac{1}{2}$ 的弧长.

5. 计算积分 $\int_0^2 \mathrm{d}x \int_x^2 \mathrm{e}^{-y^2}\,\mathrm{d}y$.

6. 求幂级数 $\sum\limits_{n=0}^{\infty}\dfrac{n^2 - 1}{2^n}x^n$ 的收敛区间与和函数.

7. 设 $f(r)$ 是 $[0,1]$ 上单调递减的连续函数, $F(t) = \dfrac{3}{4\pi t^3}\iiint\limits_{x^2 + y^2 + z^2 \leqslant t^2} f\left(\sqrt{x^2 + y^2 + z^2}\right)\mathrm{d}x\,\mathrm{d}y\,\mathrm{d}z, t \in (0,1]$, 求 $F(t)$ 在 $(0,1]$ 中的最小值.

二、（10 分）

证明: (1) 级数 $\sum\limits_{n=1}^{\infty}\dfrac{(-1)^n x^2}{(1+x^2)^n}$ 在 $[-1,1]$ 上一致收敛; (2) 级数 $\sum\limits_{n=1}^{\infty}\dfrac{x^2}{(1+x^2)^n}$ 在 $[-1,1]$ 上不一致收敛.

三、（10 分）

设 $f(x)$ 在 $[0,1]$ 上二阶可导且 $f''(x) \leqslant 0$, 证明: $\int_0^1 f(x)\,\mathrm{d}x \leqslant f\left(\frac{1}{2}\right)$.

四、（10 分）

函数 $f(x) = x^{\frac{1}{2}}\sin x$ 在 $[0, +\infty)$ 上是否一致连续? 请说明理由.

五、（10 分）

设函数 $f(x) \in C^1[0,1]$, 证明: $\lim\limits_{n \to \infty} n\int_0^1 x^n f(x)\,\mathrm{d}x = f(1)$.

六、（10 分）

设 ∂D 是两条直线 $y = x, y = 4x$ 和两条双曲线 $xy = 1, xy = 4$ 所围成的区域 D 的边界, $F(u) \in C^1(\mathbb{R})$, 证明: $\oint_{\partial D}\dfrac{F(xy)}{y}\,\mathrm{d}y = \ln 2\int_1^4 F'(u)\,\mathrm{d}u$.

七、（10 分）

函数 $f(x,y) = \begin{cases}\left(1 - \cos\dfrac{x^2}{y}\right)\sqrt{x^2 + y^2}, & y \neq 0 \\ 0, & y = 0\end{cases}$ 在 $(0,0)$ 处可微吗? 证明你的结论.

八、（10 分）

设 $x_0 = 1, x_{n+1} = \dfrac{3 + 2x_n}{3 + x_n}, n \geqslant 0$, 证明数列 $\{x_n\}$ 收敛, 并求其极限.

九、（10 分）

计算第一类曲线积分 $\iint\limits_{\Sigma} z\,\mathrm{d}S$, 其中 Σ 是球面 $x^2 + y^2 + z^2 = 4$ 被平面 $z = 1$ 截出的顶部.

十、（8 分）

设点 A 位于半径为 a 的圆内, 它到圆心的距离为 b, 试计算从 A 向圆的所有切线作垂线, 其垂足的轨迹所包围的面积.

十一、（6 分）

若数列 $\{x_n\}$ 存在子列 $\{x_{n_k}\}$ 使得 $\lim\limits_{k \to \infty} x_{n_k} = a$, 则称 a 为数列 $\{x_n\}$ 的

极限点. 设数列 $\{x_n\}$ 有界, $\lim\limits_{n\to\infty}(x_{n+1} - x_n) = 0$, 证明: 当 $\{x_n\}$ 不收敛时, 其极限点集为有界闭区间.

参考答案或提示

一、计算题

1. $-\frac{1}{6}$.

2. 1(用Stirling公式).

3. $-3^{50}\cos 3x - 2C_{50}^1 3^{49} x\sin 3x + 2C_{50}^2 3^{48}\cos 3x$(用Leibniz公式).

4. $\ln 3 - \frac{1}{2}$.

5. $\frac{1}{2}(1 - e^{-4})$.

6. $\frac{4(3x-2)}{(2-x)^3}, |x| < 2$.

7. $F(t) = \frac{3}{t^3}\int_0^t f(r)r^2\,\mathrm{d}r \Rightarrow F'(t) \leqslant 0 \Rightarrow F_{\min} = 3\int_0^1 f(r)r^2\,\mathrm{d}r$.

二、 (1) 由Dirichlet判别法知级数 $\sum\limits_{n=1}^{\infty}(-1)^n \cdot \frac{x^2}{(1+x^2)^n}$ 在$[-1,1]$上一致收敛. (2)
$S_n(x) = 1 - \frac{1}{(1+x^2)^n} \to \begin{cases} 1, & x \neq 0, \\ 0, & x = 0. \end{cases}$ 由于极限函数不连续, 故级数在$[-1,1]$上非一致收敛.

三、 $f''(x) \leqslant 0 \Rightarrow f(x)$ 为凹函数 $\Rightarrow \int_0^1 f(x)\,\mathrm{d}x \leqslant f(\int_0^1 x\,\mathrm{d}x) = f(\frac{1}{2})$.

四、 $f(x + \frac{1}{n}) - f(x) = (x + \frac{1}{n})^{\frac{1}{8}} 2\sin\frac{1}{n}\cos(x + \frac{1}{2n}) + [(x + \frac{1}{n})^{\frac{1}{8}} - x^{\frac{1}{8}}]\sin x$.
令$x = 2n^9\pi$可知$f(x + \frac{1}{n}) - f(x) \to +\infty$. 因此$f(x)$在$[0, +\infty)$上非一致连续.

五、 只要证明: $n\int_0^1 x^n(f(x) - f(1))\,\mathrm{d}x \to 0$(利用$\int_0^1 = \int_0^{1-\delta} + \int_{1-\delta}^1, \delta > 0$充分小).

六、 由Green公式知$\oint_{\partial D}\frac{F(xy)}{y}\,\mathrm{d}y = \iint\limits_D f(xy)\,\mathrm{d}x\,\mathrm{d}y = \int_1^4\,\mathrm{d}u\int_1^4 f(u)\frac{1}{2v}\,\mathrm{d}v$(令$u = xy, v = \frac{y}{x}$).

七、 $f_x(0,0) = f_y(0,0) = 0$, $\lim\limits_{(x,y)\to(0,0)}\frac{f(x,y)}{\sqrt{x^2+y^2}}$ 不存在(考虑路径$y = x^3$), 故$f(x,y)$在点$(0,0)$处不可微.

八、 $x_n \geqslant 1$. 令$f(x) = \frac{3+2x}{3+x}(x \geqslant 1)$, 则$|f'(x)| \leqslant \frac{3}{16}$. 由压缩映照原理知$\{x_n\}$收敛. $x_n \to \frac{-1+\sqrt{13}}{2}$.

九、 6π.

十、 垂足的轨迹方程为: $[(y-y_0)(y-t) + (x-x_0)(x-s)]^2 = a^2[(y-t)^2 + (x-s)^2]$.
令$x = s + r\cos\theta, y = t + r\sin\theta$, 则$r + (t - y_0)\sin\theta + (s - x_0)\cos\theta = a$(注意$|(t - y_0)\sin\theta + (s - x_0)\cos\theta| < a$), 故$S = \pi[a^2 + \frac{(x_0-s)^2+(y_0-t)^2}{2}]$.

十一、 设$A = \varliminf\limits_{n\to\infty} x_n, B = \varlimsup\limits_{n\to\infty} x_n$, 要证明任何的$l \in [A, B]$是极限点, 即$l$的任何去心邻域包含$\{x_n\}$中元. 不妨设$l \in (A, B)$. 反设存在$U^{\circ}(l, \delta)$不包含$\{x_n\}$中元($\delta > 0$充分小). 设$|x_n - x_{n-1}| < \delta(n > N)$, 则除了有限项之外, $\{x_n\}$中的所有元都在$[A, l - \delta]$中或都在$[l + \delta, B]$中, 这就与A, B分别为下, 上极限矛盾.

114 中山大学2017真题

一、计算题(54 分)

1. $\lim\limits_{x \to +\infty}(\cos\frac{1}{x})^{x^2}$.

2. $\lim\limits_{n \to \infty}\sum\limits_{k=1}^{n}\frac{1}{n}\sin\frac{k\pi}{n}$.

3. $\iint\limits_{x^2+y^2\leqslant 1}e^{-(x^2+y^2)}\,dx\,dy$.

4. $\int_0^3 dy\int_{\frac{y}{2}}^{1}x^3\cos(x^5)\,dx$.

5. $\oint_C y\,dx + z\,dy + x\,dz$, 其中$C$为球面$x^2+y^2+z^2=a^2$和平面$x+y+z=0$的交线, 从$x$轴正向看为逆时针方向.

6. 求级数$\sum\limits_{n=1}^{\infty}\frac{(2n-1)^2}{n!}x^{2n-1}$的和函数.

二、(10 分) 判断下列级数在$(0,+\infty)$上的一致连续性, 并说明理由: (1) $f(x) = \sqrt{x}\ln x$; (2) $g(x) = x\ln x$.

三、(10 分) 设$\{u_n\}$为单调递增的正数列, 证明: 级数$\sum\limits_{n=1}^{\infty}(1-\frac{u_n}{u_{n+1}})$收敛当且仅当$\{u_n\}$有界.

四、(10 分) 证明: 方程$e^x = ax^2 + bx = c$的根不超过三个.

五、(10 分) 设$f(x) \in C[a,b]$, 在(a,b)上存在右导数, 且$f(a) = f(b)$, 证明: 存在$\xi \in (a,b)$, 使得$f_+'(\xi) \leqslant 0$.

六、(10 分) 判断反常积分$\int_0^{+\infty}\frac{\ln(1+x)}{x^p}\,dx$ 的收敛性, 要求说明理由.

七、(10 分) 讨论函数项级数$\sum\limits_{n=1}^{\infty}\frac{x^2}{(1+x^2)^n}$在$\mathbb{R}$上的一致收敛性.

八、(10 分) 把函数$f(x) = (\pi - x)^2$在$(0,\pi)$上展开成余弦级数, 并求级数$\sum\limits_{n=1}^{\infty}\frac{1}{n^2}$的和.

九、(10 分) 计算$\iint\limits_{S}(z^2+x)\,dy\,dz-z\,dx\,dy$, 其中$S$为曲面$z = \frac{x^2+y^2}{2}, 0 \leqslant z \leqslant 2$的下侧.

十、(10 分) 设$f(x) > 0, x \in [0,1]$, 证明: $\iint\limits_{[0,1]\times[0,1]}\frac{f(x)}{f(y)}\,dx\,dy \geqslant 1$.

十一、(6 分) 设$\{p_n(x)\}$为多项式列, 若级数$p_n(x) + \sum\limits_{n=1}^{\infty}(p_{n+1}(x) - p_n(x))$在$\mathbb{R}$上一致收敛于$f(x)$, 证明: $f(x)$是多项式.

参考答案或提示

一、计算题

1. $e^{-\frac{1}{2}}$.

2. $\frac{2}{\pi}$.

3. $\pi(1 - e^{-1})$.

4. $\frac{2}{5}\sin 1$.

5. $-\sqrt{3}\pi a^2$.

6. $S(0) = 0, S(x) = 4x^3 e^{x^2} + \frac{e^{x^2}-1}{x}(x \neq 0)$.

二、 (1) $f(0^+) = 0 \Rightarrow f(x)$在$[0,1]$上一致连续. $f'(x) \to 0 \Rightarrow f'(x)$ 在$[1,+\infty)$上有界, 故$f(x)$ 在$[1,+\infty)$上一致连续, 从而$f(x) = \sqrt{x}\ln x$在$(0,+\infty)$ 上一致连续.

(2) $f(x+\frac{1}{n})-f(x) = x\ln(1+\frac{1}{xn})+\frac{1}{n}\ln(x+\frac{1}{n})$. 令$x = n^n$, 则$f(x+\frac{1}{n})-f(x) \to +\infty$. 故$f(x) = x\ln x$在$(0,+\infty)$上一致连续.

三、 若$0 < u_n < M$, 则$S_n = \sum_{k=1}^{n}(1 - \frac{u_k}{u_{k+1}}) \leqslant \frac{u_{n+1}-u_1}{u_1} < \frac{M}{u_1}$, 故级数收敛.

若$u_n \to +\infty$, 先固定n, $\sum_{k=n}^{m}(1 - \frac{u_k}{u_{k+1}}) \geqslant \frac{u_{m+1}-u_n}{u_{m+1}} \to 1(m \to \infty)$. 因此, 任给$n$, 当$m$充分大时, $\sum_{k=n}^{m}(1 - \frac{u_k}{u_{k+1}}) > \frac{1}{2}$. 由Cauchy收敛准则知级数发散.

四、 若$f(x) = ax^2 + bx + c - e^x$有四个根, 则$f'''(x) = -e^x$有根, 矛盾.

五、 若$f(x)$在内点x_0处取得最大值, 则$f'_+(x_0) \leqslant 0$. 若$f(x)$的最大值只在区间端点处取得, 则$f(x)$ 在$x_1 \in (a,b)$处取得最小值. 任取$c \in (a,x_1)$, 设$f(x)$在$x_2 \in [c,x_1]$处取得该区间上的最大值, 则$f'_+(x_2) \leqslant 0$.

六、 $\int_0^1 \frac{\ln(1+x)}{x^p}\mathrm{d}x$收敛$\Leftrightarrow p < 2$. $\int_1^{+\infty} \frac{\ln(1+x)}{x^p}\mathrm{d}x$收敛$\Leftrightarrow p > 1$. 因此级数收敛$\Leftrightarrow 1 < p < 2$.

七、 $S_n(x) = 1 - \frac{1}{(1+x^2)^n} \to \begin{cases} 0, & x = 0, \\ 1, & x \neq 0. \end{cases}$ $S(x) \notin C(\mathbb{R})$, 故级数在$\mathbb{R}$上非一致收敛.

八、 由收敛定理, $(x - \pi)^2 = \frac{\pi^2}{3} + \sum_{n=1}^{\infty}\frac{4}{n^2}\cos nx, x \in (0,\pi)$. $x = 0$ 时, 右边的级数收敛于π^2, 故$\sum_{n=1}^{\infty}\frac{1}{n^2} = \frac{\pi^2}{6}$.

九、 8π.

十、 利用对称性和不等式$\frac{f(x)}{f(y)} + \frac{f(y)}{f(x)} \geqslant 2$得到结论.

十一、 $S_n(x) = -p_n(x)$. 由一致收敛可知$|p_n(x) - p_N(x)| \leqslant 1$对所有的$n > N$和所有的$x \in \mathbb{R}$成立, 则$p_n(x) - p_N(x)$为常值$c_n$. 设$c_n \to c_0$, 则$f(x) = p_N(x) + c_0$.

115 中山大学2018真题

一、计算题(54 分)

1. 求极限$\lim\limits_{x \to 0}(1 + \tan x)^{\frac{2018}{x}}$.

2. 设函数$y = f(x)$在点x处二阶可导, 且$f'(x) \neq 0$, 若$y = f(x)$存在反函数$x = f^{-1}(y)$, 试求$(f^{-1})''(y)$.

3. 求极限$\ln(\frac{1}{n} + \frac{1}{n+1} + \cdots + \frac{1}{2n})$.

4. 设$f(x, y, z) = xy^2 z^3$, 其中$z = z(x, y)$由方程$x^2 + y^2 + z^2 = 3xyz$所确定, 求$f_x(1, 1, 1)$.

5. 计算二重积分$\iint\limits_{\sqrt{x}+\sqrt{y} \leqslant 1} (\sqrt{x} + \sqrt{y}) \,\mathrm{d} x \,\mathrm{d} y$.

6. 计算曲线积分$\oint_L x^2 yz \,\mathrm{d} x + (x^2 + y^2) \,\mathrm{d} y + (x + y + 1) \,\mathrm{d} z$, 其中$L$为曲面$x^2 + y^2 + z^2 = 5$与$z = 1 + x^2 + y^2$的交线, 从$z$轴正向看为顺时针方向.

二、(10 分) 讨论级数$\sum\limits_{n=2}^{\infty} \frac{(-1)^n}{\sqrt{n}+(-1)^n}$的敛散性.

三、(10 分) 讨论函数$f(x, y, z) = xyz$在约束条件$x^2 + y^2 + z^2 = 1$和$x + y + z = 0$下的最值.

四、(10 分) 证明: $\sum\limits_{n=1}^{\infty} \frac{1}{n^2+1} < \frac{1}{2} + \frac{\pi}{4}$.

五、(10 分) 设函数$f(x) \in C(\mathbb{R})$, $\lim\limits_{x \to -\infty} f(x)$和$\lim\limits_{x \to +\infty} f(x)$都存在, 证明: $f(x)$在$\mathbb{R}$上一致连续.

六、(10 分) 设函数$f(x) \in C(U(x_0, 1))$, 在$U^{\circ}(x_0, 1)$上可导, 且$\lim\limits_{x \to x_0} f'(x) = a$, 证明: $f'(x_0)$存在且$f'(x_0) = a$.

七、(10 分) 求幂级数$\sum\limits_{n=1}^{\infty} (1 + \frac{1}{2} + \cdots + \frac{1}{n}) x^n$的收敛域.

八、(10 分) 求函数$f(x) = \mathrm{e}^x + \mathrm{e}^{-x} + 2\cos x$的极值.

九、(10 分) 函数$f(x) = x \sin x^{\frac{1}{4}}$在$(0, +\infty)$上一致连续吗? 要求说明理由.

十、(10 分) 讨论函数项级数$\sum\limits_{n=2}^{\infty} \frac{x^n}{n \ln n}$在$[0, 1]$的一致收敛性.

十一、(6 分) 设$f \in C(\mathbb{R})$, $f_n(x) = \frac{1}{n} \sum\limits_{k=0}^{n-1} f(x + \frac{k}{n})$, (1) 证明: $\{f_n(x)\}$在任意区间(a, b)上一致收敛; (2) $\{f_n(x)\}$在$\mathbb{R}$上一致收敛吗? 若不对, 请举出反例.

参考答案或提示

一、计算题

1. e^{2018}.

2. $-\dfrac{f''(x)}{f'(x)^3}$.

3. $\ln 2$.

4. -2.

5. $\dfrac{2}{15}$(令$\sqrt{x}=u, \sqrt{y}=v$或$x=r\cos^4 t, y=r\sin^4 t$).

6. $\dfrac{\pi}{2}$($x=\cos\theta, y=\sin\theta, z=2, \theta$从$2\pi$到$0$).

二、 $\dfrac{(-1)^n}{n}-\dfrac{(-1)^n}{\sqrt{n}+(-1)^n}=\dfrac{1}{\sqrt{n}(\sqrt{n}+(-1)^n)}\sim\dfrac{1}{n}$, 故级数发散.

三、 $f_{\max}=\dfrac{1}{3\sqrt{6}}, f_{\min}=-\dfrac{1}{3\sqrt{6}}$.

四、 $\int_{k-1}^{k}\left(\dfrac{1}{x^2+1}-\dfrac{1}{k^2+1}\right)dx>0(k>1)\Rightarrow\sum_{n=1}^{\infty}\dfrac{1}{n^2+1}<\dfrac{1}{2}+\int_{1}^{+\infty}\dfrac{1}{x^2+1}dx=\dfrac{1}{2}+\dfrac{\pi}{4}$.

五、 对任何的$\varepsilon>0$, 存在$G>0$, 使得$x_1, x_2\in I_1=(G,+\infty)$时, $|f(x_1)-f(x_2)|<\varepsilon$; $x_1', x_2'\in I_2=(-\infty,-G)$时, $|f(x_1')-f(x_2')|<\varepsilon$. $f(x)$在$I_3=[-G-1,G+1]$上一致连续, 存在$\delta\in(0,1)$使得$x_1'', x_2''\in I_3$满足$|x_1''-x_2''|<\delta$时, $|f(x_1'')-f(x_2'')|<\varepsilon$. 若$x_1'', x_2''\in\mathbb{R}$满足$|x_1''-x_2''|<\delta$时, x_1'', x_2''必然同属于I_1, I_2或I_3, 故总有$|f(x_1'')-f(x_2'')|<\varepsilon$.

六、 $\lim\limits_{x\to x_0}\dfrac{f(x)-f(x_0)}{x-x_0}=\lim\limits_{x\to x_0}f'(\xi)=a\Rightarrow f'(x_0)=a$.

七、 $|x|<1$(用根值法).

八、 $f'(x)=e^x-e^{-x}-2\sin x$, $f''(x)=e^x+e^{-x}-2\cos x\geqslant 0$, 且$f''(x)=0\Leftrightarrow x=0$. $f'(x)=0\Rightarrow x=0$. $f'(0)=f''(0)=f'''(0)=0, f^{(4)}(0)=4$. 因此$x=0$是极小值点. $f(0)=4$.

九、 $f(x+\frac{1}{n})-f(x)=\frac{1}{n}\sin(x+\frac{1}{n})^{\frac{1}{4}}+x(\sin(x+\frac{1}{n})^{\frac{1}{4}}-\sin x^{\frac{1}{4}})=\frac{1}{n}\sin(x+\frac{1}{n})^{\frac{1}{4}}+\frac{x}{n}\frac{1}{4}\xi^{-\frac{3}{4}}\cos\xi^{\frac{1}{4}}, \xi\in(x,x+\frac{1}{n})$. 令$x=(2n\pi)^4$, 则$f(x+\frac{1}{n})-f(x)\to\frac{\pi}{2}$(注意$2n\pi-\xi^{\frac{1}{4}}\to 0$). 因此$f(x)$在$(0,+\infty)$上非一致连续.

十、 非一致收敛. 否则$\sum\limits_{n=2}^{\infty}\dfrac{1}{n\ln n}$收敛, 矛盾.

十一、 $f_n(x)\to f(x)=\int_0^1 f(x+t)dt$. $f(x)$在$[a,b+1]$上一致连续, 故对任何的$\varepsilon>0$, 存在$\delta>0$, 使得$x_1, x_2\in[a,b+1]$时, $|f(x_1)-f(x_2)|<\varepsilon$. $n>\frac{1}{\delta}$时, $|f_n(x)-f(x)|\leqslant\sum\limits_{k=1}^{n}\int_{\frac{k-1}{n}}^{\frac{k}{n}}|f(x+\frac{k}{n})-f(x+t)|dt\leqslant\varepsilon$对任何的$x\in(a,b)$成立. 令$f(x)=x^2, f_n(x)=x^2+x(1-\frac{1}{n})+\frac{1}{6}(2-\frac{3}{n}+\frac{1}{n^2})$. 由于$\{\frac{x}{n}\}$在$\mathbb{R}$上非一致收敛, 故$\{f_n(x)\}\rightrightarrows x^2+x+\frac{1}{3}$.

书 名	出版时间	定 价	编号
距离几何分析导引	2015—02	68.00	446
大学几何学	2017—01	78.00	688
关于曲面的一般研究	2016—11	48.00	690
近世纯粹几何学初论	2017—01	58.00	711
拓扑学与几何学基础讲义	2017—04	58.00	756
物理学中的几何方法	2017—06	88.00	767
几何学简史	2017—08	28.00	833
微分几何学历史概要	2020—07	58.00	1194
复变函数引论	2013—10	68.00	269
伸缩变换与抛物旋转	2015—01	38.00	449
无穷分析引论(上)	2013—04	88.00	247
无穷分析引论(下)	2013—04	98.00	245
数学分析	2014—04	28.00	338
数学分析中的一个新方法及其应用	2013—01	38.00	231
数学分析例选:通过范例学技巧	2013—01	88.00	243
高等代数例选:通过范例学技巧	2015—06	88.00	475
基础数论例选:通过范例学技巧	2018—09	58.00	978
三角级数论(上册)(陈建功)	2013—01	38.00	232
三角级数论(下册)(陈建功)	2013—01	48.00	233
三角级数论(哈代)	2013—06	48.00	254
三角级数	2015—07	28.00	263
超越数	2011—03	18.00	109
三角和方法	2011—03	18.00	112
随机过程(Ⅰ)	2014—01	78.00	224
随机过程(Ⅱ)	2014—01	68.00	235
算术探索	2011—12	158.00	148
组合数学	2012—04	28.00	178
组合数学浅谈	2012—03	28.00	159
丢番图方程引论	2012—03	48.00	172
拉普拉斯变换及其应用	2015—02	38.00	447
高等代数.上	2016—01	38.00	548
高等代数.下	2016—01	38.00	549
高等代数教程	2016—01	58.00	579
高等代数引论	2020—07	48.00	1174
数学解析教程.上卷.1	2016—01	58.00	546
数学解析教程.上卷.2	2016—01	38.00	553
数学解析教程.下卷.1	2017—04	48.00	781
数学解析教程.下卷.2	2017—06	48.00	782
数学:代数、数学分析和几何(10—11年级)	2021—01	48.00	1250
数学分析.第1册	2021—03	48.00	1281
数学分析.第2册	2021—03	48.00	1282
数学分析.第3册	2021—03	28.00	1283
数学分析精选习题全解.上册	2021—03	38.00	1284
数学分析精选习题全解.下册	2021—03	38.00	1285
函数构造论.上	2016—01	38.00	554
函数构造论.中	2017—06	48.00	555
函数构造论.下	2016—09	48.00	680
函数逼近论(上)	2019—02	98.00	1014
概周期函数	2016—01	48.00	572
变叙的项的极限分布律	2016—01	18.00	573
整函数	2012—08	18.00	161
近代拓扑学研究	2013—04	38.00	239
多项式和无理数	2008—01	68.00	22
密码学与数论基础	2021—01	28.00	1254

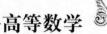

刘培杰数学工作室
已出版(即将出版)图书目录——高等数学

书　名	出版时间	定　价	编号
模糊数据统计学	2008－03	48.00	31
模糊分析学与特殊泛函空间	2013－01	68.00	241
常微分方程	2016－01	58.00	586
平稳随机函数导论	2016－03	48.00	587
量子力学原理.上	2016－01	38.00	588
图与矩阵	2014－08	40.00	644
钢丝绳原理:第二版	2017－01	78.00	745
代数拓扑和微分拓扑简史	2017－06	68.00	791
半序空间泛函分析.上	2018－06	48.00	924
半序空间泛函分析.下	2018－06	68.00	925
概率分布的部分识别	2018－07	68.00	929
Cartan 型单模李超代数的上同调及极大子代数	2018－07	38.00	932
纯数学与应用数学若干问题研究	2019－03	98.00	1017
数理金融学与数理经济学若干问题研究	2020－07	98.00	1180
清华大学"工农兵学员"微积分课本	2020－09	48.00	1228
力学若干基本问题的发展概论	2020－11	48.00	1262
受控理论与解析不等式	2012－05	78.00	165
不等式的分拆降维降幂方法与可读证明(第2版)	2020－07	78.00	1184
石焕南文集:受控理论与不等式研究	2020－09	198.00	1198
实变函数论	2012－06	78.00	181
复变函数论	2015－08	38.00	504
非光滑优化及其变分分析	2014－01	48.00	230
疏散的马尔科夫链	2014－01	58.00	266
马尔科夫过程论基础	2015－01	28.00	433
初等微分拓扑学	2012－07	18.00	182
方程式论	2011－03	38.00	105
Galois 理论	2011－03	18.00	107
古典数学难题与伽罗瓦理论	2012－11	58.00	223
伽罗华与群论	2014－01	28.00	290
代数方程的根式解及伽罗瓦理论	2011－03	28.00	108
代数方程的根式解及伽罗瓦理论(第二版)	2015－01	28.00	423
线性偏微分方程讲义	2011－03	18.00	110
几类微分方程数值方法的研究	2015－05	38.00	485
分数阶微分方程理论与应用	2020－05	95.00	1182
N 体问题的周期解	2011－03	28.00	111
代数方程式论	2011－05	18.00	121
线性代数与几何:英文	2016－06	58.00	578
动力系统的不变量与函数方程	2011－07	48.00	137
基于短语评价的翻译知识获取	2012－02	48.00	168
应用随机过程	2012－04	48.00	187
概率论导引	2012－04	18.00	179
矩阵论(上)	2013－06	58.00	250
矩阵论(下)	2013－06	48.00	251
对称锥互补问题的内点法:理论分析与算法实现	2014－08	68.00	368
抽象代数:方法导引	2013－06	38.00	257
集论	2016－01	48.00	576
多项式理论研究综述	2016－01	38.00	577
函数论	2014－11	78.00	395
反问题的计算方法及应用	2011－11	28.00	147
数阵及其应用	2012－02	28.00	164
绝对值方程—折边与组合图形的解析研究	2012－07	48.00	186
代数函数论(上)	2015－07	38.00	494
代数函数论(下)	2015－07	38.00	495

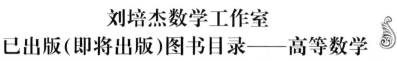

刘培杰数学工作室
已出版(即将出版)图书目录——高等数学

书　名	出版时间	定　价	编号
偏微分方程论:法文	2015—10	48.00	533
时标动力学方程的指数型二分性与周期解	2016—04	48.00	606
重刚体绕不动点运动方程的积分法	2016—05	68.00	608
水轮机水力稳定性	2016—05	48.00	620
Lévy 噪音驱动的传染病模型的动力学行为	2016—05	48.00	667
铣加工动力学系统稳定性研究的数学方法	2016—11	28.00	710
时滞系统:Lyapunov 泛函和矩阵	2017—05	68.00	784
粒子图像测速仪实用指南:第二版	2017—08	78.00	790
数域的上同调	2017—08	98.00	799
图的正交因子分解(英文)	2018—01	38.00	881
图的度因子和分支因子:英文	2019—09	88.00	1108
点云模型的优化配准方法研究	2018—07	58.00	927
锥形波入射粗糙表面反散射问题理论与算法	2018—03	68.00	936
广义逆的理论与计算	2018—07	58.00	973
不定方程及其应用	2018—12	58.00	998
几类椭圆型偏微分方程高效数值算法研究	2018—08	48.00	1025
现代密码算法概论	2019—05	98.00	1061
模形式的 p 一进性质	2019—06	78.00	1088
混沌动力学:分形、平铺、代换	2019—09	48.00	1109
微分方程,动力系统与混沌引论:第3版	2020—05	65.00	1144
分数阶微分方程理论与应用	2020—05	95.00	1187
Galois 上同调	2020—04	138.00	1131
毕达哥拉斯定理:英文	2020—03	38.00	1133

书　名	出版时间	定　价	编号
吴振奎高等数学解题真经(概率统计卷)	2012—01	38.00	149
吴振奎高等数学解题真经(微积分卷)	2012—01	68.00	150
吴振奎高等数学解题真经(线性代数卷)	2012—01	58.00	151
高等数学解题全攻略(上卷)	2013—06	58.00	252
高等数学解题全攻略(下卷)	2013—06	58.00	253
高等数学复习纲要	2014—01	18.00	384

书　名	出版时间	定　价	编号
超越吉米多维奇.数列的极限	2009—11	48.00	58
超越普里瓦洛夫.留数卷	2015—01	28.00	437
超越普里瓦洛夫.无穷乘积与它对解析函数的应用卷	2015—05	28.00	477
超越普里瓦洛夫.积分卷	2015—06	18.00	481
超越普里瓦洛夫.基础知识卷	2015—06	28.00	482
超越普里瓦洛夫.数项级数卷	2015—07	38.00	489
超越普里瓦洛夫.微分、解析函数、导数卷	2018—01	48.00	852

书　名	出版时间	定　价	编号
统计学专业英语	2007—03	28.00	16
统计学专业英语(第二版)	2012—07	48.00	176
统计学专业英语(第三版)	2015—04	68.00	465
代换分析:英文	2015—07	38.00	499

书　名	出版时间	定　价	编号
历届美国大学生数学竞赛试题集.第一卷(1938—1949)	2015—01	28.00	397
历届美国大学生数学竞赛试题集.第二卷(1950—1959)	2015—01	28.00	398
历届美国大学生数学竞赛试题集.第三卷(1960—1969)	2015—01	28.00	399
历届美国大学生数学竞赛试题集.第四卷(1970—1979)	2015—01	18.00	400
历届美国大学生数学竞赛试题集.第五卷(1980—1989)	2015—01	28.00	401
历届美国大学生数学竞赛试题集.第六卷(1990—1999)	2015—01	28.00	402
历届美国大学生数学竞赛试题集.第七卷(2000—2009)	2015—08	18.00	403
历届美国大学生数学竞赛试题集.第八卷(2010—2012)	2015—01	18.00	404

书　名	出版时间	定　价	编号
超越普特南试题:大学数学竞赛中的方法与技巧	2017—04	98.00	758
历届国际大学生数学竞赛试题集(1994—2020)	2021—01	58.00	1252
历届美国大学生数学竞赛试题集:1938—2017	2020—11	98.00	1256

刘培杰数学工作室
已出版(即将出版)图书目录——高等数学

书　名	出版时间	定　价	编号
全国大学生数学夏令营数学竞赛试题及解答	2007—03	28.00	15
全国大学生数学竞赛辅导教程	2012—07	28.00	189
全国大学生数学竞赛复习全书(第2版)	2017—05	58.00	787
历届美国大学生数学竞赛试题集	2009—03	88.00	43
前苏联大学生数学奥林匹克竞赛题解(上编)	2012—04	28.00	169
前苏联大学生数学奥林匹克竞赛题解(下编)	2012—04	38.00	170
大学生数学竞赛讲义	2014—09	28.00	371
大学生数学竞赛教程——高等数学(基础篇、提高篇)	2018—09	128.00	968
普林斯顿大学数学竞赛	2016—06	38.00	669
考研高等数学高分之路	2020—10	45.00	1203
考研高等数学基础必刷	2021—01	45.00	1251
越过211,刷到985:考研数学二	2019—10	68.00	1115
初等数论难题集(第一卷)	2009—05	68.00	44
初等数论难题集(第二卷)(上、下)	2011—02	128.00	82,83
数论概貌	2011—03	18.00	93
代数数论(第二版)	2013—08	58.00	94
代数多项式	2014—06	38.00	289
初等数论的知识与问题	2011—02	28.00	95
超越数论基础	2011—03	28.00	96
数论初等教程	2011—03	28.00	97
数论基础	2011—03	18.00	98
数论基础与维诺格拉多夫	2014—03	18.00	292
解析数论基础	2012—08	28.00	216
解析数论基础(第二版)	2014—01	48.00	287
解析数论问题集(第二版)(原版引进)	2014—05	88.00	343
解析数论问题集(第二版)(中译本)	2016—04	88.00	607
解析数论基础(潘承洞,潘承彪著)	2016—07	98.00	673
解析数论导引	2016—07	58.00	674
数论入门	2011—03	38.00	99
代数数论入门	2015—03	38.00	448
数论开篇	2012—07	28.00	194
解析数论引论	2011—03	48.00	100
Barban Davenport Halberstam 均值和	2009—01	40.00	33
基础数论	2011—03	28.00	101
初等数论100例	2011—05	18.00	122
初等数论经典例题	2012—07	18.00	204
最新世界各国数学奥林匹克中的初等数论试题(上、下)	2012—01	138.00	144,145
初等数论(Ⅰ)	2012—01	18.00	156
初等数论(Ⅱ)	2012—01	18.00	157
初等数论(Ⅲ)	2012—01	28.00	158
平面几何与数论中未解决的新老问题	2013—01	68.00	229
代数数论简史	2014—11	28.00	408
代数数论	2015—09	88.00	532
代数、数论及分析习题集	2016—11	98.00	695
数论导引提要及习题解答	2016—01	48.00	559
素数定理的初等证明.第2版	2016—09	48.00	686
数论中的模函数与狄利克雷级数(第二版)	2017—11	78.00	837
数论:数学导引	2018—01	68.00	849
域论	2018—04	68.00	884
代数数论(冯克勤　编著)	2018—04	68.00	885
范氏大代数	2019—02	98.00	1016

刘培杰数学工作室
已出版(即将出版)图书目录——高等数学

书　名	出版时间	定　价	编号
新编 640 个世界著名数学智力趣题	2014—01	88.00	242
500 个最新世界著名数学智力趣题	2008—06	48.00	3
400 个最新世界著名数学最值问题	2008—09	48.00	36
500 个世界著名数学征解问题	2009—06	48.00	52
400 个中国最佳初等数学征解老问题	2010—01	48.00	60
500 个俄罗斯数学经典老题	2011—01	28.00	81
1000 个国外中学物理好题	2012—04	48.00	174
300 个日本高考数学题	2012—05	38.00	142
700 个早期日本高考数学试题	2017—02	88.00	752
500 个前苏联早期高考数学试题及解答	2012—05	28.00	185
546 个早期俄罗斯大学生数学竞赛题	2014—03	38.00	285
548 个来自美苏的数学好问题	2014—11	28.00	396
20 所苏联著名大学早期入学试题	2015—02	18.00	452
161 道德国工科大学生必做的微分方程习题	2015—05	28.00	469
500 个德国工科大学生必做的高数习题	2015—06	28.00	478
360 个数学竞赛问题	2016—08	58.00	677
德国讲义日本考题. 微积分卷	2015—04	48.00	456
德国讲义日本考题. 微分方程卷	2015—04	38.00	457
二十世纪中叶中、英、美、日、法、俄高考数学试题精选	2017—06	38.00	783

博弈论精粹	2008—03	58.00	30
博弈论精粹. 第二版(精装)	2015—01	88.00	461
数学 我爱你	2008—01	28.00	20
精神的圣徒　别样的人生——60 位中国数学家成长的历程	2008—09	48.00	39
数学史概论	2009—06	78.00	50
数学史概论(精装)	2013—03	158.00	272
数学史选讲	2016—01	48.00	544
斐波那契数列	2010—02	28.00	65
数学拼盘和斐波那契魔方	2010—07	38.00	72
斐波那契数列欣赏	2011—01	28.00	160
数学的创造	2011—02	48.00	85
数学美与创造力	2016—01	48.00	595
数海拾贝	2016—01	48.00	590
数学中的美	2011—02	38.00	84
数论中的美学	2014—12	38.00	351
数学王者　科学巨人——高斯	2015—01	28.00	428
振兴祖国数学的圆梦之旅:中国初等数学研究史话	2015—06	98.00	490
二十世纪中国数学史料研究	2015—10	48.00	536
数字谜、数阵图与棋盘覆盖	2016—01	58.00	298
时间的形状	2016—01	38.00	556
数学发现的艺术:数学探索中的合情推理	2016—07	58.00	671
活跃在数学中的参数	2016—07	48.00	675

刘培杰数学工作室
已出版(即将出版)图书目录——高等数学

书　名	出版时间	定　价	编号
格点和面积	2012—07	18.00	191
射影几何趣谈	2012—04	28.00	175
斯潘纳尔引理——从一道加拿大数学奥林匹克试题谈起	2014—01	28.00	228
李普希兹条件——从几道近年高考数学试题谈起	2012—10	18.00	221
拉格朗日中值定理——从一道北京高考试题的解法谈起	2015—10	18.00	197
闵科夫斯基定理——从一道清华大学自主招生试题谈起	2014—01	28.00	198
哈尔测度——从一道冬令营试题的背景谈起	2012—08	28.00	202
切比雪夫逼近问题——从一道中国台北数学奥林匹克试题谈起	2013—04	38.00	238
伯恩斯坦多项式与贝齐尔曲面——从一道全国高中数学联赛试题谈起	2013—03	38.00	236
卡塔兰猜想——从一道普特南竞赛试题谈起	2013—06	18.00	256
麦卡锡函数和阿克曼函数——从一道前南斯拉夫数学奥林匹克试题谈起	2012—08	18.00	201
贝蒂定理与拉姆贝克莫斯尔定理——从一个拣石子游戏谈起	2012—08	18.00	217
皮亚诺曲线和豪斯道夫分球定理——从无限集谈起	2012—08	18.00	211
平面凸图形与凸多面体	2012—10	28.00	218
斯坦因豪斯问题——从一道二十五省市自治区中学数学竞赛试题谈起	2012—07	18.00	196
纽结理论中的亚历山大多项式与琼斯多项式——从一道北京市高一数学竞赛试题谈起	2012—07	28.00	195
原则与策略——从波利亚"解题表"谈起	2013—04	38.00	244
转化与化归——从三大尺规作图不能问题谈起	2012—08	28.00	214
代数几何中的贝祖定理(第一版)——从一道 IMO 试题的解法谈起	2013—08	18.00	193
成功连贯理论与约当块理论——从一道比利时数学竞赛试题谈起	2012—04	18.00	180
素数判定与大数分解	2014—08	18.00	199
置换多项式及其应用	2012—10	18.00	220
椭圆函数与模函数——从一道美国加州大学洛杉矶分校(UCLA)博士资格考题谈起	2012—10	28.00	219
差分方程的拉格朗日方法——从一道 2011 年全国高考理科试题的解法谈起	2012—08	28.00	200
力学在几何中的一些应用	2013—01	38.00	240
高斯散度定理、斯托克斯定理和平面格林定理——从一道国际大学生数学竞赛试题谈起	即将出版		
康托洛维奇不等式——从一道全国高中联赛试题谈起	2013—03	28.00	337
西格尔引理——从一道第 18 届 IMO 试题的解法谈起	即将出版		
罗斯定理——从一道前苏联数学竞赛试题谈起	即将出版		
拉克斯定理和阿廷定理——从一道 IMO 试题的解法谈起	2014—01	58.00	246
毕卡大定理——从一道美国大学数学竞赛试题谈起	2014—07	18.00	350
贝齐尔曲线——从一道全国高中联赛试题谈起	即将出版		
拉格朗日乘子定理——从一道 2005 年全国高中联赛试题的高等数学解法谈起	2015—05	28.00	480
雅可比定理——从一道日本数学奥林匹克试题谈起	2013—04	48.00	249
李天岩-约克定理——从一道波兰数学竞赛试题谈起	2014—06	28.00	349
整系数多项式因式分解的一般方法——从克朗耐克算法谈起	即将出版		

刘培杰数学工作室
已出版(即将出版)图书目录——高等数学

书　名	出版时间	定　价	编号
布劳维不动点定理——从一道前苏联数学奥林匹克试题谈起	2014—01	38.00	273
伯恩赛德定理——从一道英国数学奥林匹克试题谈起	即将出版		
布查特-莫斯特定理——从一道上海市初中竞赛试题谈起	即将出版		
数论中的同余数问题——从一道普特南竞赛试题谈起	即将出版		
范·德蒙行列式——从一道美国数学奥林匹克试题谈起	即将出版		
中国剩余定理:总数法构建中国历史年表	2015—01	28.00	430
牛顿程序与方程求根——从一道全国高考试题解法谈起	即将出版		
库默尔定理——从一道IMO预选试题谈起	即将出版		
卢丁定理——从一道冬令营试题的解法谈起	即将出版		
沃斯滕霍姆定理——从一道IMO预选试题谈起	即将出版		
卡尔松不等式——从一道莫斯科数学奥林匹克试题谈起	即将出版		
信息论中的香农熵——从一道近年高考压轴题谈起	即将出版		
约当不等式——从一道希望杯竞赛试题谈起	即将出版		
拉比诺维奇定理	即将出版		
刘维尔定理——从一道《美国数学月刊》征解问题的解法谈起	即将出版		
卡塔兰恒等式与级数求和——从一道IMO试题的解法谈起	即将出版		
勒让德猜想与素数分布——从一道爱尔兰竞赛试题谈起	即将出版		
天平称重与信息论——从一道基辅市数学奥林匹克试题谈起	即将出版		
哈密尔顿-凯莱定理:从一道高中数学联赛试题的解法谈起	2014—09	18.00	376
艾思特曼定理——从一道CMO试题的解法谈起	即将出版		
一个爱尔特希问题——从一道西德数学奥林匹克试题谈起	即将出版		
有限群中的爱丁格尔问题——从一道北京市初中二年级数学竞赛试题谈起	即将出版		
糖水中的不等式——从初等数学到高等数学	2019—07	48.00	1093
帕斯卡三角形	2014—03	18.00	294
蒲丰投针问题——从2009年清华大学的一道自主招生试题谈起	2014—01	38.00	295
斯图姆定理——从一道"华约"自主招生试题的解法谈起	2014—01	18.00	296
许瓦兹引理——从一道加利福尼亚大学伯克利分校数学系博士生试题谈起	2014—08	18.00	297
拉姆塞定理——从王诗宬院士的一个问题谈起	2016—04	48.00	299
坐标法	2013—12	28.00	332
数论三角形	2014—04	38.00	341
毕克定理	2014—07	18.00	352
数林掠影	2014—09	48.00	389
我们周围的概率	2014—10	38.00	390
凸函数最值定理:从一道华约自主招生题的解法谈起	2014—10	28.00	391
易学与数学奥林匹克	2014—10	38.00	392
生物数学趣谈	2015—01	18.00	409
反演	2015—01	28.00	420
因式分解与圆锥曲线	2015—01	18.00	426
轨迹	2015—01	28.00	427
面积原理:从常庚哲命的一道CMO试题的积分解法谈起	2015—01	48.00	431
形形色色的不动点定理:从一道28届IMO试题谈起	2015—01	38.00	439
柯西函数方程:从一道上海交大自主招生的试题谈起	2015—02	28.00	440

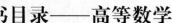

刘培杰数学工作室
已出版(即将出版)图书目录——高等数学

书　名	出 版 时 间	定　价	编号
三角恒等式	2015—02	28.00	442
无理性判定:从一道 2014 年"北约"自主招生试题谈起	2015—01	38.00	443
数学归纳法	2015—03	18.00	451
极端原理与解题	2015—04	28.00	464
法雷级数	2014—08	18.00	367
摆线族	2015—01	38.00	438
函数方程及其解法	2015—05	38.00	470
含参数的方程和不等式	2012—09	28.00	213
希尔伯特第十问题	2016—01	38.00	543
无穷小量的求和	2016—01	28.00	545
切比雪夫多项式:从一道清华大学金秋营试题谈起	2016—01	38.00	583
泽肯多夫定理	2016—03	38.00	599
代数等式证题法	2016—01	28.00	600
三角等式证题法	2016—01	28.00	601
吴大任教授藏书中的一个因式分解公式:从一道美国数学邀请赛试题的解法谈起	2016—06	28.00	656
易卦——类万物的数学模型	2017—08	68.00	838
"不可思议"的数与数系可持续发展	2018—01	38.00	878
最短线	2018—01	38.00	879
从毕达哥拉斯到怀尔斯	2007—10	48.00	9
从迪利克雷到维斯卡尔迪	2008—01	48.00	21
从哥德巴赫到陈景润	2008—05	98.00	35
从庞加莱到佩雷尔曼	2011—08	138.00	136
从费马到怀尔斯——费马大定理的历史	2013—10	198.00	I
从庞加莱到佩雷尔曼——庞加莱猜想的历史	2013—10	298.00	II
从切比雪夫到爱尔特希(上)——素数定理的初等证明	2013—07	48.00	III
从切比雪夫到爱尔特希(下)——素数定理 100 年	2012—12	98.00	III
从高斯到盖尔方特——二次域的高斯猜想	2013—10	198.00	IV
从库默尔到朗兰兹——朗兰兹猜想的历史	2014—01	98.00	V
从比勃巴赫到德布朗斯——比勃巴赫猜想的历史	2014—02	298.00	VI
从麦比乌斯到陈省身——麦比乌斯变换与麦比乌斯带	2014—02	298.00	VII
从布尔到豪斯道夫——布尔方程与格论漫谈	2013—10	198.00	VIII
从开普勒到阿诺德——三体问题的历史	2014—05	298.00	IX
从华林到华罗庚——华林问题的历史	2013—10	298.00	X
数学物理大百科全书. 第 1 卷	2016—01	418.00	508
数学物理大百科全书. 第 2 卷	2016—01	408.00	509
数学物理大百科全书. 第 3 卷	2016—01	396.00	510
数学物理大百科全书. 第 4 卷	2016—01	408.00	511
数学物理大百科全书. 第 5 卷	2016—01	368.00	512
朱德祥代数与几何讲义. 第 1 卷	2017—01	38.00	697
朱德祥代数与几何讲义. 第 2 卷	2017—01	28.00	698
朱德祥代数与几何讲义. 第 3 卷	2017—01	28.00	699

刘培杰数学工作室
已出版(即将出版)图书目录——高等数学

书　名	出版时间	定　价	编号
闵嗣鹤文集	2011—03	98.00	102
吴从炘数学活动三十年(1951~1980)	2010—07	99.00	32
吴从炘数学活动又三十年(1981~2010)	2015—07	98.00	491
斯米尔诺夫高等数学.第一卷	2018—03	88.00	770
斯米尔诺夫高等数学.第二卷.第一分册	2018—03	68.00	771
斯米尔诺夫高等数学.第二卷.第二分册	2018—03	68.00	772
斯米尔诺夫高等数学.第二卷.第三分册	2018—03	48.00	773
斯米尔诺夫高等数学.第三卷.第一分册	2018—03	58.00	774
斯米尔诺夫高等数学.第三卷.第二分册	2018—03	58.00	775
斯米尔诺夫高等数学.第三卷.第三分册	2018—03	68.00	776
斯米尔诺夫高等数学.第四卷.第一分册	2018—03	48.00	777
斯米尔诺夫高等数学.第四卷.第二分册	2018—03	88.00	778
斯米尔诺夫高等数学.第五卷.第一分册	2018—03	58.00	779
斯米尔诺夫高等数学.第五卷.第二分册	2018—03	68.00	780
zeta函数,q-zeta函数,相伴级数与积分	2015—08	88.00	513
微分形式:理论与练习	2015—08	58.00	514
离散与微分包含的逼近和优化	2015—08	58.00	515
艾伦·图灵:他的工作与影响	2016—01	98.00	560
测度理论概率导论,第2版	2016—01	88.00	561
带有潜在故障恢复系统的半马尔柯夫模型控制	2016—01	98.00	562
数学分析原理	2016—01	88.00	563
随机偏微分方程的有效动力学	2016—01	88.00	564
图的谱半径	2016—01	58.00	565
量子机器学习中数据挖掘的量子计算方法	2016—01	98.00	566
量子物理的非常规方法	2016—01	118.00	567
运输过程的统一非局部理论:广义波尔兹曼物理动力学,第2版	2016—01	198.00	568
量子力学与经典力学之间的联系在原子、分子及电动力学系统建模中的应用	2016—01	58.00	569
算术域	2018—01	158.00	821
高等数学竞赛:1962—1991年的米洛克斯·史怀哲竞赛	2018—01	128.00	822
用数学奥林匹克精神解决数论问题	2018—01	108.00	823
代数几何(德文)	2018—04	68.00	824
丢番图逼近论	2018—01	78.00	825
代数几何学基础教程	2018—01	98.00	826
解析数论入门课程	2018—01	78.00	827
数论中的丢番图问题	2018—01	78.00	829
数论(梦幻之旅):第五届中日数论研讨会演讲集	2018—01	68.00	830
数论新应用	2018—01	68.00	831
数论	2018—01	78.00	832
测度与积分	2019—04	68.00	1059
卡塔兰数入门	2019—05	68.00	1060

刘培杰数学工作室
已出版(即将出版)图书目录——高等数学

书 名	出版时间	定 价	编号
湍流十讲	2018—04	108.00	886
无穷维李代数:第3版	2018—04	98.00	887
等值、不变量和对称性:英文	2018—04	78.00	888
解析数论	2018—09	78.00	889
《数学原理》的演化:伯特兰·罗素撰写第二版时的手稿与笔记	2018—04	108.00	890
哈密尔顿数学论文集(第4卷):几何学、分析学、天文学、概率和有限差分等	2019—05	108.00	891
数学王子——高斯	2018—01	48.00	858
坎坷奇星——阿贝尔	2018—01	48.00	859
闪烁奇星——伽罗瓦	2018—01	58.00	860
无穷统帅——康托尔	2018—01	48.00	861
科学公主——柯瓦列夫斯卡娅	2018—01	48.00	862
抽象代数之母——埃米·诺特	2018—01	48.00	863
电脑先驱——图灵	2018—01	58.00	864
昔日神童——维纳	2018—01	48.00	865
数坛怪侠——爱尔特希	2018—01	68.00	866
当代世界中的数学.数学思想与数学基础	2019—01	38.00	892
当代世界中的数学.数学问题	2019—01	38.00	893
当代世界中的数学.应用数学与数学应用	2019—01	38.00	894
当代世界中的数学.数学王国的新疆域(一)	2019—01	38.00	895
当代世界中的数学.数学王国的新疆域(二)	2019—01	38.00	896
当代世界中的数学.数林撷英(一)	2019—01	38.00	897
当代世界中的数学.数林撷英(二)	2019—01	48.00	898
当代世界中的数学.数学之路	2019—01	38.00	899
偏微分方程全局吸引子的特性:英文	2018—09	108.00	979
整函数与下调和函数:英文	2018—09	118.00	980
幂等分析:英文	2018—09	118.00	981
李群,离散子群与不变量理论:英文	2018—09	108.00	982
动力系统与统计力学:英文	2018—09	118.00	983
表示论与动力系统:英文	2018—09	118.00	984
分析学练习.第1部分	2021—01	88.00	1247
分析学练习.第2部分.非线性分析	2021—01	88.00	1248
初级统计学:循序渐进的方法:第10版	2019—05	68.00	1067
工程师与科学家微分方程用书:第4版	2019—07	58.00	1068
大学代数与三角学	2019—06	78.00	1069
培养数学能力的途径	2019—07	38.00	1070
工程师与科学家统计学:第4版	2019—06	58.00	1071
贸易与经济中的应用统计学:第6版	2019—06	58.00	1072
傅立叶级数和边值问题:第8版	2019—05	48.00	1073
通往天文学的途径:第5版	2019—05	58.00	1074

刘培杰数学工作室

已出版(即将出版)图书目录——高等数学

书　　　名	出版时间	定　价	编号
拉马努金笔记.第1卷	2019－06	165.00	1078
拉马努金笔记.第2卷	2019－06	165.00	1079
拉马努金笔记.第3卷	2019－06	165.00	1080
拉马努金笔记.第4卷	2019－06	165.00	1081
拉马努金笔记.第5卷	2019－06	165.00	1082
拉马努金遗失笔记.第1卷	2019－06	109.00	1083
拉马努金遗失笔记.第2卷	2019－06	109.00	1084
拉马努金遗失笔记.第3卷	2019－06	109.00	1085
拉马努金遗失笔记.第4卷	2019－06	109.00	1086
数论:1976年纽约洛克菲勒大学数论会议记录	2020－06	68.00	1145
数论:卡本代尔 1979:1979 年在南伊利诺伊卡本代尔大学举行的数论会议记录	2020－06	78.00	1146
数论:诺德韦克豪特 1983:1983 年在诺德韦克豪特举行的 Journees Arithmetiques 数论大会会议记录	2020－06	68.00	1147
数论:1985－1988 年在纽约城市大学研究生院和大学中心举办的研讨会	2020－06	68.00	1148
数论:1987 年在乌尔姆举行的 Journees Arithmetiques 数论大会会议记录	2020－06	68.00	1149
数论:马德拉斯 1987:1987 年在马德拉斯安娜大学举行的国际拉马努金百年纪念大会会议记录	2020－06	68.00	1150
解析数论:1988 年在东京举行的日法研讨会会议记录	2020－06	68.00	1151
解析数论:2002 年在意大利切特拉罗举行的 C. I. M. E. 暑期班演讲集	2020－06	68.00	1152
量子世界中的蝴蝶:最迷人的量子分形故事	2020－06	118.00	1157
走进量子力学	2020－06	118.00	1158
计算物理学概论	2020－06	48.00	1159
物质,空间和时间的理论:量子理论	即将出版		1160
物质,空间和时间的理论:经典理论	即将出版		1161
量子场理论:解释世界的神秘背景	2020－07	38.00	1162
计算物理学概论	即将出版		1163
行星状星云	即将出版		1164
基本宇宙学:从亚里士多德的宇宙到大爆炸	2020－08	58.00	1165
数学磁流体力学	2020－07	58.00	1166
计算科学:第1卷,计算的科学(日文)	2020－07	88.00	1167
计算科学:第2卷,计算与宇宙(日文)	2020－07	88.00	1168
计算科学:第3卷,计算与物质(日文)	2020－07	88.00	1169
计算科学:第4卷,计算与生命(日文)	2020－07	88.00	1170
计算科学:第5卷,计算与地球环境(日文)	2020－07	88.00	1171
计算科学:第6卷,计算与社会(日文)	2020－07	88.00	1172
计算科学.别卷,超级计算机(日文)	2020－07	88.00	1173

刘培杰数学工作室
已出版(即将出版)图书目录——高等数学

书　名	出版时间	定　价	编号
代数与数论:综合方法	2020－10	78.00	1185
复分析:现代函数理论第一课	2020－07	58.00	1186
斐波那契数列和卡特兰数:导论	2020－10	68.00	1187
组合推理:计数艺术介绍	2020－07	88.00	1188
二次互反律的傅里叶分析证明	2020－07	48.00	1189
旋瓦兹分布的希尔伯特变换与应用	2020－07	58.00	1190
泛函分析:巴拿赫空间理论入门	2020－07	48.00	1191
典型群,错排与素数	2020－11	58.00	1204
李代数的表示:通过 gln 进行介绍	2020－10	38.00	1205
实分析演讲集	2020－10	38.00	1206
现代分析及其应用的课程	2020－10	58.00	1207
运动中的抛射物数学	2020－10	38.00	1208
2－扭结与它们的群	2020－10	38.00	1209
概率,策略和选择:博弈与选举中的数学	2020－11	58.00	1210
分析学引论	2020－11	58.00	1211
量子群:通往流代数的路径	2020－11	38.00	1212
集合论入门	2020－10	48.00	1213
酉反射群	2020－11	58.00	1214
探索数学:吸引人的证明方式	2020－11	58.00	1215
微分拓扑短期课程	2020－10	48.00	1216
抽象凸分析	2020－11	68.00	1222
费马大定理笔记	2021－03	48.00	1223
高斯与雅可比和	2021－03	78.00	1224
π 与算术几何平均:关于解析数论和计算复杂性的研究	2021－01	58.00	1225
复分析入门	2021－03	48.00	1226
爱德华·卢卡斯与素性测定	2021－03	78.00	1227
通往凸分析及其应用的简单路径	2021－01	68.00	1229
微分几何的各个方面.第一卷	2021－01	58.00	1230
微分几何的各个方面.第二卷	2020－12	58.00	1231
微分几何的各个方面.第三卷	2020－12	58.00	1232
沃克流形几何学	2020－11	58.00	1233
彷射和韦尔几何应用	2020－12	58.00	1234
双曲几何学的旋转向量空间方法	2021－02	58.00	1235
积分:分析学的关键	2020－12	48.00	1236
为有天分的新生准备的分析学基础教材	2020－11	48.00	1237

刘培杰数学工作室
已出版(即将出版)图书目录——高等数学

书 名	出版时间	定 价	编号
数学不等式.第一卷.对称多项式不等式	2021—03	108.00	1273
数学不等式.第二卷.对称有理不等式与对称无理不等式	2021—03	108.00	1274
数学不等式.第三卷.循环不等式与非循环不等式	2021—03	108.00	1275
数学不等式.第四卷.Jensen 不等式的扩展与加细	2021—03	108.00	1276
数学不等式.第五卷.创建不等式与解不等式的其他方法	2021—04	108.00	1277
代数、生物信息和机器人技术的算法问题.第四卷.独立恒等式系统(俄文)	2020—08	118.00	1119
代数、生物信息和机器人技术的算法问题.第五卷.相对覆盖性和独立可拆分恒等式系统(俄文)	2020—08	118.00	1200
代数、生物信息和机器人技术的算法问题.第六卷.恒等式和准恒等式的相等问题、可推导性和可实现性(俄文)	2020—08	128.00	1201
分数阶微积分的应用:非局部动态过程,分数阶导热系数(俄文)	2021—01	68.00	1241
泛函分析问题与练习:第 2 版(俄文)	2021—01	98.00	1242
集合论、数学逻辑和算法论问题:第 5 版(俄文)	2021—01	98.00	1243
微分几何和拓扑短期课程(俄文)	2021—01	98.00	1244
素数规律(俄文)	2021—01	88.00	1245
无穷边值问题解的递减:无界域中的拟线性椭圆和抛物方程(俄文)	2021—01	48.00	1246
微分几何讲义(俄文)	2020—12	98.00	1253
二次型和矩阵(俄文)	2021—01	98.00	1255
积分和级数.第 2 卷.特殊函数(俄文)	2021—01	168.00	1258
积分和级数.第 3 卷.特殊函数补充:第 2 版(俄文)	2021—01	178.00	1264
几何图上的微分方程(俄文)	2021—01	138.00	1259
数论教程:第 2 版(俄文)	2021—01	98.00	1260
非阿基米德分析及其应用(俄文)	2021—03	98.00	1261
古典群和量子群的压缩(俄文)	2021—03	98.00	1263
数学分析习题集.第 3 卷.多元函数:第 3 版(俄文)	2021—03	98.00	1266
数学习题:乌拉尔国立大学数学力学系大学生奥林匹克(俄文)	2021—03	98.00	1267
柯西定理和微分方程的特解(俄文)	2021—03	98.00	1268
组合极值问题及其应用:第 3 版(俄文)	2021—03	98.00	1269
数学词典(俄文)	2021—01	98.00	1271

联系地址:哈尔滨市南岗区复华四道街 10 号　哈尔滨工业大学出版社刘培杰数学工作室
网　　址:http://lpj.hit.edu.cn/
邮　　编:150006
联系电话:0451—86281378　　13904613167
E-mail:lpj1378@163.com